Nachhaltigkeitsberichterstattung im Mittelstand

Nachhaltigkeits-berichterstattung im Mittelstand

Hintergründe und Umsetzung europäischer Vorgaben

Volker Hartke / Benjamin Wilhelm

2., vollständig aktualisierte Auflage

IDW

IDW VERLAG GMBH

Das Thema Nachhaltigkeit liegt uns am Herzen:

MIX
Papier aus verantwortungsvollen Quellen
FSC® C019821
www.fsc.org

Klimaneutral
Druckprodukt
ClimatePartner.com/12325-2306-1005

2. Auflage

Die IDW Verlag GmbH ist ein Unternehmen des Instituts der Wirtschaftsprüfer in Deutschland e. V. (IDW).

Satz: Reemers Publishing Services GmbH, Krefeld
Druck und Bindung: C.H.Beck, Nördlingen
KN 12086

Der in diesem Werk verwendete Begriff „Wirtschaftsprüfer“ umfasst sowohl Wirtschaftsprüfer und Wirtschaftsprüferinnen als auch Wirtschaftsprüfungsgesellschaften. Er umfasst bei Prüfungen, die von genossenschaftlichen Prüfungsverbänden oder von Prüfungsstellen der Sparkassen- und Giroverbände sowie von vereidigten Buchprüfern, vereidigten Buchprüferinnen und Buchprüfungsgesellschaften durchgeführt werden dürfen, auch diese.

ISBN 978-3-8021-2788-5

Bibliografische Information der Deutschen Bibliothek
Die Deutsche Bibliothek verzeichnet diese Publikation in der Deutschen Nationalbibliografie; detaillierte bibliografische Daten sind im Internet über http://www.d-nb.de abrufbar.

Coverfoto: www.istock.com/janoka82

www.idw-verlag.de

Inhaltsverzeichnis

1 Einführung

Wir kennen die Ambitionen großer Unternehmen, einen Beitrag zur Transformation der Wirtschaft zu leisten: Klimaneutralität, Nachhaltigkeitsziele, Umbau der Geschäftsmodelle. Darum kümmern sich mitunter ganze Vorstandsbereiche. Aber was ist mit dem Mittelstand? Können sich kleine und mittlere Unternehmen die Transformation überhaupt leisten? Oder andersherum gefragt: Können es sich kleine und mittlere Unternehmen leisten, nicht in sie zu investieren?

Zukunftsfähigkeit heißt auch im Bereich der Nachhaltigkeit, mit unerwarteten und schnellen Entwicklungen umgehen zu können. Dabei geht es zunächst darum, zu analysieren, mit welchen neuen Voraussetzungen Geschäftsmodelle konfrontiert werden; das sind etwa veränderte Preise für Rohstoffe und Energie, neue Angebots- und Nachfragestrukturen oder auch angepasste politische und/oder regulatorische Anforderungen.

Fundamentale Veränderungsprozesse sind derzeit allgegenwärtig. Die Häufung der damit verbundenen Herausforderungen – seien sie durch Finanzkrisen, Pandemien, Umweltkatastrophen, erzwungene Migration oder Kriege hervorgerufen – darf jedoch nicht darüber hinwegtäuschen, dass die Aggregation dieser Herausforderungen die Wirtschaft und das aktuelle Wirtschaftssystem mit langfristigen Veränderungen konfrontiert, die der vollen „management attention" bedürfen.

Aufmerksamkeit („attention") allein ist aber noch nicht ausreichend. Ohne ein Verständnis der Hintergründe der laufenden Entwicklungen und ihrer Zusammenhänge bleibt die Aufmerksamkeit ungerichtet. Neue Technologien verändern globale Lieferketten, und ein Unternehmen, das einst profitabel wirtschaften konnte, ist möglicherweise mit seinem Produktionsmodell von heute auf morgen nicht mehr gefragt, nicht mehr wettbewerbsfähig oder einfach nicht mehr Teil der Wertschöpfungskette.

Globale Erfahrungen, etwa im Kontext der Corona-Pandemie, verändern globale Bedarfe, und neue Lösungen können oder müssen sich etablieren. Regionen, in denen vormals kein Mangel an Trinkwasser herrschte und die Nahrungsmittelproduktion möglich war, sind vermehrt von länger andauernden Dürreperioden geplagt, gewohnte Preise und Lieferbeziehungen verändern sich. All dies hat auch Auswirkungen auf Konsumverhalten, Produktionskapazitäten und politische Verhältnisse.

Das vernetzte Denken unterschiedlicher Kräfte ist von zentraler Bedeutung, wenn es um das Thema Nachhaltigkeit geht. Bei einigen mittelständisch geprägten Unternehmen ist dies jedoch längst keine routinierte Unternehmenspraxis. Häufig ist das Thema noch kein integraler Bestandteil der Strategieprozesse, sind Verantwortlichkeiten eher vage zugeordnet und fachliches Wissen sowie Auswirkungsanalysen nicht ausreichend vorhanden oder aufbereitet, um handlungsrelevante Maßnahmenpläne abzuleiten.

Geschäftsführer*innen und Vorstände sind im Rahmen der operativen Unternehmensführung oftmals nicht in dem Maße mit den Auswirkungen und Konsequenzen der Evaluierung von Nachhaltigkeitsaspekten vertraut, wie es für die Etablierung von geschäftsmodellspezifischen Kennzahlen und Messsystemen nötig wäre.

Hinzu kommt, dass neben geschäftspolitischen Fragestellungen auch rechtliche und regulatorische Anforderungen quasi im Jahresrhythmus grundlegend angepasst und auf neue Ziele ausgerichtet werden. Davon sind mittelständische Unternehmen in besonderer Weise betroffen. „Corporate Sustainability Reporting Directive" (im Folgenden: CSRD) und „Taxonomieverordnung" (im Folgenden: TaxonomieVO) sind für den Mittelstand noch recht neue Vokabeln und werden zugleich für deren Abschlussprüfer*innen zunehmend relevant.

Doch was steckt hinter den beiden Begriffen, welchen Zweck haben sie und wie soll die Umsetzung ihrer Inhalte erfolgen? Die heutige Gesellschaft und damit auch mittelständische Unternehmen müssen – so in verkürzter Form das Urteil des Bundesverfassungsgerichts – die Lebensgrundlage zukünftiger Generationen im Blick haben. Daraus leiten sich normative Verpflichtungen ab, die sich auch in gegenwärtigen und anstehenden Gesetzgebungsverfahren widerspiegeln. Für den damit einhergehenden Transformationsprozess möchten wir Ihnen im Folgenden Orientierung bieten. Wir erläutern in diesem Zusammenhang die rechtlichen Grundlagen von CSRD und TaxonomieVO und zeigen mögliche Auswirkungen auf die Rechnungslegung und Finanzierung mittelständischer Unternehmen auf.

Mittelständische Unternehmen sollten sich der Auswirkungen speziell auf ihr jeweiliges Geschäftsmodell bewusst sein, um eigene langfristige Ziele besser zu antizipieren und damit auch die richtigen Investitionsentscheidungen zu treffen. Gleichzeitig geben beispielsweise die nachhaltigen Entwicklungsziele der Vereinten Nationen, das Pariser Klimaabkommen und andere Rahmenwerke Anleitung für das unternehmerische nachhaltige Handeln und für die Beurteilung, welche Anteile der eigenen Geschäftstätigkeit wesentlich auf Aspekte der Nachhaltigkeit einwirken bzw. welchen wesentlichen Einfluss Nachhaltigkeitsaspekte auf die eigene Geschäftstätigkeit haben. Daraus können für die unterschiedlichen Branchen und Sektoren auch Chancen abgeleitet werden, sich frühzeitig mit der neuen Marktsituation und mit etwaigen Förder- und Incentivierungsmaßnahmen auseinanderzusetzen, um diese mit den eigenen strategischen Überlegungen abzugleichen.

Im Folgenden werden die Leitplanken und Hintergründe der laufenden nachhaltigen Transformation vorgestellt (Kapitel 2), um im Anschluss daran den grundlegenden regulatorischen Rahmen aufzuzeigen (Kapitel 3). Unser Hauptaugenmerk liegt dann auf Fragen zur konkreten Umsetzung der Anforderungen aus der TaxonomieVO (Kapitel 4), der neuen Nachhaltigkeitsberichterstattung (CSRD, Kapitel 5) und der von der European Financial Reporting Advisory Group (EFRAG) vorgeschlagenen neuen Standards zur Nachhaltigkeitsberichterstattung (ESRS, Kapitel 6). Zusammengefasst zeigen wir die aktuell bekannten Anwendungsbereiche, -vorgaben und Zusammenhänge auf, um die konkreten Herausforderungen für die Unternehmenspraxis zu begleiten.

2 Abriss zu den politischen und fachlichen Hintergründen

Die Nachhaltigkeitsdebatte ist geprägt von internationalen Abkommen. Dies macht es im Detail schwierig, sich in der unternehmerischen Praxis Instrumente anzueignen, die einen wirksamen Beitrag zur nachhaltigen Ausrichtung leisten. Die am besten etablierten Nachhaltigkeitsziele, nach denen eine solche Ausrichtung erfolgen kann, wurden durch die Vereinten Nationen formuliert. Mit dem dreizehnten der 17 UN-Ziele befasst sich das Pariser Abkommen zum Schutz des Klimas. Die Europäische Union hat daran anschließend sechs Umweltziele formuliert und ist gerade dabei, diese Ziele im Rahmen der TaxonomieVO konkreter zu kodifizieren. Mit der Deutschen Nachhaltigkeitsstrategie werden die Ziele für nachhaltige Entwicklung der Vereinten Nationen in eine nationale Strategie überführt.

Die folgenden Abschnitte beschreiben die genannten Vorstöße in Sachen Nachhaltigkeit mit dem Ziel, eine vorliegende Wirtschaftstätigkeit konkret darauf beziehen zu können. Jede spezifische wirtschaftliche Tätigkeit geht immer auch mit spezifischen Herausforderungen in Bezug auf ihre nachhaltige Ausrichtung einher. Dabei kann eine positive Wirkung sowohl von einer konkreten Maßnahme ausgehen als auch von der Unterlassung einer schädlichen. Es können auch durchaus Konflikte zwischen unterschiedlichen Nachhaltigkeitszielen bestehen, je nachdem, aus welcher Perspektive bestimmte wirtschaftliche Tätigkeiten wahrgenommen werden. Krankenhäuser können beispielsweise vorbildlich sein, was ihren Beitrag zur Gesundheit von Menschen anbelangt und damit den sozialen Aspekten von Nachhaltigkeit zuträglich sein, doch ob das betreffende Gebäude oder die nötige Ausstattung unter anderen Nachhaltigkeitsgesichtspunkten ideal sind, ist im Zweifelsfall davon unberührt. Nichtsdestotrotz wollen wir uns auf effektive Krankenhäuser auch weiterhin verlassen können.

2.1 Die nachhaltigen Entwicklungsziele der Vereinten Nationen

Mit den SDGs der Vereinten Nationen wird der Plan verfolgt, die Menschen, den Planeten und den Wohlstand unter der Bedingung von Frieden und Partnerschaft zu fördern.[1] Dafür wurden 17 Nachhaltigkeitsziele formuliert, denen insgesamt 169 Indikatoren zugeordnet sind, anhand derer sich Erfolge von Maßnahmen messen lassen. Die Ziele wurden in der Agenda 2030 für nachhaltige Entwicklung verankert.

2.1.1 Rahmen und Hintergründe

Vom 25. bis 27.09.2015 hat sich die Staatengemeinschaft im Hauptquartier der Vereinten Nationen getroffen und die neuen nachhaltigen Entwicklungsziele beschlossen.

[1] Vgl. Agenda 2030 der UN, abrufbar unter www.un.org. (Diese und alle weiteren im Folgenden zitierten Webseiten wurden zuletzt am 15.05.2023 abgerufen.)

Diese haben die Millenniums-Entwicklungsziele abgelöst und ein neues Rahmenwerk geschaffen.

Übergreifend sollen bis 2030 Armut und Hunger beendet, die Ungleichheit innerhalb von und zwischen Nationen bekämpft sowie friedvolle, gerechte und partizipative Gemeinschaften gefördert werden. Menschenrechte sollen geschützt, Geschlechtergerechtigkeit gefördert und die Rollen von Frauen und Mädchen gestärkt werden. Der Planet und seine natürlichen Ressourcen sollen mit einer langfristigen Perspektive geschützt und die Bedingungen für nachhaltiges, inklusives und andauerndes Wachstum geschafften werden.

Sie SDGs haben Vorläufer, deren grundsätzliche Ziele sukzessive weiterentwickelt wurden und auch künftig der Veränderung und Evaluation unterliegen werden. Ein zentraler Ausgangspunkt für den heutigen Status war im Jahr 1992 der „Earth Summit" in Rio de Janeiro. Hier wurde seinerzeit die Agenda 21 von 178 Ländern beschlossen, mit Zielvorgaben zur sozialen und wirtschaftlichen Entwicklung, zum Umgang mit natürlichen Ressourcen sowie zum Schutz sozialer Gruppen. Im Ansatz finden sich hierin bereits die 17 SDGs angelegt.

Im Jahr 2000 wurden am Hauptsitz der Vereinten Nationen in New York die Millennium Development Goals beschlossen, durch die bis zum Jahr 2015 neben sieben weiteren Zielen insbesondere extreme Armut gemindert werden sollte. So konnte die Zahl der Menschen, die in extremer Armut leben, zwischen 1999 und 2015 von 1.751 Millionen auf 836 Millionen reduziert werden. Die Zahl der Kinder im Grundschulalter ohne Beschulung sank von 100 Millionen im Jahr 2000 auf 57 Millionen im Jahr 2015. Ähnliche Fortschritte wurden auch bezüglich der anderen sieben Ziele dokumentiert.

Das Fazit dieser Entwicklung ist, dass eine wirkungsorientierte Vorgehensweise mit klaren Zielen und daraus abgeleiteten Maßnahmen zu Fortschritten in den einzelnen Bereichen führt. Aus der Erfahrung, Konkretes bewirken und globale Verbesserungen der Lebensbedingungen erreichen zu können, speisen sich auch die Erwartungen an die Sustainable Development Goals der UN, wobei sich die Systematik und Messbarkeit der Ziele und Maßnahmen über die Jahre signifikant gesteigert haben. In den teilnehmenden Ländern gibt es inzwischen klare Prozesse und Verfahren, um die Fortschritte beim Erreichen der SDGs zu evaluieren.

Mit den 17 Sustainable Development Goals werden fünf Bereiche der nachhaltigen Entwicklung adressiert. Erstens geht es darum, Hunger und Armut in jeglicher Form zu beenden. Damit soll ein würdevolles und gelichberechtigtes Leben in einem gesunden Umfeld ermöglicht werden. Zweitens geht es um die Bewahrung unseres Planeten vor Zerstörung mit Blick auf gegenwärtige und zukünftige Generationen, indem nachhaltige Aspekte bei Konsum, Produktion und Ressourcenverwendung berücksichtigt werden und der Klimawandel als drängende Herausforderung anerkannt und bekämpft wird. Drittens soll der ökonomische, soziale und technologische Fortschritt für alle Menschen im Einklang mit der Natur gewährleistet sein. Viertens soll das einträchtige Miteinander als Grundbedingung für eine nachhaltige Entwicklung angestrebt und durch friedliche, gerechte und inklusive Gesellschaften gesichert werden. Fünftens und abschließend sollen die nachhaltigen Entwicklungsziele mit den nötigen Mitteln aus globalen Partnerschaften erreicht werden, um das Leben aller grundlegend zu verbessern.

Um diesen fünf übergreifenden Handlungsfeldern für Nachhaltigkeit gerecht zu werden, haben sich die 2015 formulierten Sustainable Development Goals der UN als zentraler Orientierungsmaßstab etabliert. Sie adressieren erstens die ökonomische Dimension und damit die wirtschaftlichen Aktivitäten, zweitens die soziale Dimension im Sinne eines friedlichen Zusammenlebens und drittens die ökologische Dimension zum Erhalt und zur Regeneration der natürlichen Ressourcen für das Leben auf diesem Planeten. Diese drei Dimensionen sind die Grundlagen von Nachhaltigkeit. Neben den Zielen wurde insbesondere auch der Anspruch formuliert, niemanden auf dem Weg zur Erreichung der Ziele zurückzulassen und insbesondere den Menschen und Gemeinschaften Unterstützung zukommen zu lassen, die im Moment am weitesten von den gemeinsamen Zielen entfernt sind.

Im Folgenden wollen wir die konkreten Inhalte hinter den 17 bunten Kacheln, als die die 17 SDGs in der Regel grafisch dargestellt werden, näher erläutern. Bei der operativen Einbindung der Ziele in den Geschäftsbetrieb eines Unternehmens, so hat die Erfahrung gezeigt, ist es zunächst sinnvoll, sich auf die für das Tätigkeitsfeld des Unternehmens spezifischen und besonders relevanten Ziele zu konzentrieren. Da für die Implementierung der Ziele zentrale Geschäftsprozesse zu überarbeiten sind, wäre es sehr anspruchsvoll, wenn gleichzeitig mehrere neue Ziele in das Geschäftsmodell und damit auch in die konkrete Alltagspraxis von Mitarbeiter*innen übernommen würden.

2.1.2 Die nachhaltigen Entwicklungsziele im Einzelnen

Die Prüfung der Zielerreichung obliegt den einzelnen Ländern. Zur Messung wurden unterschiedliche Indikatoren entwickelt, die sich entweder auf bestehende Datenerhebungen beziehen oder eine neue Datengenese erfordern. Mit der Formulierung der Ziele wurde auch der Ausbau der statistischen Kapazitäten in Sachen Nachhaltigkeit angestoßen. Damit soll perspektivisch eine Ergänzung zur Darstellung des Bruttoinlandsprodukts erzeugt werden.

Abb. 2.1 Die 17 Ziele der Agenda 2030 (Quelle: BMZ)

Ziel 1 – Armut in allen ihren Formen und überall beenden: Dieses Ziel besagt konkret, dass bis 2030 kein Mensch auf der Welt mehr mit weniger als 1,25 US-Dollar[3] pro Tag auskommen muss. Der Armutsanteil gemäß der jeweils landesspezifischen Dimension soll bis 2030 um mindestens die Hälfte sinken. Bis 2030 soll eine breite Versorgung der Sozialsysteme und -maßnahmen erreicht sein. Für alle sollen bis 2030 die gleichen Rechte auf wirtschaftliche Ressourcen und den Zugang dazu gelten. Auch soll die Resilienz gegenüber Katastrophen erhöht werden. Zur Zielerreichung sind entsprechende Ressourcen und unterstützende politische Rahmenbedingungen vonnöten.

Ziel 2 – Den Hunger beenden, Ernährungssicherheit und eine bessere Ernährung erreichen und eine nachhaltige Landwirtschaft fördern: Dieses Ziel soll den Hunger bis 2030 beenden und sicherstellen, dass insbesondere Menschen in prekären Lebenssituationen mit ausreichend nährstoffreichen Nahrungsmitteln versorgt sind. Fehlernährung und damit verbundene Krankheiten sollen bis 2030 beendet sein. Kleine Nahrungsmittelproduzenten sollen ihre Produktivität und ihr Einkommen bis 2030 verdoppeln können. Auch die Nachhaltigkeit der Nahrungsmittelproduktion mit Blick auf Ökosysteme, Klimaveränderungen und Extremwettersituationen soll bis 2030 sichergestellt werden. Die genetische Vielfalt von Nutz- und

2 Die Benchmark der Armutsgrenze wurde zwischenzeitlich mehrfach angehoben, zuletzt im September 2022 auf 2,15 US-Dollar pro Tag; vgl. dazu z.B. Blogbeitrag der World Bank unter blogs.worldbank.org („The international poverty line, used to define extreme global poverty, is now revised to US$ 2.15 from US$ 1.90").

Wildpflanzen soll bewahrt und unterstützt werden. Für die Erreichung der Ziele bedarf es hinreichender Investitionen in die ländliche Infrastruktur und funktionierender Märkte.

Ziel 3 – Ein gesundes Leben für alle Menschen jeden Alters gewährleisten und ihr Wohlergehen fördern: Dazu gehört es, die Sterblichkeit von Müttern bei der Geburt, von Neugeborenen und von Kindern unter 5 Jahren zu senken. Epidemien, Tropenkrankheiten und durch Wasser übertragbare Krankheiten sollen bekämpft werden. Ebenso soll die Sterblichkeit aufgrund von nicht übertragbaren Krankheiten reduziert, die Umsetzung von Präventivmaßnahmen unterstützt und die psychische Gesundheit gefördert werden. Dieses Ziel schließt auch den Missbrauch von schädlichen Substanzen, Todesfälle im Straßenverkehr, den Zugang zur Gesundheitsversorgung und zu Medikamenten sowie die Reduktion der Schäden durch Verunreinigung und Verschmutzung der Umwelt ein. Dafür sind Investitionen in Forschung und Entwicklung, die Weitergabe der Erkenntnisse sowie effektive Frühwarn- und Risikomanagementsysteme nötig.

Ziel 4 – Inklusive, gleichberechtigte und hochwertige Bildung gewährleisten und Möglichkeiten lebenslangen Lernens für alle fördern: Hier geht es um die gleichberechtigte Bildung von Mädchen und Jungen, einschließlich eines kostenlosen Zugangs zur Grund- und Sekundarbildung, sowie um eine hochwertige frühkindliche Erziehung. Ein gleichberichtigter Zugang zur weitergehenden Bildung soll sichergestellt sein und auch die generelle Anzahl von Jugendlichen und Erwachsenen mit Zugang zu hochwertiger Bildung erhöht werden, um menschenwürdige Arbeit und Unternehmertum auszuweiten. Alle Jugendlichen sollen lesen, schreiben und rechnen lernen und auch Erwachsenen soll dies zu einem hohen Anteil möglich sein. Zur Bildung soll auch das nötige Wissen zur Förderung der nachhaltigen Entwicklung gehören. Dafür bedarf es entsprechender Bildungseinrichtungen, des Austauschs und qualifizierter Lehrkräfte.

Ziel 5 – Geschlechtergleichstellung erreichen und alle Frauen und Mädchen zur Selbstbestimmung befähigen: Mit diesem Ziel soll die Diskriminierung von Frauen und Mädchen beendet werden. Dies schließt sowohl Maßnahmen gegen Gewalt und bestehende schädliche Praktiken ein als auch politische Unterstützungsmaßnahmen zur Ermöglichung von Gleichberechtigung im privaten, politischen, wirtschaftlichen und öffentlichen Kontext. Es betrifft zudem auch Fragen der gesundheitlichen (Vor-)Sorge. Dafür sind Reformen zum gleichberechtigten Zugang zu wirtschaftlichen Ressourcen nötig.

Ziel 6 – Verfügbarkeit und nachhaltige Bewirtschaftung von Wasser und Sanitärversorgung für alle gewährleisten: Alle Menschen sollen Zugang zu einwandfreiem und bezahlbarem Trinkwasser haben. Dazu gehören geeignete sanitäre Infrastrukturen. Die Wasserqualität muss durch Vermeidung von Verschmutzung und Förderung von Wiederaufbereitung erhöht werden, auch um die Anzahl von Menschen mit unzureichendem Zugang zu geeignetem Trinkwasser erheblich zu reduzieren. In diesem Zusammenhang sollen auch Ökosysteme geschützt und wiederhergestellt werden, die für die Trinkwasserversorgung essenziell sind. Dies kann im Rahmen von Entwicklungshilfe und durch die Förderung lokaler Anstrengungen erreicht werden.

Ziel 7 – Zugang zu bezahlbarer, verlässlicher, nachhaltiger und moderner Energie für alle sichern: Alle Menschen sollen Zugang zu bezahlbarer und verlässlicher Energie haben, der Anteil der erneuerbaren Energien sowie die Energieeffizienz sollen deutlich erhöht werden. Dafür soll der Zugang zu sauberer Energieinfrastruktur geschaffen und die dafür nötige Infrastruktur aufgebaut werden.

Ziel 8 – Dauerhaftes, inklusives und nachhaltiges Wirtschaftswachstum, produktive Vollbeschäftigung und menschenwürdige Arbeit für alle fördern: Für die am wenigsten entwickelten Länder soll ein jährliches Wachstum des Bruttoinlandprodukts um 7 % aufrechterhalten werden. Die Produktivitätssteigerung soll durch Diversifizierung, Modernisierung und Innovation speziell für arbeitsintensive Sektoren erreicht werden. Dabei sollen menschenwürdige Arbeitsplätze geschaffen, Unternehmertum gefördert und Zugang zu Finanzdienstleistungen begünstigt werden. Konsum und Produktion sollen effizienter gestaltet und damit eine Entkopplung von Wirtschaftswachstum und Umweltzerstörung ermöglicht werden. Das nachhaltige Wachstum soll auf der Basis von Vollbeschäftigung erreicht werden. Zwangsarbeit, Kinderarbeit und weitere Formen schlechter Arbeitsbedingungen sollen mit sofortigen Maßnahmen beendet werden. Der zur Zielerreichung nötige Zugang zu Bank-, Versicherungs- und Finanzdienstleistungen soll begünstigt und erweitert werden.

Ziel 9 – Eine widerstandsfähige Infrastruktur aufbauen, inklusive und nachhaltige Industrialisierung fördern und Innovationen unterstützen: Die Infrastruktur für nachhaltige Entwicklung muss aufgebaut werden. Der Zugang dazu soll dabei erschwinglich und gleichberechtigt ausgestaltet sein. Damit geht auch eine Steigerung des Anteils nachhaltigkeitsorientierter industrieller Produktion und der dafür nötigen Finanzierungsressourcen einher. Auch die bestehende Infrastruktur soll in Richtung Nachhaltigkeit weiterentwickelt und modernisiert werden. Eine weitreichende Steigerung der Ausgaben für Forschung und Entwicklung und der Anzahl der in diesen Bereichen tätigen Personen ist ebenso avisiert. Dies kann durch finanzielle und technologische Unterstützung, die Schaffung eines förderlichen politischen Rahmens und durch einen allgemeinen Zugang zu Informations- und Kommunikationstechnologien erreicht werden.

Ziel 10 – Ungleichheit in und zwischen Ländern verringern: Hiermit soll erreicht werden, dass die 40 % Ärmsten der Bevölkerung ein über dem nationalen Durchschnitt liegendes Einkommenswachstum erfahren. Alle Menschen sollen unabhängig von ihrer Ausgangssituation zu Selbstbestimmung befähigt und soziale, wirtschaftliche und politische Inklusion sollen gefördert werden. Chancengleichheit und die Reduktion von Ungleichheit sollen erreicht werden. Dies schließt darauf abzielende nationale sowie internationale Regelungen und Kooperationen ein, die diesem Ziel förderlich sind.

Ziel 11 – Städte und Siedlungen inklusiv, sicher, widerstandsfähig und nachhaltig gestalten: Angemessenes, sicheres und bezahlbares Wohnen, die Verbesserung prekärer Wohnsituationen sowie geeignete und inklusive Verkehrssysteme sollen erreicht werden. Lebensräume sollen vor (Natur-)Katastrophen geschützt und die insbesondere von Städten ausgehende Verschmutzung soll reduziert werden. Dabei sind positive Entwicklungen in städtischen und ländlichen Regionen inklusiv und nachhaltig auszugestalten, Grünflächen zugänglich zu machen und kulturelles Erbe zu schützen und zu wahren. Dieses Ziel ist durch eine integrierte Entwicklungsplanung der unterschiedlichen Lebensräume zu verfolgen.

Ziel 12 – Nachhaltige Konsum- und Produktionsmuster sicherstellen: Damit sind Konsum- und Produktionsmuster auf der Basis einer nachhaltigen Bewirtschaftung und einer effizienten Nutzung natürlicher Ressourcen gemeint. Nahrungsmittelverluste sollen auch in der Lieferkette reduziert und ein umweltverträglicher Umgang mit Chemikalien und Abfällen erreicht werden. Insbesondere sollen das Abfallaufkommen deutlich verringert, nachhaltige Verfahren gefördert und Nachhaltigkeitsinformationen von Unternehmen ausgeweitet werden.

Ziel 13 – Umgehend Maßnahmen zur Bekämpfung des Klimawandels und seiner Auswirkungen ergreifen: Hiermit soll die Fähigkeit zur Adaption an klimabedingte Gefahren und Naturkatastrophen gestärkt werden, Klimaschutzmaßnahmen in Entscheidungsstrukturen sollen einbezogen und das allgemeine Wissen um die Konsequenzen des Klimawandels erhöht werden. Das Ziel verweist auf das grundlegende Rahmenwerk der Vereinten Nationen zum Umgang mit dem Klimawandel, aus dem sich auch das Pariser Abkommen von 2015 speist. Eine detailliertere Darstellung dieses Ziels erfolgt daher in Kapitel 2.2.

Ziel 14 – Ozeane, Meere und Meeresressourcen im Sinne nachhaltiger Entwicklung erhalten und nachhaltig nutzen: Damit soll die Meeresverschmutzung und die Belastung der Nahrung reduziert werden. Dazu gehört eine nachhaltige und geregelte Bewirtschaftung der Meeres- und Küstensysteme, die Untersagung sich negativ auswirkender Subventionen und die nachhaltige Verbesserung des Managements der vorhandenen Ressourcen auf Basis zu teilender wissenschaftlicher Erkenntnisse.

Ziel 15 – Landökosysteme schützen, wiederherstellen und ihre nachhaltige Nutzung fördern, Wälder nachhaltig bewirtschaften, Wüstenbildung bekämpfen, Bodendegradation beenden und umkehren und dem Verlust der

biologischen Vielfalt ein Ende setzen: Damit soll der Erhalt, die Wiederherstellung und die nachhaltige Nutzung von Ökosystemen an Land erreicht werden. Neben dem Schutz bedrohter Arten und der vorhandenen Biodiversität bedeutet dies auch, das Einbringen invasiver, gebietsfremder Arten zu verhindern. Dieses übergreifende Ziel zum Schutz der natürlichen Ressourcen ist insbesondere auch mit den weiteren Entwicklungsprozessen und Armutsbekämpfungsstrategien in Einklang zu bringen und mit finanziellen Ressourcen auszustatten. Die ergriffenen Maßnahmen und die eingeführten Regeln sind ausreichend zu überwachen.

Ziel 16 – Friedliche und inklusive Gesellschaften für eine nachhaltige Entwicklung fördern, allen Menschen Zugang zur Justiz ermöglichen und leistungsfähige, rechenschaftspflichtige und inklusive Institutionen auf allen Ebenen aufbauen: Mit diesem Ziel sollen Gewalt, Gewalt gegen Kinder, illegale Finanz- und Waffenströme, organisierte Kriminalität und Korruption deutlich verringert werden. Rechtsstaatlichkeit auf nationaler und internationaler Ebene soll gefördert, der gleichberechtigte Zugang soll gewährleistet und leistungsfähige, rechenschaftspflichtige und transparente Institutionen sollen aufgebaut werden. Entscheidungsfindungen sollen bedarfsorientiert, partizipatorisch und repräsentativ ausgestaltet sein. Allen Menschen soll eine rechtliche Identität mit der Geburt zukommen, der Zugang zu öffentlichen Informationen soll gewährleistet sein und die Grundfreiheiten sollen geschützt werden.

Ziel 17 – Umsetzungsmittel stärken und die globale Partnerschaft für nachhaltige Entwicklung mit neuem Leben erfüllen: Im Bereich Finanzierung geht es hier um die Stärkung der jeweils einheimischen Ressourcen, etwa zur Erhebung von Steuern und Abgaben, um die Umsetzung der Finanzierungsziele für die Entwicklungshilfe der entwickelten Länder, die Unterstützung bei Verschuldung und die Investitionsförderung für Entwicklungsländer. Im Bereich der Technologie geht es um die Kooperation in Wissenschafts- und Innovationsfragen, den Transfer umweltverträglicher Technologien und die Unterstützung bei der Nutzung von Grundlagentechnologien, insbesondere mit Blick auf Informations- und Kommunikationstechnologien. Im Handelsbereich geht es um die Umsetzung eines gerechten Handelssystems, die Steigerung der Exporte von Entwicklungsländern und einen verbesserten Marktzugang für diese Länder. Politische Kooperationen und Partnerschaften sowie geeignete Datengrundlagen und Messsysteme für die Fortschrittsmessung in Bezug auf die Entwicklungsziele sind notwendig.

2.1.3 Zusammenfassung

Die im Überblick dargestellten Entwicklungsziele vermitteln ein Gesamtbild der Ambitionen der Agenda 2030. Nichts weniger als die globale Entwicklung eines guten Zusammenlebens soll erreicht werden. Obgleich sich die Agenda im Grunde an politische Akteure wendet und auch von diesen entscheidend geprägt wurde, stehen immer auch privatwirtschaftliche Aktivtäten im Fokus, wenn es darum geht, einen positiven Beitrag zu den übergeordneten Nachhaltigkeitszielen zu leisten.

Praxistipp:
In der Tat ist es naheliegend, dass die nötige Infrastruktur zur Erreichung SDGs und zur Umsetzung der seit 2015 konkretisierten Maßnahmen durch unternehmerische Investitionen und Innovationen bereitgestellt werden kann. Die Vielfalt der Wirtschaftstätigkeiten der verschiedenen Akteure – vom Kleinstunternehmen über Genossenschaften bis hin zum multinationalen Unternehmen – bietet vielfältige Möglichkeiten, einen positiven Beitrag zur Erreichung aller 17 ausformulierten Ziele zu leisten.

Zum Gesamtbild gehört auch, dass COVID-19 einen deutlichen Rückschritt bei der Zielerreichung nach sich zieht. Die Anzahl der Menschen in Armut hatte sich schon im Jahr 2020 deutlich erhöht und fünf Jahre positive Entwicklung ausgebremst. Im Jahr 2022 wird man sich gemäß Forecast bei positivem Verlauf in etwa wieder auf dem Niveau von 2018 befinden. Neben anderen Faktoren hat die Pandemie auch Nahrungsmittelpreise global stark beeinflusst bzw. nach oben getrieben – durchschnittlich um 16 % im Jahr 2019 und 2020 sogar um 47 % – und die Nahrungsmittelsicherheit so weiter unterminiert. Die COVID-19-Pandemie und Russlands Angriffskrieg in der Ukraine haben den dringend notwendigen Übergang zu einer grüneren Wirtschaft weiter verzögert.

Übergreifend ergibt sich beim Blick auf die Realisierung der Ziele ein gemischtes Bild mit leichten Fortschritten im Gesundheitssektor, beim Thema Bildung oder auch bei der Gleichberechtigung. Innerhalb der Ziele zeigen unterschiedliche Indikatoren auch in abweichende Richtungen. Bei den Verbesserungen der globalen Infrastruktur ist man flächendeckend nicht dort, wo man im Sinne einer nachhaltigen Entwicklung sein möchte. Insgesamt hat die Pandemie hier kräftige Spuren hinterlassen und es wird enormer Anstrengungen der Staatengemeinschaft und der Privatwirtschaft bedürfen, um sich dem Vorpandemie-Niveau wieder anzunähern bzw. die angestrebten Ziele für die Menschen und den Planeten überhaupt zu erreichen.[3] Auch wenn die Folgen des russischen Angriffskriegs sich für Nahrungsmittel- und Energiepreise bereits gezeigt haben, so sind mittelfristig weitere negativ Entwicklungen abzusehen, die das Erreichen der Nachhaltigkeitsziele weiter erschweren.

[3] Vgl. The Sustainable Development Goals Report 2022, abrufbar unter unstats.un.org.

2.2 Pariser Klimaabkommen

Mit dem Pariser Klimaabkommen von 2015[4] erkennt die Staatengemeinschaft die Bedrohung durch den Klimawandel auf der Basis der zur Verfügung stehenden wissenschaftlichen Evidenz an und leitet daraus zum ersten Mal konkrete Ziele für die Eindämmung der Erderwärmung ab. Daran schließt sich die Erkenntnis an, dass nicht alle Regionen und Länder in gleichem Maße von den drohenden Auswirkungen des Klimawandels betroffen sind, sondern die jeweiligen ökologischen, ökonomischen, sozialen und politischen Voraussetzungen unterschiedliche Szenarien und Risiken bedingen. Neben den Risiken, die der Klimawandel mit sich bringt, bergen auch die diesbezüglichen Anpassungsstrategien ihrerseits bestimmte Risiken.

2.2.1 Entstehung und Zielsetzung

Der Klimawandel wirkt sich übergreifend auf viele verschiedene nachhaltige Entwicklungsziele aus. Armut erhöht das Risiko, an den Konsequenzen des Klimawandels zu leiden, und gleichzeitig erhöht der Klimawandel das Risiko, in Armut zu geraten. Speziell Nahrungsmittelsicherheit und damit auch stabile Preise sind durch anspruchsvollere Anbauszenarien und Veränderungen in der Bewirtschaftung bedroht. Das wiederum kann weitere wirtschaftliche Zusammenhänge beeinflussen.

Dies ist nur eine Kausalkette von vielen, die der Handlungsnotwendigkeit zur Bekämpfung des Klimawandels zugrunde liegen. Mit der Transition hin zu einer nachhaltigen Wirtschaft mit fundamental reduzierten Treibhausgasemissionen und der nötigen Adaption an die klimatischen Veränderungen und deren globale Folgeerscheinungen gehen übergreifende Anforderungen an das Zusammenleben einher. Speziell für privatwirtschaftliche Unternehmen zieht dies neue Geschäftsmodelle, veränderte Margen, angepasste Lieferketten und den Bedarf an neuen Fähigkeiten nach sich. Für die Verbraucherinnen und Verbraucher heißt das zum einen, sich auf neue Lösungen und Preise einzulassen, zum anderen aber auch, Anforderungen an die Produzenten und Dienstleister zu stellen.

Das Pariser Abkommen wurde im gleichen Jahr wir die Sustainable Development Goals verabschiedet und trat ein Jahr später in Kraft, nachdem die dafür vorgesehene Voraussetzung erfüllt war, dass mindestens 55 % der Länder, die für mindestens 55 % der globalen Treibhausgasemissionen verantwortlich sind, das Abkommen ratifizieren. Das Pariser Abkommen basiert auf der Klimarahmenkonvention der Vereinten Nationen über Klimaänderungen von 1992, und nach Inkrafttreten der Konvention im Jahr 1994 wurde 1996 das zugehörige Sekretariat in Bonn eingerichtet, das federführend auch das Arbeitsprogramm aus dem Pariser Abkommen begleitet.[5] Ein weiterer Vorreiter des Pariser Abkommens ist das Kyoto-Protokoll von 1997, das die

4 Abrufbar auf der Website der UN.
5 Vgl. Website der UN.

Begrenzung der Treibhausgase auf der Basis einer völkerrechtlichen Vereinbarung definiert, jedoch hinsichtlich seiner Akzeptanz einen Misserfolg darstellte. In seiner zweiten Ausbaustufe war es nur wenige Stunden vor seiner Ablösung durch das Pariser Abkommen in Kraft getreten.

Das Pariser Abkommen wurde auf der 21. Klimakonferenz der Vereinten Nationen (Conference of the Parties 21, im Folgenden: COP 21) verabschiedet. Die Klimakonferenz ist das grundlegende Entscheidungsgremium für dessen Umsetzung. Zentral dafür ist die Kommunikation der nationalen Beiträge zur Erreichung der Ziele aus dem Abkommen, die mindestens alle fünf Jahre erfolgen soll. Ambitioniertere Ziele können jederzeit jenseits dieses Turnus formuliert werden. Die Ziele werden durch das Sekretariat dokumentiert und können so überprüft werden. Ebenso dient die Konferenz der Abstimmung von Standards zur Berechnung der Treibhausgasemissionen, um mögliche Lücken zu schließen bzw. Doppelanrechnungen zu vermeiden.

Die Ziele des Abkommens werden in Artikel 2 definiert. Zum einen soll die globale Antwort auf die Bedrohung durch den Klimawandel gestärkt werden. Zum anderen steht auch dieses Klimaabkommen im Kontext der nachhaltigen Entwicklungsziele der Vereinten Nationen. Hierbei wird insbesondere das erste SDG hervorgehoben, nämlich die Beendigung von Armut. Dies soll erreicht werden durch

1. die Begrenzung des globalen durchschnittlichen Temperaturanstiegs im Vergleich zum vorindustriellen Zeitalter auf unter 2 °C und Anstrengungen zur Begrenzung der Erwärmung auf maximal 1,5 °C, um die Risiken und Auswirkungen des Klimawandels signifikant zu reduzieren,
2. eine erhöhte Fähigkeit, sich den negativen Auswirkungen des Klimawandels anzupassen, die Resilienz gegenüber negativen klimatischen Veränderungen zu erhöhen und Treibhausgase zu reduzieren, ohne die Nahrungsmittelproduktion zu gefährden, und
3. die konsistente Umgestaltung der Finanzströme im Sinne der Reduktion von Treibhausgasen und der erhöhten Resilienz gegenüber den negativen Auswirkungen klimatischer Veränderungen.

Bei der Umsetzung der Ziele sollen die unterschiedlichen Voraussetzungen und Möglichkeiten der verschiedenen Länder Berücksichtigung finden. Es gilt, eine gemeinsame, aber differenzierte Verantwortung zur Zielerreichung zu tragen. Damit ist gemeint, dass nicht allen Ländern dieselbe Aufgabenstellung zukommt, sondern die länderspezifischen Ausgangsbedingungen – wie z.B. der jeweilige Treibhausgaustoß in der Vergangenheit – Berücksichtigung finden. Das zeigt sich etwa in den unterschiedlichen Zeithorizonten der avisierten Maßnahmen, beispielsweise im Vergleich zwischen der Europäischen Union und Indien oder China.

2.2.2 Auswirkungen auf Deutschland und die deutsche Wirtschaft

Die internationalen Vereinbarungen zum Klimaschutz betreffen zu einem Großteil die wirtschaftlichen Aktivitäten innerhalb der bzw. zwischen den Staaten und damit die produzierenden und handelnden Unternehmen. Dies bedeutet, dass sich zum einen die Verfahren der Produktion wandeln und zum anderen die Produkte selbst neuen Standards genügen müssen, um in den Handel zu gelangen. Verfahrensänderungen zielen stark auf die Energieintensität und die Energieerzeugung ab, speziell in der Landwirtschaft ist hier aber z.B. auch die Art der Flächennutzung adressiert. Standards für Produkte können sich in Vorgaben zur Zusammensetzung und zum Ausschluss von Rohstoffen offenbaren, aber auch in Transparenzanforderungen. Neben einem sogenannten „Product Carbon Footprint (PCF)" – also der Information über die gesamten Treibhausgasemissionen, die von einem Produkt in den verschiedenen Phasen seines Lebenszyklus verursacht werden – geht es auch um Fragen zur möglichen Einbindung des Produkts in ein Kreislaufwirtschaftsmodell.

Gerade für mittelständische Unternehmen besteht damit eine doppelte Herausforderung. Auf der einen Seite steht die Abhängigkeit des Geschäftsmodells durch die Einbindung in spezifische Lieferketten, etwa als Teil der Zulieferindustrie: Hier besteht die Gefahr, dass neue Verfahren oder Produktionsweisen nicht zu den von den Abnehmern gewünschten Produktvorgaben passen. Auf der anderen Seite kann das Geschäftsmodell durch die Transformation hin zu einer weniger treibhausgasintensiven Wirtschaft selbst infrage gestellt sein. Um diese Entwicklungen abschätzen und letzten Endes auch für die weitere Planung bewerten zu können, sind bestehende Risikomanagementsysteme anzupassen und in Teilen auch aufzubauen, um nachhaltigkeitsbezogene Informationen einbeziehen zu können.

Gleichwohl sind die Chancen für den Mittelstand nicht zu unterschätzen. Durch eine frühzeitige Anpassung an erhöhte Nachhaltigkeitsanforderungen können bestehende Vorteile innovativer Produkte und Dienstleistungen insbesondere auch unter den neuen Voraussetzungen ausgespielt werden. Hierbei kommt es darauf an, vorhandene Technologien konsequent weiter zu optimieren und an eine nachhaltige Produktionsweise und Lieferkette anzupassen. Gleichzeitig ergeben sich neue Geschäftsfelder, insofern die Infrastruktur für unterschiedliche Branchen ersetzt oder umgebaut werden muss. Auch auf den ersten Blick sehr energieintensive Sektoren können durch die Umstellung auf nachhaltigere Verfahren einen Wettbewerbsvorteil erlangen und ihre zentrale Rolle beim Umbau der Wirtschaft nutzen.

Ein Großteil der akuten Herausforderungen dreht sich um die Reduktion der Treibhausgasemissionen. Treiber sind hier sowohl Markt als auch Gesetzgeber. Die Handlungsfelder beziehen sich auf die Ausgestaltung der Prozesse und die Kalkulation der tatsächlichen Emissionen. Während in der Vergangenheit monetäre Aspekte steuerungsentscheidend für ein Unternehmen waren, geht es nun zunehmend auch darum, die Klimafolgewirkung der wirtschaftlichen Aktivität in Form des Bedarfs an CO_2-Äquivalenten zu analysieren und Steuerungsentscheidungen darauf abzustimmen. Damit wird ein neues Rechnungswesen in die unternehmerische Praxis integriert, und es wird auch ein entsprechendes Reporting gegenüber den Stakeholdern erwartet.

Die Geschäftsführung lässt sich daran messen, inwieweit es ihr gelingt, hier Fortschritte zu erreichen. Damit gehen dann auch neue Kompetenzanforderungen an die Leitungsebenen einher. Mitarbeiter*innen und Arbeitsmarkt können die Zukunfts- und Adaptionsfähigkeit eines Unternehmens an seinen Reduktionszielen und seiner diesbezüglichen Transparenz festmachen, was im „War for Talents“ eine Rolle spielen kann. Auch Investoren ist es über diese Parameter möglich, zu evaluieren, inwieweit ein Unternehmen innerhalb seiner Branche zu den Besten gehört. Spezifische Werte zu Treibhausgasen können damit Finanzierungsentscheidungen bzw. die Kosten einer Finanzierung beeinflussen. Und schließlich zählen auch Verkaufsargumente: Gerade in einem Wettbewerb von Produkten und Dienstleistungen ähnlicher Qualität kann ein positiver Beitrag zur Begrenzung des Klimawandels für eine Kaufentscheidung maßgeblich sein.

Gemessen werden CO_2-Äquivalente entsprechend den relevanten Standards bezogen auf die eigene wirtschaftliche Tätigkeit des Unternehmens (Scope 1), die dafür nötige hinzugekaufte Energie (Scope 2) und die Emissionen in der vor- und nachgelagerten Lieferkette (Scope 3). Je nach Geschäftsmodell ergibt sich eine unterschiedliche Relevanz der Scopes. Oftmals fehlen Daten zu den betreffenden Emissionen mit Blick auf die vor- und nachgelagerte Lieferkette, da sich hier die Prozesse zur Aufnahme und Weitergabe der Daten noch nicht umfassend etabliert haben. Diese Lücken werden sich jedoch durch die genannten Erwartungen aufseiten der Stakeholder und auch durch die Vorgaben zur Nachhaltigkeitsberichterstattung, die fortschreitende Klimagesetzgebung und die Anforderungen aus dem jeweils geltenden Fachrecht langfristig schließen.

Nicht jedes Unternehmen und jedes Geschäftsmodell wird sich perspektivisch komplett dekarbonisieren lassen. Eine Option, um dieses Ziel zu verfolgen, ist die Ausrichtung der Energieerzeugung in Richtung erneuerbare Energien, um so einen Großteil des eigenen Energiebedarfs klimaneutral zu decken. Darüber hinaus können Produktions-, Dienstleistungs- und Geschäftsprozesse erneuert und auch mit Blick auf die Treibhausgasemissionen optimiert werden. Das europäische Emissionshandelssystem setzt hier Akzente, indem speziell für Emissionen im Rahmen der Energie- und Wärmeerzeugung, aber auch für Ölraffinerien, für die Stahlverarbeitung oder für die energieintensive Rohstoffproduktion (Eisen, Aluminium, Zement, Glas oder auch Papier) ein Preis entrichtet werden muss. Investitionen in treibhausgasarme Verfahren können demzufolge einen dauerhaft positiven Effekt auf die Effizienz der Produktion haben.

Für Emissionen, die nicht vermieden oder reduziert werden können, bestehen freiwillige Kompensationsmöglichkeiten, die zu einer treibhausgasneutralen Wirtschaft beitragen sollen. Die grundlegende Idee dabei ist, zum Ausgleich für Emissionen, die in der betreffenden Geschäftstätigkeit nicht vermieden werden können, in Emissionsminderungsgutschriften (meist als Zertifikate bezeichnet) zu investieren, mit denen dieselbe Emissionsmenge in Klimaschutzprojekten ausgeglichen wird. Generell eignen sich dafür Projekte im Energie- und Effizienzbereich oder beispielsweise die Unterstützung und Förderung natürlicher Senken zur Rückführung von Treibhausgasen in die Erde. Für die Eignung und Qualität dieser Projekte gibt es Bewertungsstandards.[6]

Kompensationsstrategien sollten nicht die einzigen Anstrengungen zur Anpassung der unternehmerischen Tätigkeit sein, sondern die Optimierungschancen des eigenen Geschäfts, zusammen mit einer transparenten Klimabilanz, im Vordergrund stehen. Schließlich bestätigen entsprechende interne Maßnahmen die Authentizität der unternehmenseigenen Nachhaltigkeitsstrategie und erhöhen die Attraktivität im Markt als Dienstleister, Produzent oder Arbeitgeber.

2.2.3 Branchenspezifische Handlungserfordernisse

Die Reduktion von Treibhausgasen ist eine übergeordnete Maßgabe zur Einhaltung speziell der Ziele des Pariser Klimaabkommens. In der konkreten nationalen Operationalisierung zeigt sich dann, dass unterschiedliche Branchen auch unterschiedliche Potenziale dafür bieten. Dies hängt einerseits von der jeweiligen Höhe des Beitrags zu den Gesamtemissionen ab und andererseits auch von der Möglichkeit, das Geschäftsfeld anzupassen bzw. zu ersetzen.

Branchenspezifische Anforderungen werden insbesondere im Rahmen der Klimagesetzgebung sowohl auf nationaler als auch auf europäischer Ebene formuliert. Die damit festgelegten übergreifenden Entwicklungspfade für die Reduktion der Treibhausgasemissionen können als Anhaltspunkt für das spezifische Unternehmen bzw. die zu finanzierenden Projekte dienen. Gleichwohl ist dadurch noch keine Aussage dazu getroffen, inwieweit das bestehende Geschäftsmodell kompatibel mit den sektorspezifischen Entwicklungspfaden ist, etwa wenn im Vergleich zu anderen Unternehmen derselben Branche bisher nur geringe bis keine Anstrengungen zur Treibhausgasreduktion unternommen wurden.

Damit können sich dann umfangreichere Handlungsbedarfe für die Anpassung des Geschäftsmodells, der internen Prozesse und der Verantwortlichkeiten bzw. der dafür nötigen Fähigkeiten ergeben. Nachteile können durch die verzögerte Berücksichti-

6 Vgl. Ratgeber zur freiwilligen CO_2-Kompensation des Umweltbundesamtes, abrufbar unter www.umweltbundesamt.de.

gung der Reduktionsmaßgaben bzw. der dafür nötigen Investitionen auch entstehen, wenn, verbunden mit den entsprechenden preisbezogenen Risiken, ein CO_2-Preis zu entrichten ist und damit Margenkalkulationen bzw. die Zukunftsfähigkeit des Geschäftsmodells beeinträchtigt werden. Im deutschen Klimaschutzgesetz[7] werden, abgeleitet von den deutschen Reduktionszielen (ggü. 1990 minus 65 % bis 2030 bzw. minus 88 % bis 2040 an CO_2-Äquivalenten), die weiter unten beschriebenen Branchen direkt durch differenzierte Reduktionsziele bis 2030 angesprochen.

Obwohl die Ziele äußerst ambitioniert sind, liegt es auf der Hand, dass sie, auch isoliert für Deutschland betrachtet, nicht ausreichen, um die Begrenzung des durchschnittlichen Temperaturanstiegs auf deutlich unter 2 °C zu erreichen. Dennoch sind grundlegende Anpassungen in den bestehenden Verfahren und Geschäftsmodellen absehbar oder bereits in der Realisierung.

Ende März 2023 hat der Koalitionsausschuss aus SPD, Grüne und FDP die Novellierung des Klimaschutzgesetzes angekündigt. Die Novelle soll ermöglichen, dass die betroffenen Sektoren (Stromerzeugung, Industrie, Verkehr, Bauen und Wohnen sowie Landwirtschaft) gegeneinander ausgleichen können. Nicht erreichte Ziele beim Verkehr können somit ohne Maßnahmen bleiben, wenn bspw. bei der Stromerzeugung Ziele übertroffen und so Überschreitungen kompensiert können. Darüber hinaus soll es ab 2024 erstmals auch Ziele für Negativemissionen geben.[8]

Branchenspezifische Handlungserfordernisse: Gebäude

Seit 1990 hat sich in Sachen Energieverbrauch im Gebäudesektor bereits einiges getan. Mit dem genannten Klimaschutzgesetz sollen die Emissionen von rund 120 Millionen Tonnen CO_2-Äquivalent im Ausgangsjahr 2020 auf 67 Millionen Tonnen bis 2030 reduziert werden. Das hat nicht nur erhöhte Anforderungen an Neubauten zur Folge, sondern auch die Notwendigkeit von umfassenden Renovierungen im Bestand.[9]

Für mittelständische Unternehmen heißt das auf der Risikoseite, den eigenen Immobilienbestand unter Energieverbrauchsgesichtspunkten im Blick zu behalten. Die Werte von Immobilien, die unter Umständen auch als Sicherheiten hinterlegt oder in Zukunft dafür mit eingeplant sind, können sich vor dem Hintergrund der neuen Anforderungen anders als geplant entwickeln. Auch steht zu erwarten, dass energiebezogene Informationen seitens der Finanzierungsgeber zunehmend berücksichtigt werden.

7 Abrufbar unter www.gesetze-im-internet.de/ksg.
8 Vgl. das „Modernisierungspaket für Klimaschutz und Planungsbeschleunigung" vom 28.03.2023, abrufbar auf der SPD-Website unter www.spd.de.
9 https://www.bundesregierung.de/breg-de/aktuelles/energieeffiziente-neubauten-2038426 (abgerufen am 31.05.2022).

Auf der Chancenseite zeigt sich bei der konkreten Umsetzung der nötigen Investitionen ein enormer Skaleneffekt. Die nötige Innovationstätigkeit führt zur energiereduzierten Herstellung von Baustoffen und die Erhöhung der Wirkungsgrade beim Einsatz der Baustoffe führt zu einer Neuausrichtung der Lieferketten hin zu Bereitstellern von effizienteren Lösungen. Bei privaten und gewerblichen Gebäuden wird es verstärkt gefordert sein, praktisch den gesamten Altbestand energieeffizient auszubauen.

Neben dem Beitrag zum Klimaschutz spielt bei Bauvorhaben auch die Anpassung an den Klimawandel zunehmend eine Rolle. Gebäude müssen auch angesichts potenziell erhöhter Temperaturen eine geeignete Wohn- bzw. Arbeitsqualität bieten und sind unter Berücksichtigung angepasster Risikoannahmen zu Extremwettersituationen in geeigneten Bauregionen und in einer geeigneten Bauweise zu errichten.

Die im Koalitionsausschuss vorgesehene Anpassung des Gebäudeenergiegesetzes (GEG) beschleunigt die Wende in Richtung der Erzeugung erneuerbarer Wärmeenergie. Sowohl bei Neubauten als auch für den Austausch von Öl- und Gasheizungen sind ambitionierte Vorgaben vorgesehen.

Branchenspezifische Handlungserfordernisse: Verkehr

Während im Gebäudesektor seit den 1990er Jahren bereits Einsparpotenziale realisiert wurden, ist dies für den Verkehrssektor nicht im selben Maße zu konstatieren. Lediglich gut 10 % Emissionen konnten zwischen 1990 und 2020 in absoluten Zahlen eingespart werden. Bis 2030 soll der Wert von 146 Millionen Tonnen CO_2-Äquivalent aus dem Jahr 2020 auf 85 Millionen Tonnen reduziert werden. Darauf zielen auch die Impulse und Förderungsmaßnahmen der Bundesregierung ab, die den grundlegenden Mobilitätswandel unterstützen sollen. Der Umstieg auf die Elektromobilität ist einer dieser Impulse. Daneben sollen der Ausbau des öffentlichen Personennahverkehrs, ein günstiger und verbesserter Bahnverkehr, die Förderung des Radverkehrs und alternativer Kraftstoffe zusammen mit erhöhten Abgaben für den Flugverkehr als strukturelle Maßnahmen den Wandel beschleunigen.

Beim Thema Mobilitätswandel befindet sich der Straßengüterverkehr besonders im Fokus. Zwischen 1991 und 2019 hat sich die Verkehrsleistung – das sind die zurückgelegten Kilometer, multipliziert mit dem beförderten Gewicht in Tonnen – mehr als verdoppelt und der generelle Anteil des Straßengüterverkehrs hat sich von 61,4 % auf 72,4 % der Gesamtgüterverkehrsleistung in Deutschland erhöht.[10]

Für die mittelständisch geprägte deutsche Wirtschaft heißt dies nicht nur, sich auf neue Transportwege und -formen einzulassen und sich auch auf der Infrastrukturseite

[10] Vgl. dazu Informationen des Umweltbundesamtes unter www.umweltbundesamt.de.

mit förderlichen Investitionen zukunftsgerichtet aufzustellen. Vielmehr werden sich ganze Logistikbereiche nicht in der heutigen Form weiterentwickeln können, auch und gerade, da entsprechende Antriebe und die Energieinfrastruktur für die Straße noch weit im Hintertreffen sind. Auf der Chancenseite ergeben sich aber auch grundlegend neue Geschäftsmodelle an den Stellen, wo ein Ausbau der Schiene entweder nicht oder nicht in den nötigen Zeiträumen zu bewerkstelligen ist. Das Angebot nachhaltiger Logistiklösungen wird sich direkt reduzierend auf die Treibhausgasbilanzen produzierender Unternehmen in der Lieferkette auswirken. Mit zunehmenden Offenlegungspflichten und steigenden Kosten für Emissionen werden hier Folgewirkungen für die Logistikunternehmen zu erwarten sein.

Im Koalitionsausschuss wurden Ende März 2023 auch neue preisbezogene Steuerungsmechanismen für Lkw vorgeschlagen. Dazu zählt ein emissionsabhängiger CO_2-Aufschlag auf die Lkw-Maut für Fahrzeuge bereits ab einem Gesamtgewicht von 32,5 Tonnen von Januar 2024 an – Handwerksbetriebe ausgenommen. Ebenso wenig sollen emissionsfreie Lkw von der Regelung betroffen sein und stattdessen deren Anschaffung gefördert werden. Die zusätzlichen Erträge sollen der Modernisierung und dem Kapazitätsausbau der Schiene dienen. Gleichzeitig wurde auch die Ambition für die Anzahl elektrisch betriebener Pkw und die dafür nötige Infrastruktur angehoben.

Branchenspezifische Handlungserfordernisse: Landwirtschaft

Auf die Landwirtschaft kommen vielfältige Anforderungen zu, die sich nicht nur auf die Verringerung von Treibhausgasen beziehen. Hier schreibt das novellierte Klimaschutzgesetz auch für die Landwirtschaft einen klaren Reduktionspfad bis 2030 vor. Ausgehend von 70 Millionen Tonnen CO_2-Äquivalent im Jahr 2020 soll bis 2030 eine sukzessive Reduktion um 20 % auf 56 Millionen Tonnen CO_2-Äquivalent erfolgen. Das zieht weitreichende Konsequenzen für Gebäude, Transport und Arbeitsmaschinen, Tierhaltung und Energieproduktion nach sich. In der Nahrungsmittelproduktion und den sektorspezifischen Handelsprozessen realisieren sich Treibhausgasemissionen sowohl in der Zulieferung und Produktion, etwa von (künstlichen) Düngemitteln, als auch im Vertrieb der Rohwaren.

Daneben bestehen weitere Herausforderungen, etwa in Bezug auf die Biodiversität, im Kontext der Landschaftspflege, der Anbaupläne und der Nutzung von Schädlingsbekämpfungsmitteln. Nitratbelastung und sonstige Gefährdungen durch Verschmutzung kommen hinzu. Damit hat die Landwirtschaft eine weitreichende Transformation zu bewerkstelligen und steht gleichzeitig vor der Aufgabe, die Nahrungsmittelsicherheit und den Nahrungsmittelertrag nicht zu gefährden. Ähnlich wie in den anderen Branchen sind daher innovative Verfahren gefragt, die zur Erfüllung der Klimaziele beitragen. Im Idealfall wird dabei nicht der Importbedarf von Nahrungsmitteln erhöht – was die Probleme schließlich auch nur verschieben, aber nicht lösen würde.

Im Sinne einer nachhaltigen Landwirtschaft scheinen insbesondere die Fleischproduktion, die dadurch erzeugten Emissionen und der dafür nötige Flächenbedarf vor einer Wende zu stehen. Ein weiterer Faktor ist die Optimierung des Düngemittelmanagements. Dabei sind die positiven Auswirkungen einer nachhaltigen Landwirtschaft stark davon abhängig, dass sich Bedarfe verändern. Zumindest hinsichtlich der Treibhausgasemissionen scheint die ökologische Tierhaltung allein – bei vergleichbarem Ertrag – keinen positiven Effekt auszuüben. Für andere Bereiche ist das im Einzelnen zu diskutieren.[11]

Zum Januar hat der neue Zyklus der Gemeinsamen Europäischen Agrarpolitik (GAP) begonnen, mit dem ein Schwerpunkt zur nachhaltigen Entwicklung der Land- und Forstwirtschaft gesetzt wurde. Für Dezember 2023 ist eine Evaluation des strategischen Plans vorgesehen. Ab 2024 wird es länderspezifische Evaluationsberichte geben.[12]

Hinweis:
Bei den Evaluationsberichten wird auf die Kosten-Nutzen-Relation zu achten sein. Unterschiedliche Maßnahmen sollten diesbezüglich in der Lage sein, zu quantifizieren, inwieweit der Einsatz finanzieller Ressourcen, sei es in Form von Subventionen oder anderer Mittel, einen wirksamen Beitrag zu einem Umweltziel leistet. Beispielsweise können die Kosten pro eingesparte Tonne CO_2-Äquivalent ermittelt und bezüglich der verschiedenen Förderinstrumente verglichen werden. Gegenwärtig zeichnet es sich beim Klimaschutz beispielsweise ab, dass Investitionen in die Erhaltung und Vergrößerung von Moorgebieten besonders effizient zu sein scheinen.

Branchenspezifische Handlungserfordernisse: Industrie

Die Herausforderungen in der Industrie sind von Globalisierung und Digitalisierung, aber auch von der nachhaltigen Transformation der Energieversorgung und Rohstoffverarbeitung, der Produktion und des Produktdesigns getrieben. Neben der Energiewirtschaft hat die Industrie die höchsten Treibhausgasemissionen zu verantworten. Ihr kommt damit auch ein signifikantes Potenzial dafür zu, einen Beitrag zur Einhaltung der Pariser Klimaziele zu leisten. Im Vergleich zum Jahr 2020 mit 186 Millionen Tonnen CO_2-Äquivalent soll, gemessen am aktuellen Klimaschutzgesetz, bis 2030

11 Vgl. Dokument „Entwicklungsperspektiven der ökologischen Landwirtschaft in Deutschland" (32/2020), abrufbar auf der Website des Umweltbundeamtes unter www.umweltbundesamt.de.

12 Vgl. Informationen der Europäischen Kommission unter https://agriculture.ec.europa.eu.

eine Reduktion auf 118 Millionen Tonnen CO_2-Äquivalent umgesetzt werden. Da entspricht einer Senkung um gut 36 %.

Gerade in diesem Sektor wird ersichtlich, welche zentrale Rolle die „Entkopplung" des Wirtschaftswachstums von der Treibhausgasproduktion einnimmt. Eine Senkung der Produktion hat eine direkte Senkung der Treibhausgasbilanz zur Folge, das konnte in vergangenen Krisenzeiträumen deutlich beobachtet werden. Ohne die Innovations- und damit die Wachstumsstrategie für die industrielle Produktion werden sich aber auch die entsprechenden Folgeerscheinungen zeigen – etwa in einer verminderten Wettbewerbsfähigkeit für Industrieunternehmen und einer eingeschränkteren Beschäftigungsperspektive für Arbeitnehmer.

Bisher war Wirtschaftswachstum quasi eins-zu-eins an das Wachstum von CO_2-Emissionen gekoppelt. Die Entkopplung der wirtschaftlichen Prosperität von CO_2-Emissionen ist wesentlich davon abhängig, inwieweit zum einen Energie zur industriellen Produktion durch nichtfossile Energieträger bereitgestellt werden kann und sich die neuen Produktionsprozesse zum anderen auch auf die vor- und nachgelagerte Lieferkette übertragen lassen. Einzelne Güter nehmen hierbei eine Sonderrolle ein, insoweit diese für die Adaption der öffentlichen und privaten Infrastrukturen an den Klimawandel und dessen Folgen unabkömmlich sind. Die Zementherstellung kommt einem hierbei als sowohl äußerst energieintensives als auch für die Transformation unabkömmliches Verfahren in den Sinn. Ähnlich ist die Dynamik für die zur Entkopplung nötigen Energiespeicherkapazitäten, die ohne eine skalierte industrielle Produktion weder denkbar noch umsetzbar sind.

Der Weg hin zu einer grüneren Industrie in der EU soll deren Wettbewerbsfähigkeit stärken und markiert den Übergang zur klimaneutralen Produktion. Dafür sollen die Planungssicherheit für Investitionsprojekte erhöht, der Zugang zu Finanzmitteln verbessert, Fachkompetenzen ausgebaut und Lieferketten gestärkt werden.[13]

i

Hinweis:
Mit dem Inflation Reduction Act (IRA) vom August 2022 hat sich auch die USA auf den Weg zu einer 1,5°-kompatiblen wirtschaftlichen Transition gemacht. Das stellt den Europäischen Wirtschaftsraum vor die Herausforderung, die Wettbewerbsfähigkeit europäischer Firmen und den Standort Europa mit einer konkurrenzfähigen Innovations- und Industriepolitik insbesondere im Bereich des Klimaschutzes zu sichern. Hierzu gehören langfristige Planungsperspektiven, resiliente europäische Produktionsketten, Fachkräfteentwicklung und Innovationsförderung.

[13] Vgl. „Der grüne Industrieplan" unter https://commission.europa.eu.

Branchenspezifische Handlungserfordernisse: Energiewirtschaft

Als Grundlage für einen Großteil gewerblicher und privater Aktivitäten kommt dem Energiesektor die entscheidende Rolle bei der Dekarbonisierung der Wirtschaft zu. Hier sind die größten Potenziale vorhanden und die Reduktionsziele hoch angesetzt. Ausgehend von 280 Millionen Tonnen CO_2-Äquivalent soll die Energiewirtschaft die Emissionen auf 108 Millionen Tonnen bis 2030 senken. Das ist ein Reduktionsziel von 61,4 %, und damit werden fossile Energieträger mit spezifisch schlechten Treibhausgasbilanzen bei der Verbrennung absehbar nur noch eine sehr geringe Rolle im Energiemix Deutschlands spielen.

Auch für die anderen genannten Sektoren ist dies insofern relevant, als die Einsparung von Energie einen Teil ihrer jeweils eigenen Reduktionsstrategie ausmacht. Eine höhere Energieeffizienz und die Verlagerung von Logistik und Verfahren auf weniger treibhausgasintensive Infrastrukturen werden in der Konsequenz auch den grundlegenden Energiebedarf verändern. Auf der Angebotsseite soll sich der Anteil erneuerbarer Energien laut Koalitionsvertrag der Ampelregierung von aktuell gut 40 % auf 80 % erhöhen. Damit gehen grundlegende Impulse für den Zubau von Anlagen zur Gewinnung von erneuerbarer Energie einher, speziell für die Windkraft (an Land und perspektivisch auch auf See) sowie für Photovoltaikanalgen.[14]

Mit neuen Energiequellen ergeben sich neue Anforderungen an die bestehende Energieinfrastruktur und deren Weiterentwicklung. Das betrifft die Übertragungsnetze, die an die neuen Orte und Arten der Energieproduktion anzupassen sind, genauso wie Speicherkapazitäten zum Ausgleich zwischen Energiebedarf und -erzeugung sowie die Fortentwicklung intelligenter Verbrauchsmesssysteme. Neben dem Zubau zur Erschließung der erneuerbaren Energiequellen steht also auch diesbezüglich die Energieinfrastruktur vor einem grundlegenden Wandel.

Der Beschluss des Koalitionsausschusses von Ende März 2023 sieht vor, zusätzliche Flächen an Land für die Erzeugung erneuerbarer Energien zu erschließen und die Genehmigung der Anlagen deutlich zu beschleunigen. Darüber hinaus hat das Bundesministerium für Wirtschaft und Klimaschutz den Entwurf einer Photovoltaik-Strategie mit elf Handlungsfeldern zur Erhöhung des Anteils erneuerbarer Energien vorgelegt. Die Strategie soll in ein erstes Gesetzespaket (Solarpaket I) münden. Hierbei sollen zusammengefasst Flächenanlagen ausgebaut, Dachbauten erleichtert und vereinfacht, Infrastruktur verbessert sowie Innovation und Talente gefördert werden.[15]

---

14 Vgl. BMWI-Publikation „Erneuerbare Energie in Zahlen“ (Oktober 2020), abrufbar unter www.bmwi.de.
15 Vgl. BWWK-Publikation „Photovoltaik-Strategie“ (05.05.2023), abrufbar unter www.bmwk.de.

Hinweis:
Mit dem beschleunigten Ausbau erneuerbarer Energien zeigt sich auch der zunehmend überlegene Business Case von Wind- und Solarkraftanlagen. Ein in geeignete regenerative Kraftwerke an geeigneten Standorten investierter Euro erzeugt damit mehr Strom als Investitionen in die Stromerzeugung durch fossile Energieträger.[16]

Branchenspezifische Handlungserfordernisse: Finanzwirtschaft

Ähnlich der Energiewirtschaft kommt auch der Finanzwirtschaft eine grundlegende Bedeutung zu. Die Bundesregierung hat auf der Basis der Impulse ihres Sustainable-Finance-Beirats eine Sustainable-Finance-Strategie ausgearbeitet und fünf Ziele formuliert.[17] Erstens soll eine nachhaltige Finanzwirtschaft europäisch und international vorangebracht werden. Zweitens sollen die Chancen der Transformation ergriffen und die Nachhaltigkeitswirkung von finanzierten Aktivitäten transparent gemacht werden. Drittens soll das Risikomanagement mit Blick auf transitorische und physische Risiken verbessert und Finanzmarktstabilität gewährleistet werden. Viertens soll der Finanzstandort Deutschland mit Blick auf Nachhaltigkeit gestärkt werden. Schließlich und fünftens soll der Bund als Vorbild für die nachhaltige Ausgestaltung des Finanzsystems fungieren.

Diese Ziele werden mit einem Set an zu ergreifenden Maßnahmen unterlegt und in kurz-, mittel- und langfristige Umsetzungspfade aufgeteilt. Konsequenzen für mittelständische Unternehmen hat dies insbesondere mit Bezug auf die Transparenzanforderungen. Die Nachhaltigkeitswirkung von Unternehmen wird zunehmend in die Kreditvergabeprozesse einfließen, um zum einen die geforderte Wirkungstransparenz der Finanzierung darstellen zu können und zum anderen durch die zusätzlichen Daten das Risikomanagement in der Finanzindustrie genauer zu justieren. Analoge Informationen sind auch für alternative Finanzierungsinstrumente essenziell, um die Investorenseite bei der nachhaltigkeitsbezogenen Einschätzung der Anlageprodukte zu unterstützen. Dies gilt sowohl für institutionelle Investoren als auch für private Anleger.

Speziell für das Risikomanagement werden Methoden und Verfahren aufgebaut, um sowohl transitorische als auch physische Risiken genauer abzuschätzen. Transitorische Risiken können sich im Kontext der Transformation ergeben, indem vormals etablierte Geschäftsmodelle im Extremfall keinem Bedarf mehr gegenüberstehen. In diesem Fall ist die Finanzindustrie gefragt, bei den Finanzierungsentscheidungen die Transformation von Geschäftsmodellen gerade auch im Mittelstand zu begleiten und entsprechende Investitionen in die erfolgreiche Transformation zu unterstützen. Physische Risiken wie akute Extremwettersituationen können einschneidend sein.

[16] Vgl. Fraunhofer-Studie „Stromgestehungskosten Erneuerbare Energien" (Juni 2021), abrufbar unter www.ise.fraunhofer.de.
[17] Abrufbar unter www.bundesfinanzministerium.de.

Daher ist der Finanzierer gefragt, Risikogebiete zu erkennen und entsprechende Auswirkungen auf zu finanzierende Projekte abschätzen zu können. Auch chronische Klimaveränderungen gehören zu den physischen Risiken für den Finanzsektor und wirken sich auf die weitere Entwicklung von finanzierten Geschäftsmodellen in unterschiedlichen Sektoren aus, insofern beispielsweise Produktionsbedingungen zielgerichtet angepasst werden müssen.

Hinweis:
Mit den neuen Mindestanforderungen an das Risikomanagement von Banken durch die Bundesanstalt für Finanzdienstleistungsaufsicht (BaFin) werden nun auch mittelständische Finanzunternehmen ähnlich wie die größeren Institute weitergehend in die Pflicht genommen, nachhaltigkeitsbezogene Risiken, beispielsweise im Rahmen des Kreditvergabeprozesses, zu bewerten. Perspektivisch sind hierzu quantitative Modellierungen zu erwarten. Nachhaltigkeitsbezogene Daten werden somit im Kundengespräch und perspektivisch für die Konditionsgestaltung relevant. Damit sind auch mittelständische Kunden gefragt, die Auswirkungen von ESG-Risiken etwa auf den Geschäftsbetrieb oder die Lieferkette zu analysieren und den Umgang mit entsprechenden Erkenntnissen zu dokumentieren.

2.2.4 Zusammenfassung

Die Ziele des Pariser Klimaabkommens haben weitreichenden Einfluss auf die Zukunft der Wirtschaft und damit insbesondere auf den Mittelstand als zentralem Treiber der wirtschaftlichen Aktivitäten in Deutschland. Dies zeigt sich insbesondere in Bezug auf die zur Verhinderung einer zu starken Klimaerwärmung zu ergreifenden Maßnahmen, aber auch auf die Anpassungsmaßnahmen an etwaige Konsequenzen des Klimawandels selbst.

Praxistipp:
Gerade langfristig orientierte Geschäftsmodelle werden sich sowohl mit Anpassungsmaßnahmen an etwaige Konsequenzen des Klimawandels als auch mit Veränderungen im Bereich der Produktion zugunsten der Verhinderung einer zu starken Klimaerwärmung auseinandersetzen, um den Konsumbedarfen rechtzeitig zu begegnen.

Das Pariser Klimaabkommen gibt die Richtung an, in die sich die internationale Wirtschaft in Verbindung mit den nationalen Zielen bewegt, und zeigt, welche Impulse von der Politik ausgehen. Durch Märkte und Lieferketten stark vernetzte mittelständische Unternehmen sind gefordert, Potenziale zu erkennen, um Risiken, die sich vor dem Hintergrund der Transformation abzeichnen, frühzeitig zu begegnen und im Wettbewerb nicht ins Hintertreffen zu geraten.

2.3 Europäischer Green Deal

Mit dem Green Deal soll der Wandel der Europäischen Union hin zum ersten klimaneutralen Wirtschaftsraum herbeigeführt werden. Konkretisiert wird dies zunächst im auf das Reduktionsziel für das Jahr 2030 abzielenden Gesetzespaket „Fit for 55“: Bis 2030 sollen die EU-weiten Netto-Treibhausgasemissionen um mindestens 55 % gesenkt werden. Das Gesetzespaket strahlt aus auf die sektorspezifischen Reduktionsziele und schließt die Anpassung des EU-Emissionshandelssystems ein. Auch finanziell werden die Maßnahmen unterstützt.

2.3.1 Hintergrund der europäischen Initiative und übergreifende Zielsetzung

Zwischen 2021 und 2027 sollen 1 Billion Euro aus dem EU-Haushalt, bestehend aus Anreizen für private Investitionen sowie nationalen Kofinanzierungen für Investitionen in die grüne Transformation, zur Verfügung stehen.[18] Hinzu kommen Investitionen des Aufbaupakets als Reaktion auf die Folgen der Corona-Pandemie, und auch im Rahmen des REPowerEU-Pakets als Antwort auf die Abhängigkeit von fossilen Energieträgern aus Russland werden die Ziele des Green Deal finanziell unterstützt und Initiativen beschleunigt.[19] Neben den grünen Zielen berücksichtigt der Investitionsplan soziale Komponenten, da sich Industrien und damit auch Arbeitsplätze infolge der Transformation neu ausrichten werden.

Nachhaltiges Finanzwesen

Die Ziele des Green Deal bedürfen der Finanzierung, um die Transformation anzustoßen und zu beschleunigen. Neben den verstärkten Ausgaben in diesem Bereich durch die EU und nationale Programme wird unter den öffentlichen Förderbanken insbesondere die Europäische Investitionsbank (EIB) als „Klimabank“ der Europäischen Union positioniert und ausgestattet. Private Investitionen werden durch Garantien gefördert und sollen sich an den Kategorien der TaxonomieVO orientieren, um einen Beitrag zu den europäischen Umweltzielen zu leisten.

Öffentlicher Sektor

Hier sollen grüne Mindestkriterien und Ziele für das öffentliche Beschaffungswesen etabliert werden. Die dafür nötigen Methoden zur Lebenszykluskostenrechnung sollen entwickelt und zunehmend in die Haushaltsplanung und somit auch verbindlich eingebunden werden. Mittelständische Zulieferer sind gefordert, sich frühzeitig auf diesbezüglich greifende Standards einzustellen, um künftigen Produktanforderungen gerecht zu werden.

[18] Vgl. „Investitionsplan für ein zukunftsfähiges Europa“, abrufbar unter https://eur-lex.europa.eu.

[19] Das Factsheet „REPowerEU“ steht zum Download bereit unter https://ec.europa.eu.

Beihilfen

Neben dem öffentlichen Sektor gelten private Haushalte und Unternehmen als zentral für die Umsetzung nachhaltiger Investitionen. Unternehmen sollen dabei unterstützt werden, ihre Produktionsverfahren zu dekarbonisieren bzw. zu elektrifizieren. Gleiches gilt für Gebäude und Wärmesysteme. Fossile Energieerzeugung, insbesondere durch Verbrennung von Kohle, soll unterstützt beendet und die Kreislaufwirtschaft gefördert werden.

Projekt-Pipeline

Investitionen sollen zügig und mit klarer Wirkung auf das im Green Deal fokussierte Ziel angegangen werden. Dazu soll eine Projekt-Pipeline kontinuierlich Klarheit über anstehende und zu finanzierende Umsetzungsprojekte geben. Dieses Vorgehen trägt dem Ausgangspunkt Rechnung, dass finanzielle Mittel grundsätzlich seitens Investoren zur Verfügung stehen, aber entweder geeignete Investitionsobjekte nicht in ausreichendem Maße transparent sind oder ihre Anknüpfung an den Green Deal und damit die mit der Investition verknüpften Nachhaltigkeitsleistungen unklar bleiben. Damit einhergehend wird eine geeignete Priorisierung der Projekte ermöglicht und auch die öffentliche Unterstützung für Investitionsmaßnahmen erleichtert. Dafür wird das bestehende Portal für europäische Investitionsvorhaben zum InvestEU-Portal[20] ausgebaut und die Nutzung durch EU-Unternehmen und -Projektträger erleichtert.

Gerechter Übergang

Einige Regionen innerhalb der EU sind durch die Transformationsanforderungen an die Wirtschaft stärker betroffen als andere. Die ungleichen Anforderungen sollen im Rahmen eines Plans zum gerechten Übergang ausgeglichen werden. Die Mittel des Fonds für einen gerechten Übergang müssen durch nationale Finanzierungen unterstützt werden und richten sich auf Gebiete, die bei der Abkehr von fossilen Brennstoffen höheren Transformationsanforderungen ausgesetzt sind. Mit dem InvestEU-Programm werden insbesondere auch klimafreundliche Produktionsmethoden gefördert.

2.3.2 Spezifische Maßnahmen und Ziele

Der Klimawandel schreitet voran. Die Europäische Union hat ihren Beitrag zur Verringerung der Treibhausgasemissionen im Rahmen ihres „Fit for 55"-Gesetzespaketes definiert. Auf dem Weg zur Klimaneutralität legen die Klimaziele bis zum Jahr 2030 eine Reduktion der Treibhausgase um 55 % gegenüber 1990 fest (vgl. Kapitelanfang).[21] Zentrales Mittel dafür ist die Bepreisung von Treibhausgasemissionen in weiteren

[20] Zu finden auf der Website der EU unter https://ec.europa.eu.

[21] Vgl. „Fit für 55", abrufbar unter https://eur-lex.europa.eu.

wirtschaftlichen Sektoren und für weitere Bereiche, etwa Gebäude und Mobilität. Damit ergeben sich dann die weiteren Handlungsfelder zu Anpassungsstrategien etwa bei Energieerzeugung und -verbrauch, zur Förderung natürlicher Senken und zur Verhinderung der Emissionsverlagerung in andere Regionen.

Umweltschutz, Energiewende und umweltfreundliche Mobilität

Um Reduktionsziele zu untermauern, sollen die Bemühungen um eine Steigerung der Energieeffizienz intensiviert werden. Die derzeitigen Rahmenbedingungen sind faktisch nicht ausreichend, weder um die bisherigen Ziele zu erreichen noch um die wesentlich ambitionierteren neuen Umweltziele zu erfüllen. Die Energieeffizienzrichtlinie[22] ist hierbei eine entscheidende Stellschraube, die sich konkret auf unterschiedliche wirtschaftliche Sektoren auswirkt. Hierbei geht es um die Hebung weiterer Potenziale in den privaten und gewerblichen Sektoren. Beispiele dafür sind die angedachte Renovierungspflicht für öffentliche Gebäude oder auch die Einbindung von Energieeffizienzkriterien in öffentliche Vergabeprozesse. Ein weiterer Aspekt, der sich konkret auf mittelständische Unternehmen auswirken kann, sind die Kriterien für Energieaudits und Energiemanagementsysteme, die sich fortan auf den Energieverbrauch und nicht auf die Unternehmensform beziehen sollen. Damit sollen Investitionen in energieeffizientere Produktionsprozesse stimuliert werden.

Mit der geplanten Anpassung der Erneuerbare-Energien-Richtlinie (RED II)[23] wird das Ausbauziel für erneuerbare Energien konkretisiert: Bis 2030 sollen innerhalb der Europäischen Union 40 % der Energie aus erneuerbaren Quellen stammen. Beispielsweise soll die Errichtung von offshore gelagerten Windparks besser zwischen den beteiligten Staaten koordiniert, geplant und auch an Zwischenzielen für 2030 und 2040 ausgerichtet werden.

Hinzu kommt die Anpassung der Energiebesteuerung auf der Basis des Energiegehalts.[24] Das heißt, dass fossile Energieträger mit einer höheren Steuerlast belegt werden – konkret bemessen wird dies an der sogenannten Umweltlast. Die höchste Steuerkategorie entfällt auf Gasöl und Benzin (voller Referenzsatz). Abgestuft davon und als Übergangstechnologien für die kommenden zehn Jahre benannt sind Erdgas, Flüssiggas und fossiler Wasserstoff, die innerhalb dieses Zeitraums nur mit zwei Dritteln des Referenzsatzes belegt werden. Die Hälfte des Referenzsatzes gilt für nicht fortschrittliche Biokraftstoffe. Für Strom, fortschrittliche Biokraftstoffe, Biogase oder Wasserstoff erneuerbaren Ursprungs gelten die niedrigsten Sätze, da sie zum Ziel der Klimaneutralität bis 2050 einen wesentlichen Beitrag leisten.

[22] Vgl. Vorschlag für eine Richtline zur Energieeffizienz, abrufbar unter https://eur-lex.europa.eu.
[23] Informationen dazu unter https://eur-lex.europa.eu.
[24] Vgl. Vorschlag für eine Richtline zur Restrukturierung der entsprechenden Rahmenvorschriften, abrufbar unter https://eur-lex.europa.eu.

Im „Fit for 55“-Paket werden auch unterschiedliche Mobilitätswege adressiert. Gemeinsam ist ihnen, dass der Kraftstoffbedarf reduziert bzw. auf alternative Energien umgestellt werden soll. Dafür werden die Anforderungen an Personenkraftwagen erhöht und der Ausbau der Infrastruktur zur Produktion und Nutzung alternativer Kraftstoffe gefördert.

Nachhaltiges Lebensmittelsystem

Der nachhaltigen Ausrichtung des Lebensmittelbereichs dient insbesondere die „Vom Hof auf den Tisch“-Strategie (englisch „from farm to fork“).[25] Sie zielt nicht nur auf eine nachhaltigere Ausrichtung der forst- und landwirtschaftlichen Unternehmen ab, sondern auch darauf, dass der Atmosphäre CO_2 entzogen wird. Das wird als ein neues, grünes Geschäftsmodell in diesem Sektor verstanden. Dazu dient auch Energieerzeugung auf Flächen oder durch Biogasanlagen.

Landwirtschaftliche Flächen haben aber nicht nur das Potenzial, Treibhausgase zu kompensieren. Auch die Nutzung der Flächen kann nachhaltiger gestaltet werden, etwa durch Verzicht auf schädliche bzw. belastende Chemikalien und durch neuartige Bewirtschaftungsformen. Von den gut 10 % der Treibhausgase, für die die Landwirtschaft in der EU verantwortlich zeichnet, sind wiederum fast drei Viertel auf die Tierhaltung zurückzuführen. Hier soll u.a. eine Neuausrichtung des Absatzförderprogramms dazu dienen, das Ernährungsverhalten zu reflektieren und eine kohlenstoffeffizientere Erzeugung tierischer Produkte zu fördern.

Trotz oder mit einer nachhaltigen Lebensmittelproduktion soll die Ernährungssicherheit, insbesondere auch mit Blick auf die Stabilität von Lieferketten, gewährleistet bleiben. Hierbei sind auch die Lebensmittelverarbeitung, der Groß- und Einzelhandel, das Gastgewebe und weitere Verpflegungsdienstleister gefragt, sich an verantwortungsvolle Unternehmens- und Marketingpraktiken zu halten. Ein entsprechender Verhaltenskodex wird von der Europäischen Kommission entwickelt. Dafür werden dann auch zusätzliche Transparenzanforderungen zu Herkunft und Erzeugung sowie Verpackungsstandards diskutiert.

Grüne Industriestrategie

Mit der übergreifenden Strategie für Industrieunternehmen[26] soll der Weg zur Klimaneutralität weiter geebnet werden. Stahl, Zement oder chemische Grundstoffe sollen unter weitergehenden Nachhaltigkeitsgesichtspunkten produziert werden, etwa im Rahmen der treibhausgasfreien Stahlerzeugung oder der Integration von nachhaltigen Materialien in die chemische Industrie und Baustoffproduktion. Das betrifft dann

[25] Vgl. „Vom Hof auf den Tisch“, abrufbar unter https://eur-lex.europa.eu.
[26] Vgl. „Eine neue Industriestrategie für Europa“, abrufbar unter https://eur-lex.europa.eu.

auch die Erzeugung nachhaltiger Energie zur Produktion und den Auf- und Ausbau der dafür nötigen Infrastruktur. Neben regenerativen Energien ist hier auch die Rolle von sauberem Wasserstoff zu unterstreichen.

Unter anderem in Sinne der Kreislaufwirtschaft werden etwa im Elektronikbereich, einschließlich der Vorgaben für die Batterieproduktion, aber auch im Textilbereich neue Anforderungen gesetzt, um den Rückfluss der produzierten Materialien in den Produktionsprozess zu erreichen. Auch die Endverbraucherinnen und -verbraucher sind für die Nutzung neuer Entsorgungswege zu motivieren. Dazu ist weitergehende Transparenz, bezogen auf den Umgang mit den Produkten, vonnöten: Gibt es Rückgabestellen, ist eine Rückführung in die Kreislaufwirtschaft möglich, welche Lieferketten werden beansprucht, oder inwieweit bestehen Möglichkeiten zur Reparatur?

An die übergreifende Industriestrategie ist auch eine KMU-Strategie für ein nachhaltiges und digitales Europa angebunden.[27] Gerade kleine und mittlere Unternehmen sind durch ihre Anzahl, ihre vielfältigen Geschäftsmodelle und durch ihre weitreichende Einbindung in Lieferketten unabdingbar, um die nachhaltige Ausrichtung der europäischen Wirtschaft zu gestalten. Bereits jetzt gibt es in diesem Bereich viele Treiber für nachhaltige Produkte, Produktionsprozesse und Geschäftsmodelle, die die nachhaltige Entwicklung gezielt unterstützen.

Gleichzeitig stellt die gegenwärtige Transformation viele etablierte Geschäftsmodelle infrage bzw. können die neuen Anforderungen an Materialien, Energieeffizienz oder Informationsbereitstellung mit den zur Verfügung stehenden Kapazitäten nicht eins zu eins abgedeckt werden. Die Industriestrategie für ein nachhaltiges und digitales Europa adressiert diese Aspekte, indem Kapazitätsaufbau durch punktuelle Unterstützung gefördert, regulatorische Hürden abgebaut sowie Marktzugänge und Finanzierungsmöglichkeiten verbessert werden sollen. Ihre Ambition wurde durch den Anfang Februar 2023 von der Europäischen Kommission vorgestellten „Green Deal Industrial Plan for the Net-Zero Age“ weiter verschärft: Grundsätzlich sollen alle Sektoren und die dazugehörigen Wertschöpfungsketten auf ihre Kompatibilität zum Net-zero-Industriezeitalter hin überprüft und entsprechende Fehlstellen im Bereich Planung und Genehmigung, Finanzierungszugänge, Fachkräfteausbildung und sichere Lieferketten ausgefüllt werden.[28]

Investitionen in eine grüne Zukunft

Ohne gegenwärtige Investitionen lässt sich eine nachhaltigere Zukunft nicht realisieren. Solche Investitionen sind im Green Deal berücksichtigt, aber durch unterschiedliche Förder- und Incentivierungsmaßnahmen gekennzeichnet. Grundsätzlich müssen

[27] Vgl. „Eine KMU-Strategie für ein nachhaltiges und digitales Europa“, abrufbar unter https://eur-lex.europa.eu.
[28] Der „Green Deal Industrial Plan for the Net-Zero Age“ ist abrufbar unter https://commission.europa.eu.

zur Erreichung der Klimaziele im Vergleich zu früheren Annahmen laut Schätzung bis 2030 jährlich 260 Milliarden Euro zusätzlich investiert und auf konkrete Maßnahmen heruntergebrochen werden.

Im April 2021 waren weitere Anforderungen an die Transparenz dieser Finanzierungen durch die Europäische Kommission veröffentlicht worden.[29] Deren Eckpfeiler sind die im Folgenden detailliert dargestellte TaxonomieVO und die Vorgaben zur neuen Nachhaltigkeitsberichterstattung. Der Gedanke dahinter: Sobald klar ist, welche Wirkung von Investitionen ausgehen kann und wie diese auch entsprechend kenntlich gemacht werden, werden sich die Finanzflüsse auch in die geeigneten Projekte steuern lassen. Hier bleibt abzuwarten, ob die durchaus einschneidenden Transparenzerfordernisse zur gewünschten Wirkung führen oder ob neben den freiwilligen Investitionen in nachhaltige Projekte auch eine konkretere Anforderung, etwa in Form von Investitionsstandards, etabliert wird.

2.3.3 Zusammenfassung

Das, was auf EU-Ebene vorbereitet wird, muss letzten Endes von den einzelnen Unternehmen angenommen und umgesetzt werden können. Anders gesagt: Es ist unumgänglich, dass die Strategie zu den vielfältigen Aspekten des Green Deal einschließlich seiner umfassenden Finanzierungsagenda auf konkrete Maßnahmen heruntergebrochen und innerhalb der betreffenden Branchen adaptiert werden kann.

Praxistipp:
Die Voraussetzung für die Adaption des Green Deal – sowohl bei großen als auch bei kleinen und mittleren Unternehmen – ist ein Verständnis der generellen Nachhaltigkeitsanforderungen und der damit im Speziellen einhergehenden Auswirkungen auf das betreffende Geschäftsmodell. Nachhaltigkeits-Checks bieten hier im Selbstversuch oder mit externer Unterstützung eine erste Handhabe, um Maßnahmen zu bündeln, Förderinstrumente gezielt einzubeziehen und Projektpläne daraus abzuleiten.

Die konkret zu ergreifenden Maßnahmen werden sich in Abhängigkeit von den zur Verfügung stehenden Kapazitäten und Mitteln, aber auch von der Position eines Unternehmens in seiner jeweiligen Branche gegebenenfalls stark voneinander unterscheiden. Mit neuen Transparenzerfordernissen durch regulatorische Neuerungen, durch neue Produktstandards oder steigende Marktanforderungen in Lieferketten wird der Wandel tief in die operativen Prozesse von Unternehmen eingreifen. Wettbewerbsfähigkeit wird daher akut und auch in der weiteren Zukunft von der rechtzeitigen und sachgerechten Überführung der Anforderungen in die Unternehmensprozesse abhängen.

[29] Das Factsheet ist abrufbar unter https://finance.ec.europa.eu.

2.4 Deutsche Nachhaltigkeitsstrategie (DNS)

Der europäische Green Deal ist auch ein Bestandteil der übergreifenden deutschen Nachhaltigkeitsstrategie[30], die sich auf die bereits dargestellten 17 Ziele der Vereinten Nationen zur nachhaltigen Entwicklung bezieht. Mehrere Ziele greifen die genannten Punkte aus dem Gesetzespaket im Rahmen des Green Deal auf. Es gibt aber noch weitere Herausforderungen, die durch unternehmerische Tätigkeit unterstützt werden können und auch hinsichtlich der Umweltziele bewertet werden müssen. Die gerade in der Konstruktion befindliche soziale Taxonomie in Ergänzung zur grünen Taxonomie zeigt, dass Umweltziele für eine nachhaltige Entwicklung nicht ausreichen.

2.4.1 Hintergrund der deutschen Initiative und übergreifende Zielsetzung

Mit den Zielen, die in die deutsche Nachhaltigkeitsstrategie eingebunden sind und zu denen dann auch berichtet werden kann, gehen die Entwicklung dazu passender Geschäftsmodelle und neue Anforderungen an Unternehmen einher. Das zeigt sich unter anderem daran, was die Berichterstattungspflichten zu relevanten wirtschaftlichen Unternehmungen angeht oder was Aspekte im Risikomanagement von Lieferkettenanforderungen betrifft. Im Folgenden werden Punkte benannt, bei denen die deutschen Nachhaltigkeitsstrategie Orientierung bietet und die für die jeweilige unternehmerische Tätigkeit adaptiert werden können.

Neben den politischen Ambitionen hinsichtlich der nachhaltigen Entwicklungsziele – etwa bezüglich ihrer Berücksichtigung bei politischen Entscheidungen, bei der internationalen Zusammenarbeit oder der Förderung des sozialen Zusammenhalts, der Bildung und der Wissenschaft – steht die Stärkung des nachhaltigen Wirtschaftens im Fokus der deutschen Nachhaltigkeitsstrategie.

Zur Zielerreichung werden 75 Indikatoren genutzt, die entlang neuer oder akut werdender Bedarfe ergänzt und überarbeitet werden können. Daneben wurden sechs Transformationsbereiche definiert, die mehrere Nachhaltigkeitsziele verbinden, um so auch Wechselwirkungen zwischen den Zielen sichtbar zu machen. Im ersten Transformationsbereich werden soziale, gesundheitliche und bildungsbezogene Aspekte hervorgehoben. Der zweite Bereich adressiert die Energiewende und den Klimaschutz. Der dritte Bereich fokussiert auf die Kreislaufwirtschaft. Im vierten Bereich werden das nachhaltige Bauen und die Mobilitätswende angesprochen. Der fünfte Bereich konzentriert sich auf nachhaltige Agrar- und Ernährungssysteme. Im sechsten Bereich geht es dann um eine schadstofffreie Umwelt.

In den übergreifenden Zielen lassen sich Analogien zur europäischen Agenda erkennen. In der sukzessiven Annäherung der globalen, europäischen und nationalen Ziele

30 Die Langfassung der Deutschen Nachhaltigkeitsstrategie (Weiterentwicklung 2021) ist abrufbar unter https://www.bundesregierung.de.

zeigt auch ein zunehmend konsistentes und damit auch valideres Bild in der Bewertung der zur Zielerreichung nötigen Maßnahmen, auch wenn dies nicht bedeutet, dass in allen Aspekten bereits große Erfolge zu verzeichnen sind. Im Gegenteil: Gerade was die Umweltbelastung durch Konsumentscheidungen angeht, widerspricht die gegenwärtige Entwicklung der Zielvorstellung.

Mit den übergreifenden Zielen wird auch deutlich, welche Wirkung die deutsche Nachhaltigkeitsstrategie auf unterschiedliche Branchen des Mittelstands hat bzw. haben kann. In allen Transformationsbereichen agieren mittelständische Unternehmen und tragen zu einer nachhaltigeren Entwicklung bei. Incentiviert wird die Transparenz bezüglich dieser Aktivitäten auch durch die öffentliche Beschaffungsstrategie, die zunehmend Nachhaltigkeitskriterien in die Auftragsvergabe integriert. Erhöhte Anforderungen entstehen so ebenfalls für die Sorgfaltspflichten in der Lieferkette.

In diesem Zusammenhang haben sich auch unternehmerische Netzwerke mit Nachhaltigkeitsfokus gegründet, die neben der übergreifenden Arbeit der bestehenden Verbände die Übersetzung der deutschen Nachhaltigkeitsstrategie in das unternehmerische Handeln verbessern können. Die Wirtschaft und ihre Finanzierer sind zentrale Hebel, um Fortschritte in Richtung der Nachhaltigkeitsziele mit konkreten Maßnahmen zu erreichen.

Im diversifizierten Mittelstand geht es nun darum, Ansätze zu erarbeiten, um die nachhaltige Wirkung, bezogen auf eine Branche oder auf ein ganz spezifisches Geschäftsmodell, offenzulegen. Die dafür nötigen Tools sind zunehmend im Rahmen von standardisierten Prozessen in die bestehende unternehmerische Tätigkeit integrierbar. Damit wird zukünftig zum einen die relevante Rolle des Mittelstands auch als Ansprechpartner der Politik deutlicher, wenn es darum geht, die nachhaltige Entwicklung zu fördern. Zum andern wird es leichter, Unternehmensprozesse nachhaltiger auszustatten, was die damit verbundene positive Wirkung gezielt verstärkt.

2.4.2 Transformationsbereiche und Anknüpfungspunkte für mittelständische Unternehmen

Die bereits erwähnten Transformationsbereiche wurden im Jahr 2020 eingeführt. Sie knüpfen nicht nur an die nachhaltigen Entwicklungsziele der Vereinten Nationen, sondern auch an die Ziele des im vorigen Kapitel beschriebenen europäischen Green Deal an. Die deutsche Nachhaltigkeitsstrategie rückt somit näher an die konkrete Ableitung von auf europäischer Ebene vorgeprägten Maßnahmen heran. Gleichzeitig bündelt sie die spezifisch für den deutschen Kontext wirksamsten Maßnahmen zur Zielerreichung. In der weiteren Bearbeitung der deutschen Nachhaltigkeitsstrategie sollen diese Maßnahmen weiter konkretisiert werden.

Menschliches Wohlergehen, Fähigkeiten und soziale Gerechtigkeit

Der erste Transformationsbereich bündelt sechs der 17 nachhaltigen Entwicklungsziele und bezieht sich auf die Steigerung des Wohlergehens aller Menschen. Zentral dafür ist die Herstellung gleichwertiger Lebensverhältnisse in Deutschland, um regionale Disparitäten zu reduzieren (Ziel 10). Das bedeutet auch, übergreifende Perspektiven aufzuzeigen, damit nötiges Wirtschaftswachstum auch mit menschenwürdiger Arbeit einhergeht (Ziel 8). Die Reduktion von Ungleichheit bezieht sich zudem auf die Herstellung von Geschlechtergleichheit (Ziel 5). Sowohl im öffentlichen wie auch im privaten Sektor sind hier immer noch deutliche Ungleichbehandlungen an der Tagesordnung.

Ein konkretes Instrument dazu ist die Förderung einer hochwertigen Bildung (Ziel 4) als Vorbereitung auf den Arbeitsmarkt sowie die Gewährleistung von Fort- und Ausbildungsmöglichkeiten innerhalb einer Anstellung, aber auch im Sinne der allgemeinen kulturellen Bildung. Letzten Endes wird so auch die Grundlage für eine Forschungs- und Entwicklungslandschaft geschaffen, um Innovationen, insbesondere auch in Unternehmen, hervorzubringen und nutzbar für eine nachhaltige Entwicklung zu machen (Ziel 9).

Die Wesentlichkeit von Gesundheit und Wohlergehen (Ziel 3) hat sich gerade während der Corona-Pandemie nochmals deutlich herauskristallisiert und die bestehende Infrastruktur zur Verwirklichung dieses Ziels vor neue Herausforderungen gestellt. Das betrifft die internationale Dimension des Themas, seine Schnittstelle zu Landnutzung und Biodiversität und auch die Frage der Leistungsfähigkeit der bestehenden Infrastruktur. Unabhängig davon stellen auch Schadstoffe und Lärm Risikofaktoren für Gesundheit und Wohlergehen dar.

Energiewende und Klimaschutz

Der zweite Transformationsbereich konzentriert sich auf die Energiewende und den Klimaschutz. Beim Klimaschutz (Ziel 13) besteht ein direkter Bezug einerseits zum Pariser Klimaabkommen und die daraus resultierende Verpflichtung, die Erderwärmung auf deutlich unter 2 °C, möglichst auf 1,5 °C, zu begrenzen, sowie andererseits auch zu den darauf ausgerichteten Maßnahmen aus dem europäischen Green Deal.

Bezahlbare und saubere Energie (Ziel 7) soll in diesem Kontext – wie in der Novelle des Erneuerbaren-Energien-Gesetzes (EEG) von 2021 beschrieben – bis zum Jahr 2050 verfügbar und bis dahin der gesamte erzeugte und verbrauchte Strom triebhausgasneutral ausgestaltet sein. Dazu gehört eine Verringerung des Verbrauchs genauso wie der beschlossene Kohleausstieg. Aber auch die Bezahlbarkeit sowohl für Endverbraucher als auch für Unternehmen ist zu gewährleisten. Hier geht es darum, die Transformation, also jene von Arbeitsplätzen und Geschäftsmodellen, fair zu gestalten, und es betrifft die Energieerzeugung ebenso wie energieintensive Produktionsverfahren.

Die sektorspezifischen Ziele sind im Klimaschutzgesetz verankert. Die Begrenzung von Treibhausgasemissionen soll als zentraler Stellhebel für die Neuausrichtung von Unternehmen und Konsumentscheidungen sukzessive auf weitere Bereiche ausgeweitet werden. Dabei soll auch sichergestellt sein, dass sich der neue Wettbewerb nicht durch Importe aus Ländern ohne Abgabepflichten auf Treibausgase umgehen lässt. Gerade mit dieser internationalen Dimension im Hintergrund werden Lösungen für einen Ausgleich auf europäischer Ebene gesucht.

Kreislaufwirtschaft

Mit dem dritten Transformationsbereich Kreislaufwirtschaft soll der Ressourcenverbrauch reduziert werden. Konsum- und Produktionsaktivitäten sind von Treibhausgasemissionen zu entkoppeln und der Ressourcenverbrauch soll im Rahmen der natürlichen Grenzen und Regenerationsfähigkeit stattfinden. Primärressourcen sollen so sukzessive durch Sekundärressourcen abgelöst werden.

Besonders betroffen hiervon ist der Baubereich, sowohl was die Bereitstellung von Baumaterialien angeht als auch bezüglich des Umgangs mit Abfällen im Rahmen von Bau und Abbruch. Des Weiteren stehen auch Elektro- und Elektronikgeräte im Fokus. In der Produktion ergeben sich neue Herausforderungen durch ambitioniertere Standards, durch die Hinwendung zur Verarbeitung recycelter Materialien und durch die Recycling-Verfahren selbst. Industrie, Innovation und Infrastruktur (Ziel 9) sind somit auch in Richtung Kreislaufwirtschaft neu zu denken.

Dabei gilt es ebenfalls, Abhängigkeiten von Lieferketten mit unzureichend menschenwürdiger Arbeit (Ziel 8) zu reduzieren. Neben den Produktionsstandards selbst ist die Transparenz bezüglich der Produktionsverfahren und der negativen Auswirkungen gegenüber Endverbraucherinnen und Endverbrauchern zu erhöhen, um einen nachhaltigen Konsum (Ziel 12) zu ermöglichen.

Neben einer effizienteren Produktion muss die Kreislaufwirtschaft durch Verfahren unterstützt werden, durch die im Umlauf befindliche Materialien und Rohstoffe mit den entsprechenden Qualitätsanforderungen wieder in den Produktionskreislauf zurückgeführt werden können. Neben der Bauwirtschaft und dem Umgang mit Elektro- und Elektronikgeräten spielt hier auch der Umgang mit Nahrungsmittelabfällen eine Rolle. Die Verbesserung von Abfalltrennungsverfahren in Industrie und Haushalten ist dafür essenziell.

Nachhaltiges Bauen und Verkehrswende

Mit dem vierten Transformationsbereich werden Nachhaltigkeitsaspekte beim Bauen und bei der Verkehrswende angesprochen. Dieser Bereich zielt auf eine übergreifende Infrastruktur für gesellschaftliche und wirtschaftliche Entwicklung (Ziel 9) ab. Konkret sollen Stadt- und Siedlungsstrukturen (Ziel 11) nachhaltiger, resilienter und gemeinwohlorientierter ausgebaut werden. Gerade bauliche Maßnahmen wirken sich langfristig auf die Art des Zusammenlebens aus und damit auch auf die damit verbundenen Treibhausgasemissionen über Produkt- und Materiallebenszyklen hinweg (Ziel 13).

Hier sind daher die energetische Renovierung des Altbestands sowie angemessene Effizienzstandards für Neubauten nötig. Tatsächlich geht es beim Bau und bei der Renovierung auch darum, Ressourcen zu schonen, Abfälle in die Kreislaufwirtschaft zurückzuführen und Biodiversitätsaspekte zu berücksichtigen (Ziel 12). Diese und menschenrechtsbezogene Anforderungen sollen auch zunehmend in der Lieferkette berücksichtigt werden (Ziel 8).

Mit der nicht mobilen Infrastruktur geht auch die energetische Verkehrswende inklusive der Anforderung einer allgemeinen Verfügbarkeit von Mobilität auf Basis bezahlbarer und sauberer Energie einher (Ziel 7). Hierfür wird auf die nationale Plattform „Zukunft der Mobilität“ verwiesen. In sechs Arbeitsgruppen wurden hier (1) Klimaschutzförderung, (2) alternative Antriebe und Kraftstoffe, (3) Digitalisierung, (4) industrielle Produktion, Recycling und Qualifizierung, (5) Kopplung an die Energienetze sowie (6) Standardisierung und Zertifizierung behandelt.[31] Die detaillierten Ergebnisse und Maßnahmenkonzepte der Plattform sind in das Klimaschutzprogramm 2030 eingeflossen.

Nachhaltige Agrar und Ernährungssysteme

Im fünften Transformationsbereich geht es um die ganzheitliche und nachhaltige Ausgestaltung des Ernährungssystems. Dabei werden sowohl Produktion, Verarbeitung und Transport als auch Konsumaspekte auf ihre jeweiligen Beiträge zur Nachhaltigkeit hinterfragt (Ziel 12). Im Vordergrund steht die Vermeidung von Hunger (Ziel 2), jedoch hat Ernährung auch Einfluss auf Gesundheit und Wohlergehen (Ziel 3). In der Produktion von Nahrungsmitteln sind menschenwürdige Arbeitsverhältnisse zu gewährleisten (Ziel 8) und mittels Innovations- und neuen Nutzungs- und Produktionskonzepten auch Klimaschutzmaßnahmen umzusetzen (Ziel 13).

[31] Siehe Ergebnisbericht unter www.plattform-zukunft-mobilitaet.de.

Landwirtschaftliche Strukturpolitik ist eng mit der europäischen Gesetzgebung und Standardisierung verwoben. Fortschritte in Richtung Nachhaltigkeit unterliegen damit auch einem Aushandlungsprozess, der die unterschiedlichen Geschwindigkeiten und Ausrichtungen der nationalen landwirtschaftlichen Gegebenheiten berücksichtigen muss. Neben der Belastung von Natur und Umwelt, die von landwirtschaftlichen Verfahren und der Flächennutzung ausgeht, wird in diesem Sektor auch die Grundlage für den Bestand nachhaltiger und nachwachsender Rohstoffe gelegt.

Mit beiden Anforderungen an Produkte und Prozesse haben sich die landwirtschaftlichen Strukturen und damit auch das Ernährungssystem bereits verändert. Es werden sich jedoch weitere Anforderungen nicht zuletzt aus einem nachhaltigeren Konsumverhalten und der notwendigen Neuausrichtung der Produktion ergeben. Die daran orientierten Geschäftsmodelle werden daher geeignete und langfristig zielführende Investitionen in Umbauten und Produktentwicklung zu tätigen haben.

Schadstofffreie Umwelt

Der sechste und letzte Transformationsbereich konzentriert sich auf eine schadstofffreie Umwelt. Das bezieht sich zum einen auf Menschen zu Hause und bei der Arbeit, auf geeignetes Trinkwasser, sanitäre Einrichtungen (Ziel 6) und den Schutz vor Schadstoffen in der Produktion (Ziel 8). Zum andern bezieht es sich auf die Reduktion und Vermeidung von Schadstoffen in der Luft (Ziel 15) und in Gewässern (Ziel 14). Dies erfordert Innovationen, um Prozesse, Produkte und Infrastruktur (Ziel 9) frei von Schadstoffen zu gestalten und – wo diese nicht vollständig vermeidbar sind – einen sicheren Umgang mit Schadstoffen zu garantieren.

Die Geschäftsfelder sind einerseits aufgefordert, Schadstoffanforderungen in die Planung von Produkten und Infrastruktur einzubinden und ein genaues Bild der etwaigen Folgewirkungen von neuen Materialien und Produktionsprozessen zu zeichnen, um gegebenenfalls bereits im Vorfeld Alternativen einzuführen. Andererseits entstehen durch die erhöhten Anforderungen zur Schadstoffvermeidung auch neue Geschäftsfelder, etwa bei der Eliminierung von Schadstoffen aus der Umwelt, beim umweltverträglichen Rückbau von Produkten und Infrastruktur, die Schadstoffe enthalten, oder bei Materialinnovationen für den Ersatz entsprechender Materialien.

Insbesondere ist der Bereich der Chemieindustrie mit der europäischen Standardisierung im Rahmen der Umweltgesetzgebung konfrontiert. Es ist ein Spagat, Innovationen schnell in die Wertschöpfungskette zu integrieren, um damit eine Verbesserung in der Nutzung oder neue Nutzungsmöglichkeiten zu etablieren, aber gleichzeitig die Risikoabwägung durch Folgeabschätzungen richtig zu justieren. Gerade neue Marktteilnehmer ohne bereits etablierte Produktzyklen haben es somit schwer, sich im Wettbewerb zu behaupten.

2.4.3 Zusammenfassung

Angeleitet durch die Entwicklungsziele der Vereinten Nationen, das Pariser Klimaabkommen und den europäischen Green Deal stellt die deutsche Nachhaltigkeitsstrategie mit ihren Transformationsbereichen eine Richtschnur nicht nur für die Politik zur Verfügung.

Praxistipp:
Für mittelständische Unternehmen zeichnen sich aus der Strategie allgemeine Themen ab, die in die jeweils betroffenen Geschäftsmodelle im Sinne der Zukunftsfähigkeit integriert werden sollten. Auf einer spezifischeren Ebene ergeben sich aus der Strategie auch Innovationsfelder und Business Cases, die sich von einer reinen Ausrichtung an der ökonomischen Dimension lösen können und sich auch bereits gelöst haben.

Geschäftsmodelle, die an ökologischen und sozialen Aspekten ausgerichtet und von einer guten Unternehmensführung geprägt sind, haben die nötigen Schnittstellen, um sich sowohl auf die bestehenden und kommenden Förderkonzepte als auch auf die weitergehende Marktentwicklung einzulassen.

3 Nachhaltige Rechtsakte für den Mittelstand

Abgeleitet aus den übergreifenden Strategien sorgen im Nachhaltigkeitsbereich insbesondere **vier Gesetzesinitiativen** auf europäischer Ebene für die weitergehende Implementierung der Nachhaltigkeit in die Wirtschaft. Mit der **TaxonomieVO** werden Grenzkriterien definiert, ab wann eine wirtschaftliche Aktivität eher als nachhaltig zu bewerten ist oder nicht. Mit der **Lieferkettengesetzgebung** werden die Sorgfaltspflichten auf eine größere Gruppe von Unternehmen ausgeweitet. Die **Offenlegungsverordnung** führt Nachhaltigkeitsaspekte in die Anlageentscheidungen auf dem Kapitalmarkt bzw. weitergehende Informationspflichten für Anlageberater und Finanzmarktteilnehmer und ihre Anlageprodukte ein. Und schließlich geht es darum, die Transparenz der unternehmensspezifischen Nachhaltigkeitsleistung zu erhöhen. Dies wird mit den **neuen Maßgaben zur Nachhaltigkeitsberichterstattung** verstärkt eingefordert.

In den folgenden Kapiteln werden die operativen Auswirkungen speziell hinsichtlich der Berichterstattung detailliert aufgeführt und die Anforderungen an die verantwortlichen Personen dargestellt. Hier sollen zunächst und kurz die grundlegenden Hintergründe der jeweiligen Initiativen sowie ihre Wechselwirkungen untereinander aufgezeigt werden. Gemeinsam zeigen sie die Ernsthaftigkeit und Detailgenauigkeit, die seitens des Gesetzgebers am den Tag gelegt wird. Aus Sicht der Praxis hat sich aber auch gezeigt, dass die abstrakten gesetzlichen Regelungen sich auf den unterschiedlichen Anwendungs- und Regelungsstufen oft nicht eins zu eins in die Unternehmensprozesse integrieren lassen oder bestimmte Voraussetzungen, insbesondere hinsichtlich Datenlage und Datenqualität, nicht gegeben sind.

Daraus entsteht dann auf Unternehmensseite die Unsicherheit, inwieweit und mit welcher Reichweite zentrale Prozesse nun tatsächlich anzupassen sind. Teilweise gibt es hierzu auch offene Fragen, die erst noch durch die den Fachressorts nachgelagerten Behörden geklärt werden sollen. Die zeitlichen Ambitionen bezüglich der Transformation der europäischen Wirtschaft fordern mittelständische Unternehmen in besonderem Maße heraus. Wo die nötigen Schnittstellen für die Informationsverarbeitung und für Implementierungsprojekte unzureichend oder gar nicht vorhanden sind, werden sich betroffene Unternehmen schwertun, ad hoc konkrete Auswirkungsanalysen vorzulegen und die entsprechenden To-dos abzuarbeiten. Die nachfolgenden Abschnitte zeigen die zentralen Zusammenhänge und Wirkmechanismen aktueller regulatorischer Anforderungen.

3.1 Was ist nachhaltig? Die Auswirkungen der Taxonomieverordnung

Fragen der Nachhaltigkeit ranken sich insbesondere auch darum, zu klären, was denn nun nachhaltig ist oder nicht. Da es dabei immer mehrere Aspekte zu berücksichtigen gibt, ist diese Abgrenzung ein herausforderndes Projekt.

Grundsätzlich wird Nachhaltigkeit aus drei Perspektiven betrachtet: der Umwelt- und Klimaperspektive, der Perspektive des Sozialen und der Perspektive der Unternehmensführung. Abgeleitet aus den englischen Begriffen für die genannten Perspektiven – Environment, Social und Governance – sind die ESG-Kriterien entstanden.

Die bestehende „grüne" Taxonomie konzentriert sich auf den Klima- und Umweltbereich, aber auch die anderen Perspektiven werden, wenn auch nachrangig, bei der Bewertung der Nachhaltigkeitswirkung einer wirtschaftlichen Aktivität berücksichtigt. Während die „grüne" Taxonomie bereits mit entsprechenden Umsetzungsstandards vorliegt und seit dem Berichtsjahr 2021 operative Wirkung entfaltet, ist die „soziale" Taxonomie derzeit noch in der Entwicklungsphase und grundlegende Strukturbestandteile sind noch nicht geklärt.

Zur nachhaltigen Corporate Governance liegen zwar Standards vor, diese unterschieden sich aber bisher von der Systematik einer Taxonomie und sind eher darauf ausgerichtet, grundlegende Orientierung für die Unternehmensführung zu bieten.

Die TaxonomieVO richtet sich an Investoren mit dem Ziel, Transparenz darüber herzustellen, ob Investitionen in wirksame Projekte fließen und damit zu Recht als nachhaltig bezeichnet werden können. Gleichzeitig hat die Taxonomie auch Auswirkungen auf realwirtschaftliche Unternehmen, da es hier zur Prüfung der Einhaltung bestimmter Kriterien bei der Umsetzung von Investitionsprojekten – also konkreten wirtschaftlichen Aktivitäten – kommt. Die Anforderungen an deren Offenlegung sind in Kapitel 4 umrissen.

Voraussetzung für die Berücksichtigung von Nachhaltigkeitsaspekten ist eine Fokussierung auf konkrete Maßnahmen und Aktivitäten, ohne dabei den Blick auf das große Ganze zu verlieren. Mit den Themen Umwelt, Soziales und Unternehmensführung werden im Rahmen der TaxonomieVO unterschiedliche Handlungsfelder zusammengefasst.

3.1.1 Der Aktionsplan der Europäischen Kommission zur Finanzierung nachhaltigen Wachstums

Mit dem „Aktionsplan: Finanzierung nachhaltigen Wachstums"[32] der Europäischen Kommission wurde u.a. auch die TaxonomieVO vorbereitet und als ein Handlungsfeld definiert. Insgesamt wurden zehn Maßnahmen angekündigt, die sich auf drei Stoßrichtungen konzentrieren. Neben der Klassifizierung von nachhaltigen im Gegensatz zu nicht nachhaltigen Aktivitäten wird eine grundsätzliche Systematik aufgebaut, um Finanzflüsse in Richtung Nachhaltigkeit steuern zu können. Daneben werden Risikomanagement, Transparenz und die langfristige Orientierung im Anlageprozess hervorgehoben.

Die erste Maßnahme des Aktionsplans adressiert ein einheitliches **Klassifikationssystem** für die Bereiche Klima, Umwelt und Soziales. Auf der Basis geeigneter Evaluierungs-

[32] Der Aktionsplan ist abrufbar unter https://eur-lex.europa.eu.

kriterien soll genau unterschieden werden können, ob eine wirtschaftliche Aktivität und die damit verbundene Finanzierung als nachhaltig eingestuft werden kann oder nicht. Damit wird dann auch die Grundlage für ein nachhaltiges Finanzsystem gelegt, da anhand des Anteils nachhaltiger Investitionen und anhand definierter KPI (s. dazu Kapitel 4.1) gemessen werden kann, inwieweit sich die Wirtschaft in diese Richtung bewegt.

Mit der zweiten Maßnahme sollen grüne Anleihen oder sozial verantwortliche Finanzprodukte innerhalb der EU eine klare **Kennzeichnung** erhalten. Damit soll zum einen Klarheit darüber bestehen, wie groß der Anteil an Investitionen in nachhaltige Produkte ist und wie sich dieser Anteil entwickelt. Zum anderen soll aufseiten der Investoren die Unsicherheit darüber überwunden werden, ob die betreffende Anleihe tatsächliche Nachhaltigkeitseffekte bewirkt. So sollen dann weitere nachhaltige Investitionen gefördert werden.

Daran anschließend zielt die dritte Maßnahme darauf ab, dass nachhaltige Projekte, etwa in Form von Finanzhilfen, **gefördert** werden. Förderbanken sind hierbei die Akteure der Wahl, um nachhaltige Investitionen anzustoßen. Es liegt dann an den Unternehmen und den weiteren Investoren, insbesondere nachhaltige Infrastrukturprojekte in geeignetem Maße zu veranlassen, um mit der Förderung die gewünschte Wirksamkeit zu erreichen.

Mit der vierten Maßnahme sollen Nachhaltigkeitsaspekte in die **Finanzberatung** miteinfließen. Hiermit sind zunächst zwar Offenlegungspflichten, etwa zum Umgang mit Nachhaltigkeitsrisiken im Zuge der Anlageberatung, angesprochen. Aus der Perspektive von Unternehmen, die sich auch auf dem Kapitalmarkt refinanzieren oder deren Kredite in entsprechenden Produkten gebündelt werden, heißt das jedoch, dass die relevanten Informationen für die Produktgestaltung auch bereitgestellt werden müssen. Diese Informationskette wird aktuell im Rahmen der im Folgenden noch erläuterten Offenlegungsverordnung weitergehend konkretisiert.

Ähnliche Information jedoch – spezifisch im Hinblick auf das Pariser Klimaabkommen – werden auch für neue **Referenzwerte** gebraucht. Mit ihnen soll im Rahmen der fünften Maßnahme transparent werden, welche Investitionen sich für die Einhaltung der Temperaturziele eignen. Damit werden Investitionen konkret nach Klimazielen gesteuert. Auf der Basis der Kriterien der TaxonomieVO und der relevanten Daten zu Treibhausgasemissionen werden Unternehmen bzw. wirtschaftliche Aktivitäten unterteilt und damit auch unterschiedlich finanziert werden können.

Um Unternehmen nach ihrer Nachhaltigkeitsleistung unterscheiden zu können, wird mit Maßnahme sechs auch darauf fokussiert, Nachhaltigkeitsinformationen in **Ratingverfahren** zu integrieren. Bestehende Ratingverfahren verlaufen noch nicht nach allgemeinen Standards und sind daher nur bedingt vergleichbar in ihrer Aussagekraft. Mit der weitergehenden Standardisierung wird hier einerseits für eine höhere Transparenz der Nachhaltigkeitseffekte auf Unternehmen gesorgt. Auf der anderen

Seite werden diese Verfahren dann auch flächendeckend in die Kreditvergabe einbezogen, sodass gewerbliche Kreditnehmer weitergehenden Informationsanforderungen gerecht werden müssen.

Auch nachhaltigkeitsbezogene **Risikoanalysen** zu Investitionen sollen in die Anlageprodukte einfließen. Mit Maßnahme sieben werden somit Nachhaltigkeitsaspekte zunehmend Einfluss auf Entscheidungen institutioneller Anleger und Vermögensverwalter nehmen. Diese Entwicklung wird ebenso zur Folge haben, dass bei entsprechenden Investition Datenanforderungen zum Risikomanagement zunehmend auf die Unternehmensebene weitergereicht werden, um die Datenlücken zu füllen und die Datenqualität zu erhöhen.

Im Folgenden sind einige Faktoren, wie Sie die Bundesanstalt für Finanzdienstleistungsaufsicht (BaFin) gegenüber Finanzinstituten vertritt, aufgeführt, die sich den Perspektiven Umwelt, Soziales und Unternehmensführung zuordnen lassen.[33]

Environmental/ Umwelt	**Social/ Soziales**	**Governance/ Unternehmensführung**
– Klimaschutz – Anpassung an den Klimawandel – Schutz der biologischen Vielfalt – Nachhaltige Nutzung und Schutz von Wasser- und – Meeresressourcen – Übergang zu einer Kreislaufwirtschaft, Abfallvermeidung und Recycling – Vermeidung und Verminderung der Umweltverschmutzung – Schutz gesunder Ökosysteme – Nachhaltige Landnutzung	– Einhaltung anerkannter arbeitsrechtlicher Standards (keine Kinder- und Zwangsarbeit, keine Diskriminierung) – Einhaltung der Arbeitssicherheit und des Gesundheitsschutzes – Angemessene Entlohnung, faire Bedingungen am Arbeitsplatz, Diversität sowie Aus- und Weiterbildungschancen – Gewerkschafts- und Versammlungsfreiheit – Gewährleistung einer ausreichenden Produktsicherheit, einschließlich Gesundheitsschutz – Gleiche Anforderungen an Unternehmen in der Lieferkette – Inklusive Projekte bzw. Rücksichtnahme auf die Belange von Gemeinden und sozialen Minderheiten	– Steuerehrlichkeit – Maßnahmen zur Verhinderung von Korruption – Nachhaltigkeitsmanagement durch Vorstand – Vorstandsvergütung in Abhängigkeit von Nachhaltigkeit – Ermöglichung von Whistleblowing – Gewährleistung von Arbeitnehmerrechten – Gewährleistung des Datenschutzes – Offenlegung von Informationen

Tab. 3.1 Beispielhafte ESG-Aspekte aus Sicht der BaFin

33 Siehe unter www.bafin.de.

Auch für Banken und Versicherungen ergeben sich entsprechende aufsichtliche Vorgaben, die sich im Bereich der Banken zunehmend auf die Kreditvergabeprozesse auswirken werden. Maßnahme acht zielt darauf ab, **Risikomanagementsysteme** auch auf Nachhaltigkeitsrisiken hin zu justieren. Generelle Informationen hierzu können aus geografischen und sektorspezifischen Informationen zwar abgeleitet werden, letzten Endes werden aber auch hier gerade gewerbliche Kunden zu ihren jeweiligen Nachhaltigkeitsstrategien im Kreditvergabeprozess befragt und aufgefordert werden, entsprechend weitergehende Informationen zur Finanzierung bereitzustellen.

Zur Verbesserung der Datenlage wird mit Maßnahme neun eine Stärkung der Vorschriften zur **Offenlegung von Nachhaltigkeitsinformationen und zur Rechnungslegung** eingefordert. Das ist der Ausgangspunkt für die neue Nachhaltigkeitsberichterstattung, die sich künftig noch weitergehend konkretisieren und im Folgenden detailliert erläutert wird. Bereits im Aktionsplan wurden dafür die Leitplanken gesetzt.

Abschließend wird mit Maßnahme zehn die notwendige **langfristige Ausrichtung** des Finanzsystems und damit der Finanzierungsstrukturen betont. Hier geht es um die Etablierung von Nachhaltigkeitsstrategien in Unternehmen, d.h. um die Ausrichtung des Geschäftsmodells an grundlegenden Nachhaltigkeitskriterien. Hintergrund dafür ist die Verbesserung der Zukunftsfähigkeit von Geschäftsmodellen, indem auch absehbare und längerfristige Tendenzen wie Klimaschutz und Anpassung an den Klimawandel in der Unternehmensstrategie Berücksichtigung finden.

3.1.2 Kontext und Aufbau der Taxonomieverordnung

Kern des gerade erläuterten Aktionsplans ist die TaxonomieVO.[34] Sie soll einen entscheidenden Beitrag dazu leisten, dass die gesetzten Klima- und Energieziele der EU mit den dafür nötigen Investitionen erreicht werden. Die TaxonomieVO hat den Anspruch, einheitliche Kriterien für ökologisch nachhaltige Wirtschaftstätigkeiten zu definieren. Sie ist damit in ihrer bisherigen Ausprägung vor allem auf die ökologischen Perspektive ausgerichtet und orientiert sich an Klima- und Umweltzielen. Maßgaben zur konkreten Bestimmung nachhaltiger Wirtschaftsaktivitäten sind in Kapitel 4.2. dargestellt.

Die Erweiterung um soziale Aspekte und das Thema Unternehmensführung ist derzeit noch in der Diskussion. Der Fokus liegt daher zunächst auf der für Klima- und Umweltziele relevanten Ausrichtung der europäischen Nachhaltigkeitsagenda.

Die eigentliche Zielgruppe der einheitlichen Kriterien für nachhaltige Wirtschaftstätigkeiten sind die Investoren. Es soll Klarheit darüber geschaffen werden, dass bzw. ob

[34] Urversion abrufbar unter https://eur-lex.europa.eu/legal-content/DE/TXT/PDF/?uri=CELEX:32020R0852&from=DE.

durch Investitionen in nachhaltige Produkte auch eine entsprechende Wirkung – im Idealfall in Anlehnung an das Pariser Klimaabkommen – erzielt wird. Aktuell wird diese Wirkungsbeziehung in den Kriterien für die bisher adressierten wirtschaftlichen Tätigkeiten noch nicht explizit berücksichtigt. Die definierten bereits technischen Kriterien sind also nicht mit einer Kompatibilität mit dem Pariser Klimaabkommen zu verwechseln. Dennoch sollen so nachhaltige von nicht nachhaltigen Investitionen unterschieden werden.

Relevant ist dies für mittelständische Unternehmen mittelbar, insofern die Informationen zur Erfüllung der Kriterien generiert und in die Kapitalbeschaffungsprozesse integriert werden müssen, um auf der Investorenseite kommuniziert werden zu können (s. dazu auch Kapitel 4.4.). An dieser Schnittstelle ist die TaxonomieVO an die Pflicht zur Nachhaltigkeitsberichterstattung gekoppelt. Unternehmen, die hierzu verpflichtet sind, sind auch aufgefordert, die besagte Informationsgrundlage zu schaffen und valide in Investitionsprozesse zu überführen. Das stellt eine Herausforderung für die bisherigen Prozesse und Systeme zur Rechnungslegung, Informationsbeschaffung und -weitergabe dar. Auch der Begriff „nachhaltige Investitionen" im Sinne der Offenlegungsverordnung verweist auf die Kriterien, die im Rahmen der TaxonomieVO definiert werden.

3.1.3 Die Ausrichtung der europäischen Umweltziele

Neben möglichen Konflikten zwischen den unterschiedlichen Aspekten der Nachhaltigkeit ergeben sich auch Konflikte innerhalb der Aspekte selbst. Maßnahmen, die Treibhausgasemissionen vermeiden oder reduzieren, können durch die dafür nötige Infrastruktur beispielsweise Einschränkungen für die Kreislaufwirtschaft nach sich ziehen. Maßnahmen zur Anpassung an den Klimawandel, etwa durch bauliche Schutzmaßnahmen an Küsten, können Biodiversitätsaspekte berühren. Daher wurde die Wirkung der Investitionen auf die sechs im Folgenden dargestellten europäischen Umweltziele fokussiert (s. auch Kapitel 4.2.) und es wurden Kriterien dafür formuliert, nur solche wirtschaftlichen Aktivitäten als nachhaltig im Sinne eines Umweltzieles zu betrachten, die die weiteren Klima- und Umweltziele nicht wesentlich negativ beeinflussen (die sogenannten „Do No Significant Harm"-Kriterien, s. dazu auch Kapitel 4.3.).

Das erste Klima- und Umweltziel fokussiert den **Klimaschutz**. Hiermit sollen wirtschaftliche Aktivitäten angesprochen werden, die zur Reduktion von Treibhausgasen beitragen bzw. diese vermeiden oder Speicherkapazitäten erzeugen bzw. diese nutzen.

Mit dem zweiten Umweltziel soll die **Anpassung an den Klimawandel** forciert werden. Bestehende und zu erwartende negative Entwicklungen sollen durch wirtschaftliche Aktivitäten begrenzt, kompensiert oder vermieden werden.

Das dritte Ziel adressiert die **nachhaltige Nutzung und den Schutz der Wasser- und Meeresressourcen.** Neben der entsprechenden Ausrichtung einer gemeinsamen Fischereipolitik in der Europäischen Union geht es hier auch darum, Wasserknappheiten und Dürren zu reduzieren oder die Verschmutzung von Grundwasser und Gewässern zu vermeiden.

Mit dem vierten Ziel wird der **Übergang zur Kreislaufwirtschaft** angesprochen. Das heißt, Abfälle sollen reduziert und Materialien und Rohstoffe in den Produktionsprozess zurückgeführt werden. Das bedeutet auch, Produkte so zu konzipieren, dass eine möglichst einfache Rückführung ermöglicht wird. Hier spielen Haltbarkeit, Reparaturfähigkeit, Nachrüstbarkeit oder Wiederverwendbarkeit eine zentrale Rolle. Beim Produktdesign kommt die Auswahl der Materialien, die Möglichkeit der Umfunktionierung, der Demontage oder des natürlichen Abbaus zum Tragen. Gerade der Gebäude- und Bausektor hat wie bereits erwähnt hier ein hohes Potenzial, kreislauforientierter zu wirtschaften.

Das fünfte Umweltziel soll der **Vermeidung bzw. Verminderung der Umweltverschmutzung** dienen. Dazu gehören auch die Sanierung belasteter Flächen bzw. Maßnahmen, die eine Sanierung erst gar nicht erforderlich machen. Schädliche Stoffe sollen nicht in die Umwelt gelangen. Das gilt sowohl für Land und Wasser als auch für die Luft.

Der **Schutz und die Wiederherstellung der Biodiversität und der Ökosysteme** ist das sechste Umweltziel. Die Bewirtschaftung von Land und Wald hat Einfluss auf Ökosysteme und kann zur Reduktion der Biodiversität führen. Auch das Einführen fremder Arten in ein bestehendes Ökosystem kann negative Folgen für die Artenvielfalt innerhalb des Ökosystems haben. Entsprechende Schutzmaßnahmen sollen daher bei der Bewirtschaftung und in Handelsprozessen beachtet und verstärkt werden.

3.1.4 Zusammenfassung

Aus der TaxonomieVO lässt sich deren unmittelbare Relevanz für Investoren ableiten. Sie können auf der Basis der Umweltkriterien aus der TaxonomieVO zielsicher nachhaltige von nicht nachhaltigen Investitionen unterscheiden und somit auch Produkte konstruieren, die nicht dem Verdacht des Greenwashings ausgesetzt sind.

Praxistipp:
Die Bedeutung der TaxonomieVO für die Unternehmen, die die jeweiligen wirtschaftlichen Aktivitäten durchführen, ist nicht zu unterschätzen. Im Gegenteil wird die Informationspflicht zur Darstellung taxonomiekonformer Tätigkeiten hauptsächlich bei den realwirtschaftlichen Unternehmen liegen. Hier sind gerade mittelständische Unternehmen, die der Berichtspflicht entlang der TaxonomieVO

unterliegen, gefragt, ihre technischen Systeme so auf das jeweilige Geschäftsmodell auszurichten, dass nachhaltige wirtschaftliche Aktivitäten ausgewiesen werden können.

Weitere Entwicklungsstufen der TaxonomieVO betreffen wie oben erwähnt die Berücksichtigung von sozialen Kriterien und übergreifenden Anforderungen an die Unternehmensführung. Aus heutiger Sicht werden sich auch auf diesen Feldern einheitliche Standards entwickeln. Im Gegensatz zu den genannten Umweltzielen ist es in diesen Bereichen jedoch – zumindest derzeit – schwieriger, Fortschritte und Auswirkungenwissenschaftsbasiert abzuleiten oder an konkreten Kennzahlen mit klaren Wirkungsbeziehungen festzumachen.

3.2 „Greenwashing" verhindern

Auf Basis des EU-Aktionsplans Sustainable Finance wurden auch **Anforderungen an die Offenlegung nachhaltigkeitsrelevanter Aspekte** im Finanzdienstleistungssektor[35] initialisiert. Damit sollen Informationsasymmetrien beispielsweise zwischen Anbieter und Abnehmer zu Nachhaltigkeitsaspekten bei Finanzdienstleistungsprodukten ausgeglichen werden.

Konkret sind Anlageberater und Finanzmarktteilnehmer gehalten, schriftlich ihre Strategien zur Einbeziehung von Nachhaltigkeitsrisiken zu veröffentlichen. Obschon mittelständische Unternehmen der Realwirtschaft nicht direkt betroffen sind, enthält die entsprechende Verordnung durchaus auch für sie mittelbare Konsequenzen.

Eine Konsequenz ist die erhöhte Aufmerksamkeit bei der Finanzierung von Investitionen bezüglich der Frage, inwieweit hier Nachhaltigkeitskriterien berücksichtigt werden. Auf dieser Basis können die Investoren auf dem Kapitalmarkt, aber auch in Banken bei der Kreditvergabe die Grundlage dafür schaffen, die Investitionen durch Zusammenführung ähnlicher Anlagen zu bündeln. Insofern also der generelle Bedarf an grünen Anlagen steigt, werden auch Nachhaltigkeitskriterien bei der Kreditvergabe bzw. der Investitionsentscheidung eine erhöhte Rolle spielen.

Eine weitere mittelbare Konsequenz ergibt sich folgendermaßen: Insoweit die Finanzdienstleister bezogen auf ihren Produktvertrieb eine Nachhaltigkeitsstrategie verfolgen müssen, entsteht aus Konsistenzgründen durchaus auch ein Zugzwang, eine schlüssige Nachhaltigkeitsstrategie für das Unternehmen insgesamt aufzusetzen und zu implementieren. Damit werden unabhängig vom konkreten Fokus der Verordnung

[35] Die sogenannte Offenlegungsverordnung ist in der Urversion abrufbar unter https://eur-lex.europa.eu/legal-content/DE/TXT/PDF/?uri=CELEX:32019R2088&from=DE.

auch weitere Aktivitäten ausgelöst, mit der sich die Nachhaltigkeitsleistung eines Finanzdienstleisters insgesamt verändert und im Idealfall auch verbessert.

Praxistipp:
Aus der Perspektive eines mittelständischen Unternehmens liegt der Vorteil der neuen Auflagen unter Umständen darin, dass sich Nachhaltigkeitsleistungen bei der finanzmarktorientierten Refinanzierung tatsächlich vorteilhaft auf die Kosten der Refinanzierung auswirken können.

3.3 Mittel- oder unmittelbare Betroffenheit: Die Auseinandersetzung mit der Lieferkette

Neben den umweltbezogenen Aspekten bleiben die Aspekte des Sozialen und der Unternehmensführung nicht vollkommen außer Acht. Dies bezieht sich insbesondere auch auf die Einhaltung unternehmerischer Sorgfaltspflichten in Bezug auf Lieferketten.

3.3.1 Das deutsche Lieferkettensorgfaltspflichtengesetz (LkSG)

Mit der Umsetzung der Leitprinzipien für Wirtschaft und Menschenrechte der Vereinten Nationen im Rahmen des Nationalen Aktionsplans besteht auch die Anforderung an Unternehmen, mit Bezug auf Größe, Branche und Position in der Lieferkette entsprechende Sorgfaltspflichten zu beachten. Die deutsche Initiative dazu wurde vom Bundestag am 11.06.2021 verabschiedet und ist am 16.07.2021 im Bundesgesetzblatt erschienen.[36]

Das Lieferkettensorgfaltspflichtengesetz adressiert mit Inkrafttreten zum 01.01.2023 Unternehmen mit Sitz in Deutschland. Zunächst ist eine Grenze von 3000 Arbeitnehmern als Betroffenheitsgrenze festgelegt. Ab dem 01.01.2024 sinkt diese Grenze auf 1000 Arbeitnehmer.

Konkret sind u.a. menschenrechtliche und umweltbezogene **Sorgfaltspflichten** in angemessener Weise zu beachten. Die Unternehmen sind aufgefordert, ein Risikomanagement einzurichten, betriebsinterne Zuständigkeiten zu definieren, regelmäßige Risikoanalysen durchzuführen und eine Grundsatzerklärung zu verabschieden.

Darüber hinaus sind **Präventionsmaßnahmen** im eigenen Geschäftsbereich gegenüber unmittelbaren Zulieferern zu verankern, Abhilfemaßnahmen, sofern erforderlich, zu ergreifen und ein Beschwerdeverfahren einzurichten. Hinzu kommt, dass Sorgfaltspflichten auch in Bezug auf Risiken bei mittelbaren Zulieferern umzusetzen sind.

[36] Abrufbar unter https://www.bgbl.de/xaver/bgbl/start.xav?startbk=Bundesanzeiger_BGBl&jumpTo=bgbl121s2959.pdf.

Die **Dokumentation und die Berichterstattung** sind fortlaufend zu gewährleisten. Im Bericht sind – sofern vorhanden – die menschenrechtlichen und umweltbezogenen Risiken aufzuführen und die Maßnahmen zur Erfüllung der Sorgfaltspflicht darzustellen. Das schließt den Umgang mit Beschwerden und eine Bewertung der Auswirkungen für das Unternehmen sowie der Wirksamkeit der eingeleiteten Maßnahmen mit ein.

3.3.2 Aktuelle Gesetzesinitiativen auf europäischer Ebene

Die europäische Richtlinie über die Sorgfaltspflichten von Unternehmen im Hinblick auf Nachhaltigkeit liegt der Europäischen Kommission seit dem 23.02.2022 als Vorschlag vor.[37] Am 01.12.2022 hat der Rat seine Verhandlungsposition zur Richtlinie festgelegt.[38] Eine Positionierung des Europäischen Parlamentes steht noch aus.[39] Ähnlich wie in der deutschen Umsetzung stehen sowohl menschenrechtliche als auch umweltbezogene Sorgfaltspflichten sowie Vorgaben für eine verantwortungsvolle Unternehmensführung im Zentrum der Sorgfaltspflichten für die global verzweigten Wertschöpfungsketten von Unternehmen.

Der europäische Ansatz möchte auf horizontaler Ebene den bestehenden nationalen Umsetzungen eine Klammer bieten, um so gleiche Wettbewerbsbedingungen für Unternehmen innerhalb der Union zu gewährleisten.

Als konkretes Ziel wird die Verbesserung der Corporate-Governance-Praktiken genannt, um Risikomanagementverfahren zu stärken und die Einbindung erkannter Risiken in die Unternehmensstrategie zu fördern. Die Rechtssicherheit innerhalb der EU soll verbessert und die entsprechenden Rechenschaftspflichten sollen klarer benannt werden. Von negativen Auswirkungen auf Menschenrechte und Umwelt Betroffene sollen besseren Zugang zu Abhilfemaßnahmen erhalten.

Die Umsetzung soll entlang des OECD-Leitfadens für die Erfüllung der Sorgfaltspflicht für verantwortungsvolles unternehmerisches Handeln und der darin festgelegten Schritte erfolgen:

1. Einbeziehung der Sorgfaltspflicht in die Unternehmenspolitik und die Managementsysteme,
2. Ermittlung und Bewertung negativer Auswirkungen auf die Menschenrechte und die Umwelt,

---

[37] Abrufbar unter https://eur-lex.europa.eu/resource.html?uri=cellar:bc4dcea4-9584-11ec-b4e4-01aa75ed71a1.0007.02/DOC_1&format=PDF.

[38] Vgl. „Council adopts position on due diligence rules for large companies" unter https://www.consilium.europa.eu/en/press/press-releases/2022/12/01/council-adopts-position-on-due-diligence-rules-for-large-companies.

[39] Vgl. „EU-Lieferkettengesetz. In einer globalisierten Wirtschaft braucht es eine europäische Strategie, um Menschenrechte und Umwelt in Liefer- und Wertschöpfungsketten wirksam zu schützen", abrufbar unter https://www.csr-in-deutschland.de/DE/Wirtschaft-Menschenrechte/Europa/Lieferketten-Gesetzesinitiative-in-der-EU/lieferketten-gesetzesinitiative-der-eu.html.

3. Verhinderung, Abstellung oder Minimierung tatsächlicher und potenzieller negativer Auswirkungen auf die Menschenrechte und die Umwelt,
4. Bewertung der Wirksamkeit von Maßnahmen,
5. Kommunikation,
6. Bereitstellung von Abhilfemaßnahmen.

Betroffene Unternehmen mit Sitz innerhalb der Europäischen Union haben grundsätzlich mehr als 500 Beschäftigte und einen weltweiten Nettoumsatz von über 150 Mio. Euro im Geschäftsjahr, das dem letzten abgeschlossenen Geschäftsjahr vorangeht. Sofern ein Unternehmen mit Sitz innerhalb der Europäischen Union innerhalb einer oder mehrerer Branchen mit hohem Schadenspotenzial agiert, wird die Grenze auf mindestens 250 Beschäftigte und einen weltweiten Nettoumsatz von 40 Mio. Euro reduziert (sofern das Unternehmen mindestens 20 Mio. Euro seines Umsatzes in einem Risikosektor tätigt). Die Umsetzungsfrist soll jedoch für diese Unternehmen länger sein.

i

Hinweis:
Als Sektoren mit hohem Schadenspotenzial („Risikosektoren") gelten:

- Herstellung von Textilien, Leder und verwandten Erzeugnissen (einschließlich Schuhe) sowie Großhandel mit Textilien, Bekleidung und Schuhen
- Landwirtschaft, Forstwirtschaft, Fischerei (einschließlich Aquakultur), Herstellung von Lebensmittelprodukten und Großhandel mit landwirtschaftlichen Rohstoffen, lebenden Tieren, Holz, Lebensmitteln und Getränken
- Gewinnung mineralischer Ressourcen, unabhängig davon, wo sie gewonnen werden (einschließlich Rohöl, Erdgas, Steinkohle, Braunkohle, Metalle und Metallerze sowie aller anderen, nichtmetallischen Mineralien und Steinbruchprodukte), Herstellung von Grundmetallerzeugnissen, sonstigen Erzeugnissen aus nichtmetallischen Mineralien und Metallerzeugnissen (ausgenommen Maschinen und Ausrüstungen) sowie Großhandel mit mineralischen Rohstoffen, mineralischen Grunderzeugnissen und Zwischenerzeugnissen (einschließlich Metalle und Metallerze, Baustoffe, Brennstoffe, Chemikalien und andere Zwischenprodukte).

Unternehmen aus Drittländern sind dann grundsätzlich betroffen, wenn sie in der Union einen Nettoumsatz von über 150 Mio. Euro im Geschäftsjahr, das dem letzten abgeschlossenen Geschäftsjahr vorangeht, erreichen. Für Unternehmen aus Drittstaaten und aus Branchen mit hohem Schadenspotenzial sollen ein Nettoumsatz von über 40 Mio. Euro innerhalb der Europäischen Union (bei mindestens 20 Mio. Euro des weltweiten Umsatzes in einem Risikosektor) sowie eine verlängerte Umsetzungsfrist gelten.

Wann die finale Fassung der Richtlinie in Kraft treten soll (und damit auch die enthaltenen Umsetzungsfristen), ist derzeit noch nicht konkret absehbar. Geplant ist, das EU-Lieferkettengesetz nach Abschluss des Trilog-Verfahrens im Jahr 2023 zu verabschieden.[40]

3.3.3 Zusammenfassung

Mittelständische Unternehmen werden sich bezüglich der Betroffenheitsgrenzen oftmals unterhalb der genannten Schwellen bewegen. Die Ausführungen der europäischen Initiative zeigen aber, dass sich gerade für ausgewählte wirtschaftliche Aktivitäten mit erhöhtem Schadenspotenzial durchaus auch in mittelgroßen Unternehmen Fragen zu künftigen Umsetzungsanforderungen stellen.

Unabhängig von einer unmittelbaren Betroffenheit berührt die Lieferkette von großen, international tätigen Konzernen oftmals Zulieferbetriebe, die sich bisher eher nicht einem internationalen Markt zugeschriebene haben. Gerade für solche Betriebe werden entsprechende Lieferantenbefragungen neu sein und dazugehörige Bearbeitungsroutinen noch nicht vorliegen. Auf diese Anforderungen kann und sollte man sich frühzeitig einstellen.

Praxistipp:
Grundsätzlich lässt sich aber auch sagen, dass sich die evidenten Risiken in den Lieferketten erhöhen, sei es durch Umweltfaktoren, politische Instabilität oder mangelnde Transparenz hinsichtlich der Produktions- und Rohstoffgewinnungsprozesse. Gerade neue Technologien und Verfahren beanspruchen oftmals auch neue Lieferketten. Eine systematische Auseinandersetzung ist daher auch ohne die unmittelbare regulatorische Anforderung sinnvoll und kann mit bestehenden Tools und Vorgehensmodellen schnell und zielgerichtet eingeführt werden.

[40] Vgl. „EU-Lieferkettengesetz. In einer globalisierten Wirtschaft braucht es eine europäische Strategie, um Menschenrechte und Umwelt in Liefer- und Wertschöpfungsketten wirksam zu schützen", abrufbar unter https://www.csr-in-deutschland.de/DE/Wirtschaft-Menschenrechte/Europa/Lieferketten-Gesetzesinitiative-in-der-EU/lieferketten-gesetzesinitiative-der-eu.html.

4 Gegenwärtige Anforderungen an die Berichterstattung gemäß Artikel 8 der Taxonomieverordnung

Die Verordnung (EU) 2020/852 des Europäischen Parlamentes und des Rates vom 18.07.2020 wird als Taxonomieverordnung (kurz: TaxonomieVO) bezeichnet und ist Kernbestandteil des Aktionsplans „Finanzierung nachhaltigen Wachstums" der Europäischen Kommission vom 08.03.2018. Die Einführung eines einheitlichen Klassifikationssystems für nachhaltige Tätigkeiten wurde als wichtigste und dringlichste Maßnahme angesehen, um eine Neuausrichtung von Kapitalflüssen hin zu nachhaltigen Investitionen zu schaffen. Klare Leitlinien in Bezug auf Tätigkeiten, die zum Klimaschutz und zur Anpassung an den Klimawandel sowie zu weiteren umweltpolitischen und sozialen Zielen beitragen können, sollen Anleger bei ihren Beurteilungen helfen.

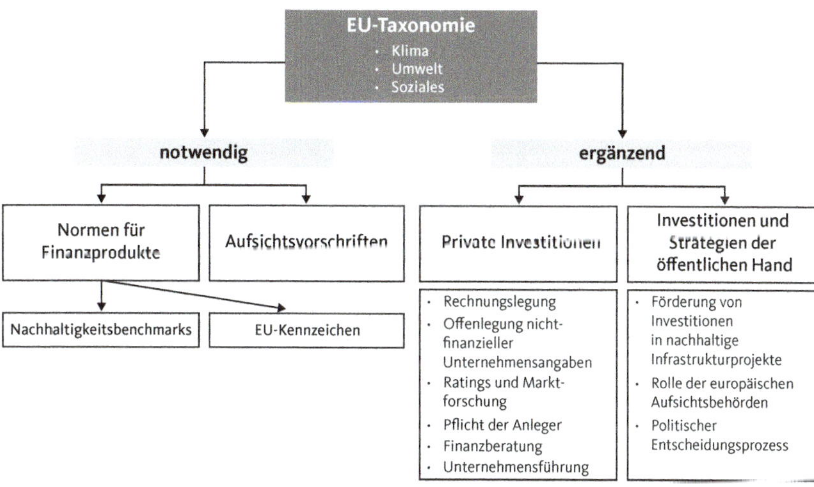

Abb. 4.1 Rolle der EU-Taxonomie laut dem Aktionsplan „Finanzierung nachhaltigen Wachstums"

Zusätzlich empfiehlt die EU-Kommission in ihren unverbindlichen „Leitlinien für die Berichterstatung [sic!] über nichtfinanzielle Informationen: Nachtrag zur klimabezogenen Berichterstattung", dass bestimmte große Unternehmen auf Basis der TaxonomieVO über festgelegte klimabezogene Leistungsindikatoren Bericht erstatten sollten,[41] da ohne ausreichende, zuverlässige und vergleichbare nachhaltigkeitsbezogene Informationen von Unternehmen der Finanzsektor nicht in der Lage sei, Kapital ef-

41 Die ergänzten Leitlinien sind abrufbar unter https://eur-lex.europa.eu/legal-content/de/TXT/PDF/?uri=CELEX:52019XC0620(01).

fizient in nachhaltige Investitionen zu lenken. Dem Finanzsektor kommt damit die Aufgabe zu, Lösungen für die Nachhaltigkeitsanforderungen voranzutreiben und die aus diesen Anforderungen entstehenden Investitionsrisiken sachgerecht zu ermitteln und wirksam zu managen.

Um die für diese Aufgabe relevanten Informationen offenzulegen, bestimmt Artikel 8 der TaxonomieVO, dass jedes nach Artikel 19a oder 29a der Bilanzrichtlinie (Richtlinie 2013/34/EU, im Folgenden: BilanzRL) zur Veröffentlichung von nichtfinanziellen Angaben verpflichtete Unternehmen (im Folgenden: NFRD-pflichtiges Unternehmen) in seine nichtfinanzielle Erklärung oder konsolidierte nichtfinanzielle Erklärung Angaben darüber aufzunehmen hat, wie und in welchem Umfang die Tätigkeiten des NFRD-pflichtigen Unternehmens mit Wirtschaftstätigkeiten verbunden sind, die als ökologisch nachhaltige Wirtschaftstätigkeiten gemäß Artikel 3 („Kriterien") und Artikel 9 („Umweltziele") der TaxonomieVO eingestuft werden.

Hinsichtlich der Verpflichtung zur Berichterstattung ist zwischen den derzeit betroffenen und den zukünftig betroffenen Unternehmen zu unterscheiden.

Verpflichtet zur Berichterstattung nach Artikel 8 TaxonomieVO sind derzeit grundsätzlich handelsrechtlich große Unternehmen von öffentlichem Interesse im Sinne von Artikel 2 Nr. 1 BilanzRL mit mehr als 500 Mitarbeitenden.

In der Praxis ist diese Zuordnung jedoch komplizierter. Artikel 8 TaxonomieVO bezieht sich nämlich nicht unmittelbar auf Unternehmen von öffentlichem Interesse im Sinne von Artikel 2 Nr. 1 BilanzRL, sondern fordert von Unternehmen, die verpflichtet sind, nichtfinanzielle Angaben nach Artikel 19a BilanzRL („nichtfinanzielle Erklärung") bzw. Artikel 29a BilanzRL („nichtfinanzielle Konzernerklärung") zu veröffentlichen, diese nichtfinanziellen Angaben um weitere Angaben zu ergänzen. Sowohl Artikel 19a BilanzRL als auch Artikel 29a fordern die nichtfinanziellen Angaben von großen Unternehmen bzw. Konzernen von öffentlichem Interesse mit mehr als 500 Mitarbeitenden.

Nach Auffassung der Europäischen Kommission in Nr. 1 Abs. 3 ihrer unverbindlichen FAQ vom 06.10.2022 (im Folgenden: EU-KOM-FAQ 2022[42]) ist zur Bestimmung der betroffenen Unternehmen nur auf Artikel 2 Nr. 1 BilanzRL abzustellen. Nationale Umsetzungsbesonderheiten sollen unberücksichtigt bleiben. Daher ist es wichtig zu wissen, wer diese Unternehmen von öffentlichem Interesse sind.

42 Die FAQ sind abrufbar unter https://eur-lex.europa.eu/legal-content/DE/TXT/PDF/?uri=CELEX:52022XC1006(01)&from=EN.

Unternehmen von öffentlichem Interesse sind laut Artikel 2 Nr. 1 BilanzRL:

- Unternehmen im Anwendungsbereich von Artikel 1 BilanzRL, die
  a. unter das Recht eines Mitgliedsstaats fallen und deren übertragbare Wertpapiere zum Handel an einem geregelten Markt eines Mitgliedsstaats im Sinne von Artikel 4 Abs. 1 Nr. 14 der Richtlinie 2004/39/EG des Europäischen Parlaments und des Rates vom 21.04.2004 über Märkte für Finanzinstrumente zugelassen sind (im Folgenden: **Kapitalmarktunternehmen**).
  b. Kreditinstitute im Sinne von Artikel 4 Nr. 1 der Richtlinie 2006/48/EG des Europäischen Parlaments und des Rates vom 14.06.2006 über die Aufnahme und Ausübung der Tätigkeit der Kreditinstitute – mit Ausnahme der in Artikel 2 jener Richtlinie genannten Kreditinstitute – sind (im Folgenden: **CRR-Kreditinstitute**),
  c. **Versicherungsunternehmen** im Sinne von Artikel 2 Abs. 1 der Richtlinie 91/674/EWG des Rates vom 19.12.1991 über den Jahresabschluss und den konsolidierten Abschluss von Versicherungsunternehmen sind oder
  d. von den Mitgliedsstaaten als Unternehmen von öffentlichem Interesse bestimmt werden, beispielsweise Unternehmen, die aufgrund der Art ihrer Tätigkeit, ihrer Größe oder der Zahl ihrer Beschäftigten von erheblicher öffentlicher Bedeutung sind.

Als „Unternehmen im Anwendungsbereich von Artikel 1" definiert die BilanzRL für Deutschland

- in Anhang I BilanzRL Unternehmen in der Rechtsform der Aktiengesellschaft (AG), der Kommanditgesellschaft auf Aktien (KGaA), der Gesellschaft mit beschränkter Haftung (GmbH) sowie
- in Anhang II BilanzRL die offene Handelsgesellschaft (OHG) und die Kommanditgesellschaft (KG), bei denen alle unmittelbaren oder mittelbaren Gesellschafter des Unternehmens mit ansonsten unbeschränkter Haftung tatsächlich nur beschränkt haftbar sind, weil die Gesellschafter
  a. über eine in Anhang I aufgeführte Rechtsform verfügen oder
  b. nicht den Rechtsvorschriften eines Mitgliedsstaates unterliegen, aber über eine Rechtsform verfügen, die einer in Anhang I genannten Rechtsform vergleichbar ist.

Dadurch, dass laut den EU-KOM-FAQ 2022 nur die europäische Ebene maßgeblich ist, ergibt sich die Situation, dass nicht sämtliche Unternehmen, die eine nichtfinanzielle Berichterstattung vorzunehmen haben, Artikel 8 TaxonomieVO anwenden müssen. Aus dieser rein europäischen Betrachtung resultiert zunächst eine Erleichterung für berichtspflichtige Unternehmen, die die Berichtspflicht ihrer Geschäftspartner bei ihrer Artikel-8-Berichterstattung zu beachten haben. Die Bestimmung der Abweichungen ist nicht trivial, schließlich hat der deutsche Gesetzgeber keine Eins-zu-eins-Umsetzung bei der Umsetzung der CSR-Richtlinie 2014/95/EU (im Folgenden: NFRD) vorgenommen, sondern den Kreis der Berichtspflichtigen ausgeweitet.

Hinweis:
Der Kreis der CSR-Berichtspflichtigen ist im HGB größer gefasst als in den Artikeln 19a oder 29a BilanzRL. Laut den EU-KOM-FAQ 2022 sind jedoch von der Berichterstattungspflicht nach Artikel 8 TaxonomieVO nur der Kreis der CSR-berichtspflichtigen Unternehmen nach Artikel 19a oder Konzerne nach Artikel 29a BilanzRL betroffen.

Die NFRD war von den Mitgliedsstaaten bis zum 06.12.2016 in das jeweilige nationale Recht umzusetzen, das für das am oder nach dem 01.01.2017 beginnende Geschäftsjahr galt (Artikel 4 Abs. 1 NFRD). In Deutschland erfolgte die Umsetzung mit dem Gesetz zur Stärkung der nichtfinanziellen Berichterstattung der Unternehmen in ihren Lage- und Konzernlageberichten (CSR-Richtlinien-Umsetzungsgesetz) vom 11.04.2017. Dieses verpflichtete kapitalmarktorientierte Unternehmen (§ 289b HGB), CRR-Kreditinstitute (§ 340a HGB) und Versicherungen (§ 341a HGB) zur Ergänzung ihres Lageberichtes um eine nichtfinanzielle Erklärung.

Hinweis:
Zum besseren Verständnis ist es wichtig zu wissen, dass die NFRD keine abschließende europäische Richtlinie war, sondern mit dieser u.a. der Artikel 19a für die nichtfinanzielle Erklärung und Artikel 29a für die nichtfinanzielle Konzernerklärung in die Bilanzrichtlinie eingefügt wurden.

Sofern die besagten Unternehmen auch einen Konzernabschluss aufzustellen haben, sind sie verpflichtet, ihren Konzernlagebericht um eine nichtfinanzielle Konzernerklärung bei mehr als 500 Konzernmitarbeitenden zu ergänzen. Hierbei gelten die gleichen Berichtsgrenzen hinsichtlich des konkreten Berichtsobjektes wie beim Konzernabschluss[43]. Im Folgenden wird grundsätzlich nicht auf die Besonderheiten der Konzernberichterstattung eingegangen.

Alternativ zur Aufnahme einer nichtfinanziellen Erklärung in den Lagebericht kann ein gesonderter nichtfinanzieller Bericht erstellt werden. Der gesonderte nichtfinanzielle Bericht kann entweder innerhalb von vier Monaten auf der Unternehmens-Website veröffentlicht oder gemeinsam mit dem Lagebericht im Bundesanzeiger innerhalb der Offenlegungsfristen für den Jahresabschluss offengelegt werden.

43 Vgl. *IDW, Anwendung von Art. 8 der Taxonomie-Verordnung, Fragen und Antworten (Teil 1)* (Stand: 28.10.2021) (im Folgenden: IDW FAQ 1), Nr. 5.3.

Praxistipp:
In der Praxis kann es vorkommen, dass das Mutterunternehmen aufgrund der Unterschreitung der Schwellenwerte keine nichtfinanzielle Erklärung zu veröffentlichen hat, aber der Konzern insgesamt die Schwellenwerte überschreitet und daher eine nichtfinanzielle Konzernerklärung zu veröffentlichen ist.

Die neue Nachhaltigkeitsberichterstattung (CSRD) sieht vor, dass der Kreis der berichtspflichtigen Unternehmen deutlich ausgeweitet wird. Zum einen soll das zusätzliche Kriterium „mehr als 500 Arbeitnehmer" und zum anderen das „Kapitalmarktkriterium" entfallen. Zusätzlich sollen kleine und mittlere kapitalmarktorientierte Unternehmen, die keine Kleinstunternehmen sind, berichtspflichtig werden. Eine ausführliche Abhandlung hierzu enthält Kapitel 5.1. Zudem enthält Nr. 3 des Entwurfs der FAQ der EU-Kommission vom 19.12.2022[44] (im Folgenden: draft EU-FAQ-Art.-8) eine vertiefende Darstellung hinsichtlich der Auswirkungen auf die nichtfinanzielle Berichterstattung nach Artikel 8 TaxonomieVO.

Bei der grundlegenden Anwendungspflicht der Berichterstattung gemäß Artikel 8 der TaxonomieVO unterschiedet sich die Art der Berichterstattung insbesondere zwischen Finanz- von Nicht-Finanzunternehmen. Nicht-Finanzunternehmen sind laut Artikel 1 Nr. 9 der delegierten Verordnung (EU) 2021/2178 der Kommission vom 06.07.2021, zuletzt geändert durch die delegierte Verordnung (EU) 2022/1214 vom 09.03.2022 (im Folgenden: delVO-Art.-8), Unternehmen, die den In den Artikeln 19a und 29a BilanzRL festgelegten Offenlegungspflichten unterliegen und keine Finanzunternehmen in Sinne von Artikel 1 Nr. 8 delVO-Art.-8 sind. Realwirtschaftliche Unternehmen sind folglich Nicht-Finanzunternehmen im Sinne der Berichterstattung nach Artikel 8 TaxonomieVO.

Hinweis:
„Finanzunternehmen" im Sinne von Artikel 1 Nr. 8 delVO-Art. 8 ist ein Unternehmen, das den in den Artikeln 19a und 29a BilanzRL festgelegten Offenlegungspflichten unterliegt und ein Vermögensverwalter, ein Kreditinstitut im Sinne von Artikel 4 Abs. 1 Nr. 1 der Verordnung (EU) Nr. 575/2013 des Europäischen Parlaments und des Rates, eine Wertpapierfirma im Sinne von Artikel 4 Abs. 1 Nr. 2 der Verordnung (EU) Nr. 575/2013, ein Versicherungsunternehmen im Sinne von Artikel 13 Nr. 1 der Richtlinie 2009/138/EG des Europäischen Parlaments und des Rates oder ein Rückversicherungsunternehmen im Sinne von Artikel 13 Nr. 4 der Richtlinie 2009/138/EG ist.

[44] Abrufbar unter https://ec.europa.eu.

4.1 Grundlagen zur Berichterstattung für realwirtschaftliche Unternehmen

Realwirtschaftliche Unternehmen sollen gemäß Artikel 8 Abs. 2 TaxonomieVO den Anteil ihrer „grünen Umsatzerlöse“, „grünen Investitionen“ und „grünen Betriebsausgaben“ an der jeweiligen Grundgesamtheit (Umsatzerlöse, Gesamtinvestitionen, Betriebsausgaben) berichten. Für die Ermittlung dieser Kennzahlen ist der Begriff „Wirtschaftstätigkeiten“, wie die Definitionen in der nachfolgenden Tabelle zeigen, zentral.

Kennziffer	Definition in Artikel 8 Abs. 2 TaxonomieVO
Anteil der grünen Umsatzerlöse	Anteil der Umsatzerlöse, der mit Produkten oder Dienstleistungen erzielt wird, die mit Wirtschaftstätigkeiten verbunden sind, die als ökologisch nachhaltig gemäß Artikel 3 (Kriterien für ökologisch nachhaltige Wirtschaftstätigkeiten) und Artikel 9 (Umweltziele) einzustufen sind
Anteil der grünen Investitionen (CapEx) und grünen Betriebsausgaben (OpEx)	Anteil der Investitionsausgaben und, soweit zutreffend, Anteil der Betriebsausgaben im Zusammenhang mit Vermögensgegenständen oder Prozessen, die mit Wirtschaftstätigkeiten verbunden sind, die als ökologisch nachhaltig gemäß Artikel 3 (Kriterien für ökologisch nachhaltige Wirtschaftstätigkeiten) und Artikel 9 (Umweltziele) einzustufen sind

Tab. 4.1 Definition grüne Umsatzerlöse, grüne Investitionen und grüne Betriebsausgaben

Trotz seiner herausragenden Bedeutung wird der Begriff „Wirtschaftstätigkeiten“ weder in der TaxonomieVO noch der delVO-Art.-8 legal definiert. Laut Nr. 2 EU-KOM-FAQ 2022 findet eine Wirtschaftstätigkeit statt, wenn Ressourcen wie Kapital, Waren, Arbeit, Fertigungstechniken oder Zwischenprodukte kombiniert werden, um bestimmte Waren oder Dienstleistungen zu produzieren. Sie ist gekennzeichnet durch einen Einsatz von Ressourcen, einen Produktionsprozess und die produzierten Erzeugnisse (Waren oder Dienstleistungen). Grundsätzlich sind laut *IDW, Besonderheiten bei der Berichterstattung nach Art. 8 der Taxonomie-Verordnung, Fragen und Antworten (Teil 2)* (zuletzt aktualisiert am 07.02.2023) (im Folgenden: IDW FAQ 2), Nr. 3.1.1 alle Tätigkeiten daraufhin zu prüfen, ob sie Relevant für die TaxonomieVO sind. Es wird aber aus praktischen Gründen für zulässig erachtet, wenn die Prüfung unter Berücksichtigung von Kosten-Nutzen-Aspekten durchgeführt wird.

Mit der delVO-Art.-8 wurde die Ermächtigung zum Erlass eines delegierten Rechtsaktes durch die EU-Kommission (Artikel 8 Abs. 4 TaxonomieVO) ausgeübt. Sie ist nach dem Baukastensystem aufgebaut. Für NFRD-pflichtige Nicht-Finanzunternehmen sind grundsätzlich folgende Artikel der delVO-Art.-8 relevant:

Artikel	Bezeichnung
1	Begriffsbestimmungen
2	Angaben von Nicht-Finanzunternehmen
8	Für alle Finanz- und Nicht-Finanzunternehmen geltende Offenlegungsregeln
10	Inkrafttreten und Geltungsbeginn

Tab. 4.2 Relevante Artikel der delVO-Art.-8 für Nicht-Finanzunternehmen

Artikel 2 delVO-Art.-8 unterteilt sich in zwei Absätze. Abs. 1 bestimmt in Verbindung mit Anhang I delVO-Art.-8, was offenzulegen ist. Abs. 2 bestimmt in Verbindung mit Anhang II delVO-Art.-8, wie die Offenlegung zu erfolgen hat. Anhang I Nr. 1.1 enthält die Vorgaben für die Ermittlung des Anteils grüner Umsatzerlöse, des Anteils grüner Investitionen bzw. des Anteils grüner Betriebsausgaben.

Qualitative Berichtspflichten sind in Anhang I Nr. 1.2 enthalten. Anhang I Nr. 2. bestimmt schließlich die Methodik zur Ermittlung der offenzulegenden Kennzahlen. Anhand dieser Methodik sollen Anleger und Öffentlichkeit sachgemäß beurteilen können, wie hoch der Anteil an ökologisch nachhaltigen Wirtschaftstätigkeiten („taxonomiekonforme Wirtschaftstätigkeiten") bei Nicht-Finanzunternehmen ist (Erwägungsgrund 2 delVO-Art.-8).

Nr.	Bezeichnung
1.	Inhalt der von Nicht-Finanzunternehmen offenzulegenden KPI
1.1	Spezifikation der wichtigsten Leistungsindikatoren (KPI)
1.1.1	KPI bezogen auf den Umsatz (Umsatz-KPI)
1.1.2	KPI bezogen auf Investitionsausgaben (CapEx)(CapEx-KPI)
1.1.2.1	Nenner
1.1.2.2	Zähler
1.1.3	KPI bezogen auf die Betriebsausgaben (OpEx) (OpEx-KPI)
1.1.3.1	Nenner
1.1.3.2	Zähler
1.2	Spezifikation der ergänzenden Offenlegungen zu den KPI von Nicht-Finanzunternehmen
1.2.1	Rechnungslegungsmethode
1.2.2	Bewertung der Einhaltung der TaxonomieVO
1.2.2.1	Informationen zur Bewertung der Einhaltung TaxonomieVO
1.2.2.2	Beitrag zu mehreren Zielen
1.2.2.3	Aufschlüsselung von KPI
1.2.3	Hintergrundinformationen
1.2.3.1	Hintergrundinformationen zum Umsatz-KPI

Nr.	Bezeichnung
1.2.3.2	Hintergrundinformationen zum CapEx-KPI
1.2.3.3	Hintergrundinformationen zum OpEx-KPI
2	Methodik für die Ermittlung der von Nicht-Finanzunternehmen offenzulegenden KPI

Tab. 4.3 Gliederung Anhang I delVO-Art.-8

Artikel 2 Abs. 2 delVO-Art.-8 bestimmt, dass die Angaben in Tabellenform unter Verwendung der Meldebögen in Anhang II delVO-Art.-8 erfolgen müssen.

4.1.1 Anteil grüner Umsatzerlöse

Für die Bestimmung des Anteils der grünen Umsatzerlöse sind gemäß Anhang I Nr. 1.1.1 folgende vier Schritte erforderlich:

1. Ermittlung der taxonomiekonformen Wirtschaftstätigkeiten
2. Ermittlung des Nettoumsatzes mit Waren oder Dienstleistungen, einschließlich immaterieller Güter, die mit taxonomiekonformen Wirtschaftstätigkeiten verbunden sind (grüne Umsatzerlöse)
3. Ermittlung des Nettoumsatzes im Sinne von Artikel 2 Nr. 5 BilanzRL (Gesamtumsatz)
4. Berechnung des Anteils der grünen Umsatzerlöse am Gesamtumsatz.

$$\text{Anteil der grünen Umsatzerlöse} = \frac{\text{grüne Umsatzerlöse}}{\text{Gesamtumsatz}}$$

Um den Anteil der grünen Umsatzerlöse zu bestimmen, ist es zunächst erforderlich, die taxonomiekonformen Wirtschaftstätigkeiten und Nettoumsätze im Sinne von Artikel 2 Nr. 5 BilanzRL einzugrenzen.

i

Hinweis:
Laut Nr. 2 EU-KOM-FAQ 2022 finden Wirtschaftstätigkeiten statt, wenn Ressourcen wie Kapital, Güter, Arbeit, Produktionsmethoden oder Zwischenprodukte kombiniert werden, um spezifische Güter oder Dienstleistungen zu produzieren. Charakteristisch hierfür sind der Einsatz von Ressourcen, der Produktionsprozess und das Ergebnis in Form von Produkten, d.h. Gütern oder Dienstleistungen.

Taxonomiekonform ist eine Wirtschaftstätigkeit, die den technischen Bewertungskriterien in Artikel 3 TaxonomieVO entspricht (Artikel 1 Nr. 2 del-VO-Art.-8). Nettoumsatzerlöse im Sinne von Artikel 2 Nr. 5 BilanzRL sind die Beträge, die sich aus dem Verkauf von Produkten und der Erbringung von Dienstleistungen nach Abzug von Erlösschmälerungen und der Mehrwertsteuer sowie sonstigen direkt mit dem Umsatz verbundenen Steuern ergeben. Für den deutschen Rechtsraum können folglich grundsätzlich die Umsatzerlöse gemäß § 277 HGB herangezogen werden.[45] IFRS-Anwender haben dagegen gemäß Anhang I Nr. 1.1.1 Abs. 1 delVO-Art.-8 auf den Ausweis gemäß IAS 1.82 (a) abzustellen.

Bei der Ermittlung der grünen Umsatzerlöse sind jedoch Umsätze nicht zu berücksichtigen, die aus Waren und Dienstleistungen in Verbindung mit Wirtschaftstätigkeiten stammen, die gemäß Artikel 11 Abs. 1 lit. a) TaxonomieVO und gemäß Anhang II der delegierten Verordnung (EU) 2021/2139 (im Folgenden: delVO-Ziele) an den Klimawandel angepasst wurden (Anpassungslösungen), es sei denn, solche Tätigkeiten gelten als ermöglichende Tätigkeiten im Sinne von Artikel 11 Abs. 1 lit. b) TaxonomieVO oder sind selbst taxonomiekonform.

4.1.2 Anteil grüner Investitionen (CapEx)

Die Vorgaben zur Ermittlung des Anteils der grünen Investitionen sind im Anhang I Nr. 1.1.2 delVO-Art.-8 kodifiziert. Demnach sind für die Bestimmung folgende Schritte erforderlich:

1. Ermittlung der Gesamtinvestitionen
2. Ermittlung der taxonomiekonformen Wirtschaftstätigkeiten
3. Ermittlung der geplanten taxonomiekonformen Wirtschaftstätigkeiten
4. Ermittlung der sonstigen begünstigten Investitionen bzw. einzelnen Maßnahmen
5. Ermittlung der grünen Investitionen
6. Berechnung des Anteils der grünen Investitionen

$$\textit{Anteil der grünen Investitionen} = \frac{\text{grüne Investitionen}}{\text{Gesamtinvestitionen}}$$

In einem ersten Schritt ist die Grundgesamtheit, d.h. die Gesamtheit der Investitionen zu bestimmen. Nach Anhang I Nr. 1.1.2.1 sind als Gesamtinvestitionen die Bruttozugänge an Sachanlagen und immateriellen Vermögenswerten während des Berichtszeitraumes zu verstehen. Abschreibungen und Neubewertungen, einschließlich solcher, die sich aus Neubewertungen und Wertminderungen für das Berichtsjahr und ohne Änderungen des beizulegenden Zeitwertes ergeben, bleiben unberücksichtigt. Ebenso unberücksichtigt bleiben Leasingverhältnisse, die nicht zur Anerkennung eines Nutzungsrechts an einem Vermögenswert führen. Aufgrund der Vorgaben bleiben auch Investitionen in das Finanzanlagevermögen unberücksichtigt.

Wie die Begriffe Vermögenswert, Neubewertung und Nutzungsrecht nahelegen, sind in Bezug auf die grünen Investitionen die IFRS für IFRS-Anwender maßgebend zur

[45] Vgl. auch IDW FAQ 1, Nr. 17.

Bestimmung der Gesamtinvestitionen. Bei nach HGB bilanzierenden Nicht-Finanzunternehmen umfassen die Investitionsausgaben laut Anhang I Nr. 1.1.2.1 Abs. 3 delVO Art-8 die nach den Vorgaben des HGB verbuchten Kosten, die den Aufwendungen entsprechen, die bei der Anwendung der IFRS durch Nicht-Finanzunternehmen in den Investitionsausgaben erfasst sind.

Als Investitionsausgaben sind nach Anhang I Nr. 1.1.2.1 delVO-Art.-8 die auf der Grundlage folgender Standards verbuchten Kosten zu berücksichtigen:

Standard	Ermittlung gemäß
IAS 16 Sachanlagen	Paragraf 73, Buchstabe (e), Ziffer (i) und Ziffer (iii)
IAS 38 Immaterielle Vermögenswerte	Paragraf 118, Buchstabe (e), Ziffer (i)
IAS 40 Als Finanzinvestition gehaltene Immobilien	Paragraf 76, Buchstaben (a) und (b) (für das Modell des beizulegenden Zeitwerts)
IAS 40 Als Finanzinvestition gehaltene Immobilien	Paragraf 79 (d), Ziffern (i) und (ii) (für das Anschaffungskostenmodell)
IAS 41 Landwirtschaft	Paragraf 50, Buchstaben (b) und (e)
IFRS 16 Leasingverhältnisse	Paragraf 53, Buchstabe (h)

Tab. 4.4 Investitionsausgaben gemäß Anhang I Nr. 1.1.2.1 delVO-Art.-8

Aus den für den Nenner bestimmten Investitionen sind in einem zweiten Schritt die in den Investitionsausgaben enthaltenen grünen Anteile zu ermitteln. Dabei muss es sich um Investitionsausgaben handeln, die folgende Kriterien erfüllen:

lit.	In den Investitionsausgaben enthaltene grüne Anteile
a)	beziehen sich auf Vermögenswerte oder Prozesse, die mit taxonomiekonformen Wirtschaftstätigkeiten verbunden sind, oder
b)	sind Teil eines Plans zur Ausweitung von taxonomiekonformen Wirtschaftstätigkeiten oder zur Umwandlung taxonomiefähiger in taxonomiekonforme Wirtschaftstätigkeiten („CapEx-Plan") unter Einhaltung weiterer spezifizierter Bedingungen oder
c)	beziehen sich auf den Erwerb von Produktion aus taxonomiekonformen Wirtschaftstätigkeiten und auf einzelne Maßnahmen, durch die die Zieltätigkeiten kohlenstoffarm ausgeführt werden oder der Ausstoß von Treibhausgasen gesenkt wird (insbesondere aus in Anhang I Nr. 7.3 bis 7.6 des delegierten Rechtsakts zur EU-Klimataxonomie aufgeführten Tätigkeiten sowie aus anderen Wirtschaftstätigkeiten, die in den gemäß Artikel 10 Abs. 3, Artikel 11 Abs. 3, Artikel 12 Abs. 2, Artikel 13 Abs. 2, Artikel 14 Abs. 2 und Artikel 15 Abs. 2 der TaxonomieVO erlassenen delegierten Rechtsakte aufgeführt sind), sofern diese Maßnahmen innerhalb von 18 Monaten umgesetzt und einsatzbereit sind.

Tab. 4.5 Grüne Investitionsausgaben gemäß Anhang I Nr. 1.1.2.2 delVO-Art.-8

Für die Einstufung unter Anhang I Nr. 1.1.2.2 lit. a) delVO-Art.-8 muss das Nicht-Finanzunternehmen wie bei der Ermittlung seiner grünen Umsatzerlöse die eigenen taxonomiekonformen Ist-Wirtschaftstätigkeiten kennen. Um „Greenwashing" zu vermeiden, sollen zudem Investitionen, die sowohl in taxonomiekonforme als auch nicht-taxonomiekonforme Wirtschaftstätigkeiten erfolgen, entsprechend aufgeteilt werden (Nr. 30 draft EU-FAQ-Art.-8).

Für die Einstufung unter lit. b) muss das Nicht-Finanzunternehmen dagegen die Ausweitung taxonomiekonformer Wirtschaftstätigkeiten oder die Transformation bestehender Tätigkeiten in taxonomiekonforme Wirtschaftstätigkeiten planen. Gemäß Nr. 26 draft EU-FAQ-Art.-8 muss die Ausweitung zudem nicht im gleichen Geschäftsjahr abgeschlossen werden, da sonst eine Einstufung unter lit. a) erfolgen kann. Der für die Einstufung nach lit. b) erforderliche CapEx-Plan muss gemäß Anhang I Nr. 1.1.2.2 Abs. 2 delVO-Art.-8 besondere Anforderungen erfüllen. Er muss

1. entweder darauf abzielen, die taxonomiekonformen Wirtschaftstätigkeiten des Nicht-Finanzunternehmens auszuweiten,
2. oder darauf abzielen, die taxonomiefähigen Wirtschaftstätigkeiten so umzustellen, dass sie innerhalb von fünf Jahren taxonomiekonform bzw. auf aggregierter Wirtschaftstätigkeitsebene offengelegt werden,

und

a. entweder direkt vom Leitungsorgan des Nicht-Finanzunternehmens
b. oder in dessen Auftrag gebilligt worden sein.

Insbesondere die Billigung durch das Leitungsorgan verschafft dem CapEx-Plan eine gewisse Verbindlichkeit, wobei weitere Anforderungen, wie etwa die Darlegung des tatsächlichen Potenzials zur Erfüllung des CapEx-Plans des Nicht-Finanzunternehmens, fehlen. Jedoch müssen die zuvor veröffentlichten, auf die Investitionsausgaben bezogenen KPI angepasst werden, wenn der CapEx-Plan die Bedingungen nicht erfüllt.

Die Laufzeit von fünf Jahren beginnt grundsätzlich mit der Billigung durch das Leitungsorgan und gilt sowohl für die Ausweitung taxonomiekonformer als auch für die Umstellung taxonomiefähiger zu taxonomiekonformen Wirtschaftstätigkeiten (Nr. 24 draft EU-FAQ-Art.-8). Die fünfjährige Laufzeit darf nur dann verlängert werden, wenn dies aufgrund der Besonderheiten der betreffenden Wirtschaftstätigkeit und der betreffenden Umstellung sachlich begründet ist. Eine Laufzeitverlängerung darf aber maximal für zehn Jahre erfolgen. Sie ist im CapEx-Plan selbst und in den nach Anhang I Nr. 1.2.3 geforderten Hintergrundinformationen im Rahmen der Berichterstattung nach Artikel 8 TaxonomieVO anzugeben.

Da die Bewertungskriterien für taxonomiekonforme Wirtschaftstätigkeiten regelmäßig angepasst werden sollen, kann es zudem vorkommen, dass eine solche Änderung vor Abschluss eines CapEx-Plans eintritt. In diesem Fall hat das betroffene Nicht-Finanzunternehmen den CapEX-Plan entweder

1. innerhalb von zwei Jahren anzupassen, um sicherzustellen, dass die Wirtschaftstätigkeiten bei Abschluss des Plans mit den geänderten technischen Bewertungskriterien übereinstimmen,
2. oder den Zähler des CapEx-KPI, also die grünen Investitionen, anzupassen.

Mit der Aktualisierung des Plans beginnt der Zeitraum von fünf Jahren erneut.

Die dritte Möglichkeit zur Einstufung von Investitionen als „grün" betrifft nicht die eigenen derzeitigen oder im Rahmen von CapEx-Plänen geplanten taxonomiekonformen Wirtschaftstätigkeiten, sondern den Erwerb taxonomiekonformer „Produktion" und nimmt damit gegenüber den ersten beiden Investitionsmöglichkeiten eine Sonderrolle ein.

Als grüne Investitionen können zum einen der Erwerb von Produkten aus taxonomiekonformen Wirtschaftstätigkeiten und zum anderen Investitionen in einzelne Maßnahmen bestimmt werden. Letzteres betrifft etwa Maßnahmen, die auf das Ziel ausgerichtet sind, Wirtschaftstätigkeiten kohlenstoffarm oder kohlenstoffärmer durchzuführen. Dazu gehören insbesondere die in Anhang I Nr. 7.3 bis 7.6 delVO-Ziele aufgeführten Wirtschaftstätigkeiten sowie andere Wirtschaftstätigkeiten, die in den nach der TaxonomieVO zu den einzelnen Umweltzielen erlassenen delegierten Rechtsakte aufgeführt sind. Bedingung ist, dass diese Maßnahmen innerhalb von 18 Monaten umgesetzt und einsatzbereit sind.

Nr.	Wirtschaftstätigkeit
7.3	Installation, Wartung und Reparatur von energieeffizienten Geräten
7.4	Installation, Wartung und Reparatur von Ladestationen für Elektrofahrzeuge in Gebäuden (und auf zu Gebäuden gehörenden Parkplätzen)
7.5	Installation, Wartung und Reparatur von Geräten für die Messung, Regelung und Steuerung der Gesamtenergieeffizienz von Gebäuden
7.6	Installation, Wartung und Reparatur von Technologien für erneuerbare Energien

Tab. 4.6 Wirtschaftstätigkeiten gemäß Anhang I Nr. 7.3 bis 7.6 delVO-Ziele

Die grünen Investitionen zur Anpassung der Wirtschaftstätigkeiten an den Klimawandel gemäß Anhang II delVO-Ziele müssen gesondert im Zähler angegeben werden. Hierzu muss der Zähler eine Aufschlüsselung für den Teil der Investitionen enthalten, der als wesentlicher Beitrag zur Anpassung an den Klimawandel vorgesehen ist.

4.1.3 Anteil grüner Betriebsausgaben (OpEx)

Die Vorgaben zur Ermittlung des Anteils grüner Betriebsausgaben sind in Nr. 1.1.3 des Anhangs I der delVO-Art.-8 kodifiziert.

$$\text{Anteil der grünen Umsatzerlöse} = \frac{\text{grüne Umsatzerlöse}}{\text{Gesamtumsatz}}$$

Zur Ermittlung des Anteils der grünen Betriebsausgaben an den gesamten Betriebsausgaben sind folgende Schritte erforderlich:

1. Ermittlung der Betriebsausgaben
2. Prüfung, ob die Betriebsausgaben für das Geschäftsmodell erheblich sind
3. Ermittlung der taxonomiekonformen Wirtschaftstätigkeiten
4. Ermittlung der geplanten taxonomiekonformen Wirtschaftstätigkeiten
5. Ermittlung der sonstigen begünstigten Investitionen bzw. einzelnen Maßnahmen
6. Ermittlung der grünen Betriebsausgaben
7. Berechnung des Anteils der grünen Betriebsausgaben

Die Betriebsausgaben umfassen gemäß Anhang I Nr. 1.1.3.1 direkte nicht kapitalisierte Kosten für

1. Forschung und Entwicklung,
2. Gebäudesanierungsmaßnahmen,
3. kurzfristiges Leasing,
4. Wartung und Reparatur sowie
5. sämtliche anderen direkten Ausgaben im Zusammenhang mit der täglichen Wartung von Vermögenswerten des Sachanlagevermögens, die notwendig sind, um die kontinuierliche und effektive Funktionsfähigkeit der Vermögenswerte sicherzustellen.

Die Betriebsausgabendefinition ist daher sehr eng im Zusammenhang mit Wartungs- und Reparaturkosten zu sehen. In EU-KOM-FAQ 2022 Nr. 12 ist diesbezüglich folgende Aufteilung dargestellt:

Als Betriebsausgabe im Sinne von Anhang I Nr. 1.1.3.1 zu berücksichtigen	**Als Betriebsausgabe im Sinne von Anhang I Nr. 1.1.3.1 nicht zu berücksichtigen**
– Wartungsmaterial – Personalkosten für die Reparatur von Maschinen – Personalkosten für die Reinigung einer Fabrik – IT für die Wartung	– Overheadkosten – Rohstoffe – Personalkosten für Produktionsmitarbeiter*innen – Kosten für die Verwaltung von Forschungs- und Entwicklungsprojekten – Betriebsstoffe (Energie, Flüssigkeiten, Reagenzien) für den Betrieb von Sachanlagen

Tab. 4.7 Betriebskosten im Sinne der EU-KOM-FAQ 2022 Nr. 12

Forschungs- und Entwicklungskosten, die bereits bei der Berechnung des Anteils der grünen Investitionen berücksichtigt wurden, bleiben bei der Ermittlung der Betriebsausgaben unberücksichtigt. Bei HGB-Bilanzierern gehören, anders als bei IFRS-Bilanzierern, die Leasingausgaben zu den Betriebsausgaben, die nach IFRS zu kapitalisieren wären. Folglich sollten diese, wenn auch nicht explizit, bei der Ermittlung der Gesamtinvestitionen und grünen Investitionen unberücksichtigt bleiben.

Nachdem die Betriebsausgaben ermittelt sind, sollte das Nicht-Finanzunternehmen prüfen, ob diese erheblich für das eigene Geschäftsmodell sind. Sind die Betriebsausgaben unerheblich,

- ist das Nicht-Finanzunternehmen von der Ermittlung der grünen Betriebsausgaben freigestellt und gibt den Zähler mit 0 an,
- muss das Nicht-Finanzunternehmen die ermittelten Betriebsausgaben in die Berichterstattung nach Artikel 8 TaxonomieVO aufnehmen und
- muss das Nicht-Finanzunternehmen erläutern, warum die Betriebsausgaben nicht erheblich sind.

Konkrete Schwellenwerte zur Bestimmung der (Nicht-)Erheblichkeit enthält delVO-Art.-8 nicht. In der Praxis sollte es unseres Erachtens aber zulässig sein, dass die im Rahmen der Bilanzierung üblichen Wesentlichkeitsgrenzen Anwendung finden.

Die Ermittlung der grünen Betriebsausgaben (Zähler) ähnelt der Ermittlung der grünen Investitionen. Demnach sind aus den ermittelten Betriebsausgaben (Nenner) in einem zweiten Schritt die hierin enthaltenen grünen Betriebsausgaben zu ermitteln. Die Betriebsausgaben müssen hierzu eines der folgenden drei Kriterien erfüllen:

lit.)	Es muss sich um Betriebsausgaben handeln, die
a)	sich auf Vermögenswerte oder Prozesse beziehen, die mit taxonomiekonformen Wirtschaftstätigkeiten verbunden sind, einschließlich Schulungen und sonstiger Anpassungserfordernisse bei den Arbeitskräften sowie direkter, nicht kapitalisierter Kosten für Forschung und Entwicklung,
b)	Teil eines Plans zur Ausweitung von taxonomiekonformen Wirtschaftstätigkeiten oder zur Umwandlung taxonomiefähiger in taxonomiekonforme Wirtschaftstätigkeiten („CapEx-Plan") unter Einhaltung weiterer spezifizierter Bedingungen sind oder
c)	sich auf den Erwerb von Produkten aus taxonomiekonformen Wirtschaftstätigkeiten und auf einzelne Maßnahmen beziehen, durch die die Zieltätigkeiten kohlenstoffarm ausgeführt werden oder der Ausstoß von Treibhausgasen gesenkt wird, bzw. sich auf einzelne Gebäudesanierungsmaßnahmen beziehen, wie sie in den gemäß Artikel 10 Abs. 3, Artikel 11 Abs. 3, Artikel 12 Abs. 2, Artikel 13 Abs. 2, Artikel 14 Abs. 2 und Artikel 15 Abs. 2 TaxonomieVO erlassenen delegierten Rechtsakten aufgeführt sind, sofern diese Maßnahmen innerhalb von 18 Monaten umgesetzt und einsatzbereit sind.

Tab. 4.8 Grüne Betriebsausgaben gemäß Anhang I Nr. 1.1.3.2 delVO-Art.-8

Für die Einstufung unter Anhang I Nr.1.1.3.2 Abs.1 lit. a) devlVO-Art.-8 muss das Nicht-Finanzunternehmen wie bei der Ermittlung seiner grünen Umsatzerlöse und Investitionen die eigenen taxonomiekonformen Wirtschaftstätigkeiten kennen.

Hinsichtlich der grünen Betriebsausgaben werden hierzu u.a. Schulungsausgaben für Arbeitnehmer und nicht kapitalisierter Kosten für Forschung und Entwicklung erwähnt. Für die Einstufung unter lit. b) muss das Nicht-Finanzunternehmen dagegen die Ausweitung taxonomiekonformer Wirtschaftstätigkeiten oder die Transformation bestehender Tätigkeiten in taxonomiekonforme Wirtschaftstätigkeiten planen.

Für den hierfür erforderlichen CapEx-Plan wird auf die besonderen Voraussetzungen des CapEx-Plans für grüne Investitionen (Anhang I Nr. 1.1.2.2 Abs. 2 delVO-Art.-8) verwiesen, da hier in der Praxis grundsätzlich von gleichen Voraussetzungen ausgegangen werden muss (zu den besonderen Voraussetzungen siehe Kapitel 4.1.2).

Auch die dritte Möglichkeit zur Einstufung von Betriebsausgaben als „grün" ist ähnlich der dritten Möglichkeit zur Einstufung des Erwerbs taxonomiekonformer „Produktion" Investitionen als grün. Statt der Hervorhebung der Wirtschaftstätigkeiten in Anhang I Nr. 7.3 bis 7.6 des delegierten Rechtsakts zur EU-Klimataxonomie werden allerdings „einzelne Gebäudesanierungsmaßnahmen" adressiert.

Gesondert angegeben werden müssen im Zähler die grünen Betriebsausgaben zur Anpassung der Wirtschaftstätigkeiten an den Klimawandel gemäß Anhang II dieses delegierten Rechtsakts zur EU-Klimataxonomie. Hierzu muss der Zähler eine Aufschlüsselung für den Teil der Betriebsausgaben enthalten, der als wesentlicher Beitrag zur Anpassung an den Klimawandel vorgesehen ist.

4.1.4 Qualitative Berichterstattung gemäß Artikel 8 der Taxonomieverordnung

Neben den genannten Kennzahlen sind gemäß Anhang I Nr. 1.2 delVO-Art.-8 qualitative Angaben erforderlich. Hierbei handelt es sich um ergänzende Angaben zu den ermittelten grünen Umsatzerlösen, Investitionen und Betriebsausgaben.

Nr.	Themenfeld der qualitativen Angabepflichten
1.2.1	Rechnungslegungsmethode
1.2.2	Bewertung der Einhaltung der TaxonomieVO
1.2.2.1	Informationen zur Bewertung der Einhaltung der TaxonomieVO
1.2.2.2	Beitrag zu mehreren Zielen
1.2.2.3	Aufschlüsselung von KPI
1.2.3	Hintergrundinformationen
1.2.3.1	Hintergrundinformationen zum Umsatz-KPI
1.2.3.2	Hintergrundinformationen zum CapEx-KPI
1.2.3.3	Hintergrundinformationen zum OpEx-KPI

Tab. 4.9 Qualitative Angabepflichten gemäß Anhang I Nr. 1.2 delVO-Art.-8

Angaben zur Rechnungslegungsmethode (Anhang I Nr. 1.2.1 devlVO-Art.-8)

Die Angaben zur Rechnungslegungsmethode dürften den Anwender an die Angaben zu Ansatz und Bewertung im handelsrechtlichen Anhang erinnern. Das Nicht-Finanzunternehmen soll qualitativ erläutern, wie die jeweiligen Nenner (Gesamtumsatz, Gesamtinvestitionen und Betriebsausgaben) ermittelt und wie hieraus jeweils die Zähler (grüne Umsatzerlöse, grüne Investitionen und grüne Betriebsausgaben) bestimmt wurden. Zudem soll das Nicht-Finanzunternehmen darlegen, auf welcher Grundlage die Berechnung durchgeführt wurde und wie die Zuordnung zu den verschiedenen Wirtschaftstätigkeiten erfolgte.

Zudem sollen Änderungen bei der Anwendung jeglicher Berechnungen gegenüber dem Vorjahr erläutert und begründet werden. Hierzu ist dazulegen, warum die Änderungen zu verlässlicheren und relevanteren Informationen führen. Zusätzlich sind angepasste Vergleichszahlen beizubringen. Sofern im Berichtsjahr erhebliche Veränderungen bei CapEx-Plänen vorgenommen worden sind, hat das Nicht-Finanzunternehmen zusätzliche Angaben zu liefern.

Angabepflichten hinsichtlich erheblicher Veränderungen bei CapEx-Plänen
1. Erhebliche Veränderungen am CapEx-Plan und die Gründe für diese Veränderungen
2. Auswirkungen dieser Veränderungen in Bezug auf das Potenzial, dass die Wirtschaftstätigkeiten des Unternehmens taxonomiekonform werden, und auf den Zeitraum, in dem diese Veränderung voraussichtlich eintreten wird
3. Anpassung der CapEx- und OpEx-KPI für jedes vergangene Berichtsjahr, für das der Plan gilt, wenn Veränderungen des Plans Auswirkungen auf diese KPI hatten

Tab. 4.10 Angabepflichten hinsichtlich erheblicher Veränderungen bei CapEx-Plänen

Bewertung der Einhaltung der TaxonomieVO (Anhang I Nr. 1.2.2 devlVO-Art.-8)

Dass vom Berichterstatter selbst eine Bewertung der Einhaltung des Gesetzes, das der Berichterstattung zugrunde liegt, zu erfolgen hat, dürfte für die mittelständischen Berichterstatter ein Novum darstellen. Nicht-Finanzunternehmen sollen nach Anhang I Nr. 1.2.2.1 delVO-Art.-8

1. die Art ihrer taxonomiefähigen und taxonomiekonformen Wirtschaftstätigkeiten erläutern,
2. erklären, wie sie die Einhaltung der technischen Bewertungskriterien nach Artikel 3 TaxonomieVO beurteilt haben, sowie
3. erklären, wie sie Doppelzählungen in den jeweiligen Zählern (grüne Umsatzerlöse, grüne Investitionen, grüne Betriebsausgaben) vermieden haben.

Das Erfordernis der Erklärung des Vorgehensmodells zur Vermeidung von Doppelzählungen wird durch die Anforderungen von Anhang I Nr. 1.2.2.2 delVO-Art.-8 ergänzt. Demnach sind für Wirtschafstätigkeiten, die auf mehrere der sechs Umweltziele einzahlen, zusätzlich

1. die Einhaltung der jeweiligen technischen Bewertungskriterien nach Artikel 3 TaxonomieVO nachzuweisen,

2. die jeweiligen Umsätze, Investitionen und Betriebsausgaben als Beitrag zu mehreren Umweltzielen offenzulegen und
3. Umsätze nur einmal im Zähler der jeweiligen Kennzahl zu berücksichtigen.

Hintergrundinformationen (Anhang I Nr. 1.2.3 delVO-Art.-8)

Neben den technischen Anforderungen nach Nr. 1.2.2 und 1.2.3 sollen die Nicht-Finanzunternehmen die Zahlen des einzelnen KPI und die Gründe für etwaige Veränderungen dieser Zahlen im Berichtszeitraum erläutern. Zudem dürfen sie zusätzliche Umsatz-, CapEx- und OpEx-KPI offenlegen, die Anteile an Gemeinschaftsunternehmen einschließen, die gemäß IFRS 11 oder IAS 28 nach der Equity-Methode bilanziert werden, wobei dies anteilig entsprechend ihrem Anteil am Kapital des Gemeinschaftsunternehmens zu erfolgen hat.

Hinsichtlich des Anteils der grünen Umsatzerlöse an den Gesamtumsatzerlösen müssen Nicht-Finanzunternehmen Folgendes berichten:

lit.	Berichtspflicht
a)	Quantitative Aufschlüsselung des Zählers, um die wichtigsten Faktoren für die Veränderung des Umsatz-KPI im Berichtszeitraum zu veranschaulichen, wie z.B. Einnahmen aus Verträgen mit Kunden, Leasingeinnahmen oder andere Einnahmequellen
b)	Angaben zu den Beträgen für taxonomiekonforme Tätigkeiten, die dem Eigenbedarf der Nicht-Finanzunternehmen dienen
c)	Qualitative Erläuterung der wesentlichen Elemente für die Veränderung des Umsatz-KPI während des Berichtszeitraums

Tab. 4.11 Qualitative Angabepflichten in Bezug auf den Anteil grüner Umsatzerlöse

Sofern Nicht-Finanzunternehmen ökologisch nachhaltige Anleihen oder Schuldverschreibungen ausgegeben haben, um bestimmte festgelegte taxonomiekonforme Tätigkeiten zu finanzieren, müssen sie auch den um Doppelzählungen bereinigten Umsatz-KPI offenlegen.

Zur Erläuterung des Anteils der grünen Investitionen an den Gesamtinvestitionen sollen Nicht-Finanzunternehmen eine quantitative Aufschlüsselung auf aggregierter Wirtschaftstätigkeitsebene für die in den grünen Investitionen (Zähler) enthaltenen Beträge und eine qualitative Erläuterung der wesentlichen Elemente für die Veränderung des CapEx-KPI während des Berichtszeitraums vorlegen. Die Aufschlüsselung soll folgende Angaben enthalten:

lit.	Berichtspflicht
a)	Aggregation der Zugänge bei Sachanlagen, bei selbst geschaffenen immateriellen Vermögenswerten, auch im Rahmen eines Unternehmenszusammenschlusses oder durch Erwerb, bei als Finanzinvestition gehaltenen Immobilien, die zum Buchwert erworben oder angesetzt wurden, und, sofern zutreffend, bei kapitalisierten Nutzungsrechten an Vermögenswerten
b)	Aggregation der Zugänge, die aus einem Erwerb im Rahmen von Unternehmenszusammenschlüssen resultieren
c)	Aggregation der Aufwendungen, die im Zusammenhang mit taxonomiekonformen Wirtschaftstätigkeiten entstanden sind, und der Aufwendungen, die im Rahmen eines unter Nr. 1.1.2 dieses Anhangs genannten CapEx-Plans entstanden sind

Tab. 4.12 Qualitative Angabepflichten in Bezug auf den Anteil der grünen Investitionen

Zudem haben Nicht-Finanzunternehmen die wesentlichen Informationen zu jedem ihrer unter Anhang I Nr. 1.1.2 delVO-Art.-8 genannten CapEx-Pläne offenzulegen. Hierzu gehören insbesondere folgende Angaben:

lit.	Berichtspflicht
a)	Verfolgte Umweltziele
b)	Betroffene Wirtschaftstätigkeiten
c)	Betroffene Forschungs-, Entwicklungs- und Innovationstätigkeiten (sofern relevant)
d)	Zeitraum, in dem jede einzelne taxonomiekonforme Wirtschaftstätigkeit voraussichtlich ausgeweitet oder jede einzelne Wirtschaftstätigkeit voraussichtlich taxonomiekonform wird, falls der Zeitraum, in dem die Wirtschaftstätigkeit voraussichtlich taxonomiekonform wird, mehr als fünf Jahre beträgt, einschließlich einer sachlichen Begründung dieses längeren Zeitraums auf der Grundlage der Besonderheiten der Wirtschaftstätigkeit und der betreffenden Umstellung
e)	Gesamter Kapitalaufwand, der im Berichtszeitraum und während der Laufzeit der CapEx-Pläne voraussichtlich anfallen wird

Tab. 4.13 Qualitative Angabepflichten in Bezug auf CapEx-Pläne

Nicht-Finanzunternehmen, die ökologisch nachhaltige Anleihen oder Schuldverschreibungen ausgegeben haben, um bestimmte festgelegte taxonomiekonforme Tätigkeiten zu finanzieren, müssen auch den CapEx-KPI offenlegen, der um die mit diesen Anleihen oder Schuldverschreibungen finanzierten taxonomiekonformen Investitionsausgaben bereinigt wurde.

Für die qualitative Erläuterung der grünen Betriebsausgaben müssen Nicht-Finanzunternehmen folgende Informationen offenlegen:

lit.	Berichtspflicht
a)	Quantitative Aufschlüsselung des Zählers (gemäß Nr. 1.1.3.2 des Anhangs ermittelte Betriebsausgaben), um die wesentlichen Elemente für die Veränderung des OpEx-KPI während des Berichtszeitraums zu veranschaulichen
b)	Qualitative Erläuterung der wesentlichen Elemente für die Veränderung des OpEx-KPI während des Berichtszeitraumes

lit.	Berichtspflicht
c)	Erläuterung der sonstigen Ausgaben im Zusammenhang mit der täglichen Wartung von Sachanlagen, die in die Berechnung der OpEx sowohl für den Zähler als auch den Nenner einbezogen wurden

Tab. 4.14 Qualitative Angabepflichten in Bezug auf den Anteil der grünen Betriebsausgaben

Sofern die grünen Betriebsausgaben Teil eines CapEx-Plans im Sinne des Anhangs I Nr. 1.1.2.2 und Nr. 1.1.3.2 sind, haben Nicht-Finanzunternehmen die wesentlichen Informationen über jeden ihrer CapEx-Pläne gemäß den Anforderungen unter Anhang I Nr. 1.2.3.2 anzugeben.

Inhalte der qualitativen Berichterstattung

Die Methodik, nach der die Berichterstattung zu erfolgen hat, ist in Anhang I Nr. 2 delVO-Art.-8 kodifiziert. Hiernach haben Nicht-Finanzunternehmen

1. jede einzelne Wirtschafstätigkeit zu berichten, einschließlich einer Untergruppe von Übergangs- und ermöglichenden Tätigkeiten,
2. die KPI für jede einzelne Wirtschafstätigkeit und die Gesamt-KPI für alle Wirtschafstätigkeiten auf der Ebene des jeweiligen Unternehmens oder der jeweiligen Gruppe offenzulegen sowie
3. die unter Anhang I Nr. 1.1.1 delVO-Art.-8 (Anteil der grünen Umsatzerlöse), Anhang I Nr. 1.1.2 delVO-Art.-8 (Anteil der grünen Investitionen) und Anhang I Nr. 1.1.3 delVO-Art.-8 (Anteil der grünen Betriebsausgaben) genannten Kennzahlen für jedes Umweltziel und die Gesamt-KPI für alle Umweltziele auf der Ebene des Unternehmens oder der Gruppe über alle Umweltziele hinweg offenzulegen, wobei Doppelzählungen zu vermeiden sind.

Für die Berichterstattung sollen gemäß Artikel 2 Abs. 2 delVO-Art.-8 die in Anhang II delVO-Art.-8 vorgegebenen Meldebögen verwendet werden. Anhang II enthält drei Meldebögen, d.h., dass für jede der drei Kennzahlen ein Meldebogen vorgesehen ist. Die Meldebogen sind grundsätzlich gleich aufgebaut, lediglich die Begriffe Umsatz, CapEX oder OpEx divergieren. Daher wird an dieser Stelle nur der Meldebogen für die Umsatzerlöse erläutert.

Zudem sind die Vorgaben in Artikel 8 delVO-Art.-8 zu beachten. Die nach Anhang I delVOArt.-8 festgelegten zusätzlichen Angaben zu den wichtigsten Leistungsindikatoren sind in dieselben Teile der nichtfinanziellen Erklärung aufzunehmen, in denen auch diese Indikatoren enthalten sind. Alternativ können Querverweise auf die Teile der nichtfinanziellen Erklärungen eingefügt werden, in denen diese Indikatoren enthalten sind. Die gemäß delVO-Art.-8 gelieferten Angaben betreffen den jährlichen Berichtszeitraum des dem Meldetermin vorangegangenen Kalenderjahres.

				Kriterien für einen wesentlichen Beitrag						DNSH-Kriterien („Keine erhebliche Beeinträchtigung")										
Wirtschaftstätigkeiten (1)	Code(s) (2)	Absoluter Umsatz (3)	Umsatzanteil (4)	Klimaschutz (5)	Anpassung an den Klimawandel (6)	Wasser- und Meeresressourcen (7)	Kreislaufwirtschaft (8)	Umweltverschmutzung (9)	Biologische Vielfalt und Ökosysteme (10)	Klimaschutz (11)	Anpassung an den Klimawandel (12)	Wasser- und Meeresressourcen (13)	Kreislaufwirtschaft (14)	Umweltverschmutzung (15)	Biologische Vielfalt und Ökosysteme (16)	Mindestschutz (17)	Taxonomiekonformer Umsatzanteil, Jahr N (18)	Taxonomiekonformer Umsatzanteil, Jahr N-1 (19)	Kategorie (ermögliche Tätigkeiten) (20)	Kategorie „(Übergangstätigkeiten)" (21)
		Währung	%	%	%	%	%	%	%	J/N	J/N	J/N	J/N	J/N	J/N	J/N	%	%	E	T
A. Taxonomiefähige Tätigkeiten																				
A.1. Ökologische Tätigkeiten (*taxonomiekonform*)																				
…																				
A.2 Taxonomiefähige, nicht ökologisch nachhaltige Tätigkeiten (*nicht-taxonomiekonforme Tätigkeiten*)																				
…																				
Total (A.1 + A.2)																				
B. Nicht taxonomiefähige Tätigkeiten																				
Umsatz …			%																	
Gesamt (A+B)			%																	

Tab. 4.15 Meldebogen für den Anteil der grünen Umsatzerlöse gemäß Anhang II delVO-Art.-8

Der Meldebogen ergänzt die rudimentären Ausführungen zur Methodik in Anhang I Nr. 2 delVO-Art.-8. Jedoch sollte es den Unternehmen freistehen, diesen Meldebogen lesbarer zu machen. Beispielsweise könnten die Spaltennummern in einer gesonderten Zeile und in Spalte 3 statt der Währung die Abkürzung der Berichtswährung dargestellt werden.

Spalte 20 „Ermöglichende Tätigkeiten" und Spalte 21 „Übergangstätigkeiten" sind lediglich mit dem Buchstaben „E" bei ermöglichenden Tätigkeiten und mit dem Buchstaben „D" zu befüllen, wenn die taxonomiekonforme Wirtschaftstätigkeit eine solche Tätigkeit darstellt. Übergangstätigkeiten sind nur bei Wirtschaftstätigkeiten möglich, die wesentlich zum Ziel „Klimaschutz" beitragen. Hinsichtlich der Angabe zur Einhaltung der DNSH-Kriterien (Spalten 11 bis 16) und zur Einhaltung des sozialen Mindestschutzes (Spalte 17), ist fraglich, warum hier ein „N" für „Nein" bei taxonomiekonformen Tätigkeiten möglich sein sollte. Bei Angabe eines „N" in diesen Spalten wäre keine taxonomiekonforme Tätigkeit gegeben. Das „N" ergibt lediglich Sinn, wenn die Spalten 5 bis 17 für ausschließlich taxonomiefähige Tätigkeiten freiwillig von Nicht-Finanzunternehmen ausgefüllt werden. Die Angabe der Tätigkeit 1 als taxonomiekonforme und taxonomiefähige Wirtschaftstätigkeit soll die Möglichkeit berücksichtigen, dass auch ein bloßer Teil einer taxonomiefähigen Wirtschafstätigkeit taxonomiekonform sein kann.

Im Ergebnis stellt die Berichterstattung also eine Auflistung der ermittelten Wirtschaftstätigkeiten, unterteilt nach taxonomiekonform, taxonomiefähig und nicht-taxonomiefähig, dar.

4.2 Bestimmung des wesentlichen Beitrags zu einem ökologischen Umweltziel gemäß Taxonomieverordnung

Ob eine Wirtschaftstätigkeit ökologisch nachhaltig ist, bestimmt sich nach Artikel 3 TaxonomieVO. Eine Wirtschaftstätigkeit gilt demnach als ökologisch nachhaltig, wenn sie

1. gemäß den Artikeln 10 bis 16 TaxonomieVO einen wesentlichen Beitrag zur Verwirklichung eines oder mehrerer Umweltziele von Artikel 9 leistet,
2. nicht zu einer in Artikel 17 bestimmten erheblichen Beeinträchtigung eines oder mehrerer der Umweltziele von Artikel 9 führt,
3. unter Einhaltung des in Artikel 18 festgelegten Mindestschutzes ausgeübt wird bzw.
4. den technischen Bewertungskriterien, die die Kommission gemäß Artikel 10 Abs. 3, Artikel 11 Abs. 3, Artikel 12 Abs. 2, Artikel 13 Abs. 2, Artikel 14 Abs. 2 und Artikel 15 Abs. 2 für das jeweilige Umweltziel festgelegt hat, entspricht.

Die technischen Bewertungskriterien werden in sogenannten delegierten Rechtsakten festgelegt. Diese sperrigen Voraussetzungen lassen sich wie folgt ordnen:

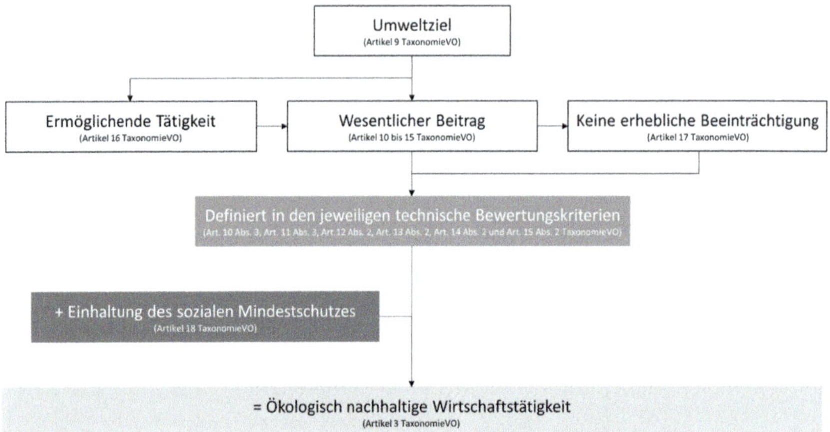

Abb. 4.2 Ordnung der Prüfkriterien für eine ökologisch nachhaltige Wirtschaftstätigkeit

Maßgebend zur Bestimmung der positiven Umweltleistungen (wesentlicher Beitrag) und negativen Umweltleistungen (keine erhebliche Beeinträchtigung) sind folglich die in der jeweiligen delegierten Verordnung festgelegten technischen Bewertungskriterien. Gemäß Artikel 19 Abs. 3 TaxonomieVO ist sicherzustellen, dass Stromerzeugungstätigkeiten, bei denen feste fossile Brennstoffe verwendet werden, nicht als ökologisch nachhaltige Wirtschaftstätigkeiten angeführt werden. Um die richtigen Kriterien für die betreffende Wirtschaftsaktivität anzuwenden, bieten die sog. NACE-Codes[46] Orientierung für die richtige Zuordnung.

4.2.1 Berücksichtigung von NACE-Codes

Die EU-Kommission möchte gemäß Erwägungsgrund 6 beim Erlass der delVO-Ziele gleiche Wettbewerbsbedingungen gewährleisten. Daher sind auf die einzelnen Kategorien von Wirtschaftstätigkeiten für jedes Umweltziel dieselben technischen Bewertungskriterien anzuwenden. Die technischen Bewertungskriterien orientieren sich dabei so weit wie möglich an der statistischen Systematik der Wirtschaftszweige NACE Revision 2 gemäß der Verordnung (EU) Nr. 1893/2006.

[46] Das Akronym ist aus dem Französischen abgeleitet und steht für: „Nomenclature statistique des activités économiques dans la Communauté européenne" („Statistische Systematik der Wirtschaftszweige in der Europäischen Gemeinschaft").

Hinweis:
Artikel 1 Verordnung (EU) Nr. 1893/2006 soll die Relevanz der gemeinschaftlichen Klassifikationen für die wirtschaftliche Wirklichkeit und die Vergleichbarkeit zwischen nationalen, gemeinschaftlichen und internationalen Klassifikationen und somit auch von nationalen, gemeinschaftlichen und internationalen Statistiken gewährleisten.

Die Unterteilung erfolgt in Abschnitt (z.B. A. Land- und Forstwirtschaft), Abteilung (z.B. 01.1 Landwirtschaft, Jagd und damit verbundene Tätigkeiten), Gruppe (z.B. 01.1 Anbau einjähriger Pflanzen) und Klasse [z.B. 01.11 Anbau von Getreide (ohne Reis), Hülsenfrüchten und Ölsaaten].

Zur leichteren Zuordnung von Wirtschaftstätigkeiten zu den technischen Bewertungskriterien werden in der jeweiligen Beschreibung einer Wirtschaftstätigkeit auch die mit der betreffenden Tätigkeit verbundenen NACE-Codes angegeben. Diese Angaben haben jedoch lediglich Hinweischarakter und keinen Vorrang vor der Definition der Tätigkeit in ihrer Beschreibung. Daher ist in der Praxis bei alleiniger Berücksichtigung des unverbindlichen Taxonomiekompasses[47] der EU-Kommission Vorsicht geboten. Ein deutlicher Warnhinweis wäre angebracht, fehlt jedoch.

Den Vorrang der Tätigkeitsbeschreibungen vor den NACE-Codes hat die EU-Kommission deutlich in den EU-KOM-FAQ 2022 hervorgehoben. In Punkt 6 EU-KOM-FAQ 2022 führt sie aus, dass wenn

- ein NACE-Code weiter gefasst ist als die Tätigkeitsbeschreibung, die Tätigkeitsbeschreibung Vorrang hat,
- eine Wirtschaftstätigkeit keinen NACE-Code hat, aber die Tätigkeitsbeschreibung erfüllt, die Qualifizierung als taxonomiefähig zulässig ist,
- eine Tätigkeitsbeschreibung nicht vollständig mit der Unternehmenstätigkeit übereinstimmt, es notwendig sein kann, die Unternehmenstätigkeit zu segmentieren, sodass die jeweiligen Teile unter eine oder mehrere Tätigkeitsbeschreibungen fallen müssen,
- ein NACE-Code einer Wirtschaftsaktivität nicht in der delVO-Ziele genannt ist, aber die Wirtschaftsaktivität mit der Tätigkeitsbeschreibung übereinstimmt, die Wirtschaftstätigkeit als taxonomiefähig eingestuft werden kann.

Die NACE-Codes bieten daher grundsätzlich eine gute Möglichkeit zur Vorselektion, ersetzen aber nicht die individuelle Zuordnung der tatsächlichen Tätigkeiten in den Nicht-Finanzunternehmen zur Beschreibung der Wirtschaftstätigkeiten in den Anhängen I und II delVO-Ziele.

[47] Vgl. https://ec.europa.eu.

4.2.2 Klimaschutz

Eine Wirtschaftstätigkeit leistet gemäß Artikel 10 Abs. 1 TaxonomieVO einen wesentlichen Beitrag zum Klimaschutz, wenn sie wesentlich dazu beiträgt, die Konzentration an Treibhausgasen in der Atmosphäre auf einem Niveau zu stabilisieren, das eine gefährliche menschengemachte Störung des Klimasystems verhindert, indem im Einklang mit dem langfristigen Temperaturziel des Pariser Klimaabkommens Treibhausgasemissionen vermieden oder verringert werden oder die Speicherung von Treibhausgasen verstärkt wird. Hierzu gehören auch Prozess- oder Produktinnovationen.

Hinweis:
Der Ausdruck „Klimaschutz" bezeichnet gemäß Artikel 2 Nr. 5 TaxonomieVO eine Vorgehensweise, die dazu dient, den Anstieg der durchschnittlichen Erdtemperatur deutlich unter 2 °C zu halten und Anstrengungen zu seiner Begrenzung auf 1,5 °C über dem vorindustriellen Niveau zu unternehmen, wie im Übereinkommen von Paris festgelegt;

lit.	Ein wesentlicher Beitrag zum Klimaschutz erfolgt durch
a)	Erzeugung, Übertragung, Speicherung, Verteilung oder Nutzung erneuerbarer Energien gemäß der Richtlinie (EU) 2018/2001, u.a. durch den Einsatz innovativer Technologien mit Potenzial für erhebliche zukünftige Einsparungen oder durch eine notwendige Netzverstärkung oder -erweiterung
b)	Steigerung der Energieeffizienz; hiervon ausgenommen sind die in Artikel 19 Abs. 3 TaxonomieVO genannten Tätigkeiten zur Stromerzeugung
c)	Ausbau sauberer oder klimaneutraler Mobilität
d)	Umstellung auf die Nutzung erneuerbarer Materialien nachhaltiger Herkunft
e)	verstärkte Nutzung umweltverträglicher Technologien der CO_2-Abscheidung und -Nutzung (CCU) bzw. der CO_2-Abscheidung und -Speicherung (CCS), die Nettoemissionsminderungen bei Treibhausgasen bewirken
f)	Stärkung von CO_2-Senken auf dem Land, u.a. durch Verhinderung von Entwaldung und Waldschädigung, durch Wiederherstellung von Wäldern, durch nachhaltige Bewirtschaftung und Wiederherstellung von Ackerflächen, Grünflächen und Feuchtgebieten, durch Aufforstung und durch regenerative Landwirtschaft
g)	Einrichtung der Energieinfrastruktur, die für die Ermöglichung der Dekarbonisierung der Energiesysteme erforderlich ist
h)	Erzeugung sauberer und effizienter Kraftstoffe aus erneuerbaren oder CO_2-neutralen Quellen
i)	Ermöglichung jeder der in den Buchstaben a bis h von Artikel 10 Abs. 1 genannten Tätigkeiten gemäß Artikel 16 TaxonomieVO

Tab. 4.16 Wesentliche Beitragsmöglichkeiten gemäß Artikel 10 Abs. 1 TaxonomieVO

Ermöglichende Wirtschaftstätigkeiten im Sinne von Artikel 10 Abs. 1 lit. i) TaxonomieVO tragen gemäß Erwägungsgrund 12 delVO-Ziele durch ihre eigene Leistung nicht wesentlich zum Klimaschutz bei. Sie spielen jedoch eine maßgebliche Rolle bei der

Dekarbonisierung der Wirtschaft, indem sie unmittelbar ermöglichen, die CO_2-Bilanz und Umweltleistung anderer Tätigkeiten zu verbessern (siehe hierzu auch Kapitel 4.3.3).

Aber auch Wirtschaftstätigkeiten, für die es keine technologisch und wirtschaftlich CO_2-arme Alternative gibt, können gemäß Artikel 10 Abs. 2 UAbs. 1 TaxonomieVO als Übergangstätigkeit einen wesentlichen Beitrag zum Klimaschutz leisten,

1. wenn sie den Übergang zu einer klimaneutralen Wirtschaft unterstützen,
2. wenn sie im Einklang mit dem Weg hin zur Begrenzung des Temperaturanstiegs auf 1,5 °C gegenüber dem vorindustriellen Niveau, auch durch sukzessive Einstellung von Treibhausgasemissionen, insbesondere aus festen fossilen Brennstoffen, stehen und
3. wenn sie
   a. Treibhausgasemissionswerte aufweisen, die den besten Leistungen des Sektors oder der Industrie entsprechen,
   b. die Entwicklung und Einführung CO_2-armer Alternativen nicht behindern und
   c. in Anbetracht der wirtschaftlichen Lebensdauer von CO_2-intensiven Vermögenswerten nicht zu Lock-in-Effekten bei diesen Vermögenswerten führen.

i

Hinweis:
Als Lock-in-Effekte werden Kosten bezeichnet, die eine Änderung der aktuellen Situation unwirtschaftlich machen.

Für diese Übergangstätigkeiten bewertet die Kommission den potenziellen Beitrag und die Durchführbarkeit aller relevanten bestehenden Technologien (Artikel 10 Abs. 2 UAbs. 2 TaxonomieVO) und berücksichtigt diese bei der Festlegung der technischen Bewertungskriterien.

Die technischen Bewertungskriterien zur Bestimmung, ob Wirtschaftstätigkeiten einen wesentlichen Beitrag zum Klimaschutz leisten und die übrigen Ziele von Artikel 9 TaxonomieVO nicht erheblich beeinträchtigen, sind in Anhang I delVO-Ziele enthalten. Durch die Aufnahme von sechs weiteren Wirtschaftstätigkeiten im Energiesektor sind es seit dem 01.01.2023 94 Wirtschaftstätigkeiten in den folgenden neun Abschnitten:

Nr.	Sektor	Anzahl Wirtschaftstätigkeiten
1	Forstwirtschaft	4
2	Tätigkeiten in den Bereichen Umweltschutz und Wiederherstellung	1
3	Verarbeitendes Gewerbe/Herstellung von Waren	17
4	Energie	31

Nr.	Sektor	Anzahl Wirtschaftstätigkeiten
5	Wasserversorgung, Abwasser- und Abfallentsorgung und Beseitigung von Umweltverschmutzungen	12
6	Verkehr	17
7	Baugewerbe und Immobilien	7
8	Information und Kommunikation	2
9	Erbringung von freiberuflichen, wissenschaftlichen und technischen Dienstleistungen	3

Tab. 4.17 In Anhang I delVO-Ziele enthaltene Branchen

Weiterhin enthält Anhang I delVO-Ziele fünf Anlagen, die in den einzelnen Bewertungskriterien Anwendung finden, auf die an dieser Stelle aber nicht weiter eingegangen werden soll.

Anlage	Bezeichnung
A	Auf die Vermeidung erheblicher Beeinträchtigungen ausgerichtete allgemeine Kriterien für die Anpassung an den Klimawandel
B	Auf die Vermeidung erheblicher Beeinträchtigungen ausgerichtete allgemeine Kriterien für die nachhaltige Nutzung und den Schutz von Wasser- und Meeresressourcen
C	Auf die Vermeidung erheblicher Beeinträchtigungen ausgerichtete allgemeine Kriterien für die Vermeidung und Verminderung der Umweltverschmutzung in Bezug auf die Verwendung und das Vorhandensein von Chemikalien
D	Auf die Vermeidung erheblicher Beeinträchtigungen ausgerichtete allgemeine Kriterien für den Schutz und die Wiederherstellung der Biodiversität und der Ökosysteme
E	Technische Spezifikationen für sanitärtechnische Geräte

Tab. 4.18 Anlagen des Anhangs I delVO-Ziele

4.2.3 Anpassung an den Klimawandel

Eine Wirtschaftstätigkeit leistet gemäß Artikel 11 Abs. 1 TaxonomieVO einen wesentlichen Beitrag zur Anpassung an den Klimawandel, wenn sie

Anpassungslösungen umfasst, die entweder das Risiko der nachteiligen Auswirkungen des gegenwärtigen und des erwarteten künftigen Klimas auf die Wirtschaftstätigkeit oder diese nachteiligen Auswirkungen selbst erheblich verringert, ohne das Risiko nachteiliger Auswirkungen auf Menschen, Natur oder Vermögenswerte zu erhöhen,	erhebliche Risikominimierung
oder	
Anpassungslösungen bietet, die zusätzlich zur Erfüllung der Anforderungen des Artikels 16 („ermöglichenden Tätigkeiten") wesentlich dazu beiträgt, das Risiko der nachteiligen Auswirkungen des gegenwärtigen und des erwarteten künftigen Klimas auf Menschen, Natur oder Vermögenswerte zu vermeiden oder zu verringern, ohne das Risiko nachteiliger Auswirkungen auf Menschen, Natur oder Vermögenswerte zu erhöhen.	wesentlicher Beitrag zur Risikovermeidung oder -verringerung

Tab. 4.19 Voraussetzungen des Artikels 11 Abs. 1 TaxonomieVO für einen wesentlichen Beitrag zur Anpassung an den Klimawandel

Die zuerst genannten Anpassungen („erhebliche Risikominimierung") sind dabei unter Heranziehung der besten verfügbaren Klimaprognosen zu priorisieren und müssen die standort- und kontextspezifischen nachteiligen Auswirkungen des Klimawandels auf die Wirtschaftstätigkeit oder die etwaigen nachteiligen Auswirkungen des Klimawandels auf die Umwelt, in der die Wirtschaftstätigkeit stattfindet, vermeiden oder verringern (Artikel 11 Abs. 2 TaxonomieVO).

i

Hinweis:
Der Ausdruck „Anpassung an den Klimawandel" bezeichnet gemäß Artikel 2 Nr. 6 TaxonomieVO den Vorgang der Anpassung an den tatsächlichen und den erwarteten Klimawandel und an dessen Auswirkungen.

Die technischen Bewertungskriterien zur Bestimmung des wesentlichen Beitrags einer Wirtschaftstätigkeit zur Anpassung an den Klimawandel finden sich in Anhang II delVO-Ziele.

In Bezug auf Artikel 11 Abs. 1 lit. a) TaxonomieVO („erhebliche Risikominimierung") sollen die technischen Bewertungskriterien die Resilienz der Wirtschaftstätigkeiten gegen bekannte und für diese Wirtschaftstätigkeiten maßgebliche Klimarisiken stärken (Erwägungsgrund 45 delVO-Ziele). Daher schreiben die technischen Bewertungskriterien vor, dass die betroffenen Wirtschaftsakteure eine klimawandelbezogene Risikobewertung vorzunehmen und Anpassungsmaßnahmen zur Minderung der wichtigsten ermittelten Risiken umzusetzen haben. Die technischen Bewertungskriterien sollen dem Kontext und der Standortabhängigkeit der Anpassungserfordernisse bzw. -lösungen Rechnung tragen. Zudem sollen sie

1. klima- und wetterbedingte Katastrophen vermeiden,
2. das Risiko klima- und wetterbedingter Katastrophen unter Kontrolle bringen,
3. die Resilienz kritischer Infrastruktur gewährleisten und
4. die geltenden Rechtsvorschriften der Union für die Risikobewertung und die Minderung der Folgen solcher Katastrophen einhalten.

Im Kern muss also ein ordnungsgemäßes und wirksames Risikomanagementsystem vorhanden sein, um einen wesentlichen Beitrag zur Anpassung an den Klimawandel zu leisten.

In Bezug auf Artikel 11 Abs. 1 lit. b) TaxonomieVO geht es dagegen um Tätigkeiten, die das Potenzial für Anpassungslösungen bieten, die wesentlich dazu beitragen, das Risiko der nachteiligen Auswirkungen des gegenwärtigen und des erwarteten künftigen Klimas auf Menschen, Natur oder Vermögenswerte zu vermeiden oder zu verringern, ohne das Risiko nachteiliger Auswirkungen zu erhöhen (Erwägungsgrund 46 delVO-Ziele).

Im Anhang II delVO-Ziele sind durch die Einfügung von sechs weiteren Wirtschaftstätigkeiten im Energiesektor seit dem 01.01.2023 101 Wirtschaftstätigkeiten in den folgenden 13 Abschnitten erfasst:

Nr.	Sektor	Anzahl Wirtschaftstätigkeiten
1	Forstwirtschaft	4
2	Tätigkeiten in den Bereichen Umweltschutz und Wiederherstellung	1
3	Verarbeitendes Gewerbe/Herstellung von Waren	17
4	Energie	31
5	Wasserversorgung, Abwasser- und Abfallentsorgung und Beseitigung von Umweltverschmutzungen	12
6	Verkehr	17
7	Baugewerbe und Immobilien	7
8	Information und Kommunikation	3
9	Erbringung von freiberuflichen, wissenschaftlichen und technischen Dienstleistungen	2
10	Erbringung von Finanz- und Versicherungsdienstleistungen	2
11	Erziehung und Unterricht	1
12	Gesundheits- und Sozialwesen	1
13	Kunst, Unterhaltung und Erholung	3

Tab. 4.20 In Anhang II delVO-Ziele enthaltene Sektoren

Gegenüber dem Anhang I „Klimaschutz“ sind die Sektoren Erbringung von Finanz- und Versicherungsdienstleistungen (Nr. 10), Erziehung und Unterricht (Nr. 11), Gesundheits- und Sozialwesen (Nr. 12) sowie Kunst, Unterhaltung und Erholung (Nr. 13) hinzugekommen. Zudem gibt es bei den Wirtschaftstätigkeiten Abweichungen in den Bezeichnungen bzw. Nummerierungen in den Sektoren Verkehr (Nr. 6), Baugewerbe und Immobilien (Nr. 7), Information und Kommunikation (Nr. 8) sowie Erbringung von freiberuflichen, wissenschaftlichen und technischen Dienstleistungen (Nr. 9).

Weiterhin enthält Anhang II die folgenden vier Anlagen A, B, C und D, auf die an dieser Stelle jedoch nicht weiter eingegangen wird.

Anlage	Bezeichnung
A	Klassifikation von Klimagefahren
B	Auf die Vermeidung erheblicher Beeinträchtigungen ausgerichtete allgemeine Kriterien für die nachhaltige Nutzung und den Schutz von Wasser- und Meeresressourcen
C	Auf die Vermeidung erheblicher Beeinträchtigungen ausgerichtete allgemeine Kriterien für die Vermeidung und Verminderung der Umweltverschmutzung in Bezug auf die Verwendung und das Vorhandensein von Chemikalien
D	Auf die Vermeidung erheblicher Beeinträchtigungen ausgerichtete allgemeine Kriterien für den Schutz und die Wiederherstellung der Biodiversität und der Ökosysteme

Tab. 4.21 Anlagen des Anhangs II delVO-Ziele

4.2.4 Nachhaltige Nutzung und Schutz von Wasser- und Meeresressourcen

Einen wesentlichen Beitrag zur nachhaltigen Nutzung und zum Schutz von Wasser- und Meeresressourcen leistet eine Wirtschaftstätigkeit, wenn sie wesentlich zur Erreichung eines guten Zustandes von (Meeres-)Gewässern, einschließlich des Oberflächenwassers und des Grundwasserkörpers, beiträgt oder eine Verschlechterung von (Meeres-)Gewässern, die sich bereits in gutem Zustand befinden, vermeidet.

i

Hinweis:

Der Ausdruck „guter Zustand" bezeichnet gemäß Artikel 2 Nr. 22 TaxonomieVO

1. im Fall von Oberflächengewässern sowohl ein „gutes ökologisches Potenzial" im Sinne von Artikel 2 Nr. 22 der Richtlinie 2000/60/EG als auch einen „guten chemischen Zustand des Oberflächengewässers" gemäß Artikel 2 Nr. 24 jener Richtlinie und
2. im Fall von Grundwasser sowohl einen „guten chemischen Zustand des Grundwassers" im Sinne von Artikel 2 Nr. 25 der Richtlinie 2000/60/EG als auch einen „guten mengenmäßigen Zustand" gemäß Artikel 2 Nr. 28 jener Richtlinie.

Artikel 11 Abs 1 listet hierzu vier unmittelbare Handlungsfelder einschließlich Schutzzielen auf und ergänzt diese durch Beispiele. Zudem wird als fünftes Handlungsfeld die Ermöglichung der Tätigkeiten in den vier unmittelbaren Handlungsfeldern zugelassen.

lit.	Handlungsfelder	Ziele
a)	städtisches und industrielles Abwasser	Schutz der Umwelt
b)	Wasser für den menschlichen Verbrauch	Schutz der menschlichen Gesundheit
c)	Schutz und Verbesserung des Zustands aquatischer Ökosysteme sowie langfristiger Schutz von verfügbaren Wasserressourcen	Verbesserung der Wasserbewirtschaftung und der Wassereffizienz

lit.	Handlungsfelder	Ziele
d)	Schutz, Erhaltung oder Wiederherstellung der Meeresumwelt	Nutzung der Dienstleistungen von marinen Ökosystemen oder Leistung von Beiträgen zum guten Umweltzustand von Meeresgewässern
e)	Ermöglichung jeder der unter Buchstabe a) bis d) aufgeführten Tätigkeiten	

Tab. 4.22 Handlungsfelder zur Leistung eines wesentlichen Beitrages zur nachhaltigen Nutzung und zum Schutz von Wasser- und Meeresressourcen gemäß Artikel 12 Abs. 1 TaxonomieVO

Der Schutz der Umwelt vor nachteiligen Auswirkungen der Einleitung von städtischem und industriellem Abwasser soll z.B. durch die sachgerechte Sammlung, Behandlung und Entsorgung kommunaler und industrieller Abwässer sichergestellt werden. Hierdurch soll die Umwelt auch vor Eintrag vor Arzneimitteln und Mikroplastik geschützt werden.

Zum Schutz der menschlichen Gesundheit soll sichergestellt werden, dass Trinkwasser frei von Mikroorganismen, Parasiten und Stoffen ist, die eine potenzielle Gefährdung der menschlichen Gesundheit darstellen. Zudem soll der Zugang der Bevölkerung zu sauberem Trinkwasser für den menschlichen Verbrauch für alle, insbesondere für benachteiligte Gruppen und Randgruppen, verbessert oder aufrechterhalten werden.

Die Verbesserung der Wasserbewirtschaftung und der Wassereffizienz soll erreicht werden durch Schutz bzw. Verbesserung des Zustands aquatischer Ökosysteme sowie durch Förderung nachhaltiger Wassernutzung mithilfe des langfristigen Schutzes von verfügbaren Wasserressourcen. Für Letzteres sollen u.a. Maßnahmen wie die Wiederverwendung von Wasser durch die Sicherstellung der schrittweisen Verringerung von Schadstoffemissionen in Oberflächengewässern und im Grundwässer beitragen.

In Handlungsfeld vier sind Ziele und Handlungsfelder nicht so einfach voneinander zu trennen. Im Kern geht es aber darum, dass die nachhaltige Nutzung der Dienstleistungen in Zusammenhang mit marinen Ökosystemen erhalten bleiben soll. Hierzu sollen Einträge in die Meeresumwelt vermieden oder verringert sowie die Meeresumwelt selbst geschützt, erhalten oder wiederhergestellt werden.

Für ermöglichende Wirtschaftstätigkeiten sind zudem die Voraussetzungen von Artikel 16 TaxonomieVO zu beachten (siehe hierzu Kapitel 4.3.3).

Detaillierte Beurteilungskriterien hierzu sollen in einer delegierten Verordnung festgelegt werden. Diese sollte laut Artikel 12 Abs. 5 TaxonomieVO bis zum 31.12.2021 von der EU-Kommission erlassen werden, um eine Anwendung ab dem 01.01.2023 zu gewährleisten. Diese Frist wurde von der EU-Kommission nicht eingehalten und die Verordnung lag bis zum Redaktionsschluss dieser Auflage noch nicht vor. Gemäß

Nr. 2 draft EU-FAQ-Art.-8 ist eine Berichterstattung im Jahr 2023 daher nicht möglich. Vertiefende Informationen zum Anwendungsbeginn können Nr. 2.1.3 der IDW FAQ 2 entnommen werden.

4.2.5 Übergang zur Kreislaufwirtschaft

Eine Wirtschaftstätigkeit leistet gemäß Artikel 13 Abs. 1 TaxonomieVO einen wesentlichen Beitrag zum Übergang zu einer Kreislaufwirtschaft, einschließlich

1. Abfallvermeidung,
2. Wiederverwendung und
3. Recycling,

wenn sie in den folgenden Handlungsfeldern Fortschritte erzielt oder diese Fortschritte ermöglicht:

lit.	Handlungsfelder
a)	Effizientere Nutzung natürlicher Ressourcen inkl. – des reduzierten Einsatzes von Primärrohstoffen oder der Steigerung der Verwendung von Nebenprodukten und Sekundärrohstoffen oder – Ressourcen- und Energieeffizienzmaßnahmen
b)	Verbesserte Haltbarkeit, Reparaturfähigkeit, Nachrüstbarkeit oder Wiederverwendbarkeit von Produkten
c)	Verbesserte Recyclingfähigkeit von Produkten
d)	Verringerung von gefährlichen Stoffen und Ersetzung von besonders besorgniserregenden Stoffen in Materialien und Produkten während des gesamten Produktlebenszyklus
e)	Längere Nutzung von Produkten
f)	Nutzung von Sekundärrohstoffen und Steigerung ihrer Qualität
g)	Vermeidung und Verringerung von Abfällen
h)	Verstärkte Vorbereitung und Wiederverwendung und Recycling von Abfällen
i)	Stärkerer Ausbau erforderlicher Infrastruktur für die Abfallvermeidung, die Vorbereitung zur Abfallwiederverwendung und das Abfallrecycling
j)	Verringerung der Abfallverbrennung und Vermeidung der Abfallbeseitigung
k)	Vermeidung oder Verringerung von Abfällen
l)	Ermöglichung jeder der in Buchstaben a) bis k) aufgeführten Tätigkeiten

Tab. 4.23 Handlungsfelder zur Leistung eines wesentlichen Beitrages zum Übergang zur Kreislaufwirtschaft gemäß Artikel 13 Abs. 1 TaxonomieVO

i

Hinweis:
Der Ausdruck „Kreislaufwirtschaft“ bezeichnet gemäß Artikel 2 Nr. 9 TaxonomieVO ein Wirtschaftssystem, bei dem der Wert von Produkten, Materialien und an-

deren Ressourcen in der Wirtschaft so lange wie möglich erhalten bleibt und ihre effiziente Nutzung in Produktion und Verbrauch verbessert wird, wodurch die Auswirkungen ihrer Nutzung auf die Umwelt reduziert und das Abfallaufkommen sowie die Freisetzung gefährlicher Stoffe in allen Phasen ihres Lebenszyklus minimiert werden, auch durch Anwendung der Abfallhierarchie.

Im Kern geht es beim wesentlichen Beitrag zum Übergang in die Kreislaufwirtschaft um die Abfallvermeidung oder -verringerung [Artikel 13 Abs. 1 lit. k) TaxonomieVO]. Hierzu gehört die verringerte oder verbesserte bzw. effizientere Nutzung natürlicher Ressourcen. Unter natürlichen Ressourcen sind auch biobasierte und andere Rohstoffe nachhaltiger Herkunft zu subsumieren. Primärrohstoffe sollen dabei eingespart und die Verwendung von Nebenprodukten oder Sekundärrohstoffen gesteigert werden.

i

Hinweis:
Primärrohstoffe sind natürliche Ressourcen, die bis auf die Lösung aus ihrer natürlichen Quelle noch keine Bearbeitung erfahren haben. Sie werden aufgrund ihres Gebrauchswertes aus der Natur gewonnen und entweder direkt konsumiert oder als Arbeitsmittel und Ausgangsmaterialien für weitere Verarbeitungsstufen in der Produktion, im Bauwesen oder als Energieträger verwendet.

Sekundärrohstoffe sind durch Wiederverwertung (Recycling) gewonnene Rohstoffe.

Nebenprodukt ist ein Produkt dann, wenn es bei einem Fertigungsverfahren anfällt, dessen Hauptzweck nicht auf die Produktion dieses Wirtschaftsobjekts gerichtet ist.

Neben der besseren Ausbeutung der Rohstoffe zählt aber auch die verbesserte Haltbarkeit, Reparaturfähigkeit, Nachrüstbarkeit oder Wiederverwendbarkeit und Recyclingfähigkeit von Produkten, insbesondere bei den Entwicklungs- und Fertigungstätigkeiten, zu den wesentlichen Handlungsfeldern. Gleiches gilt für die wesentliche Verringerung von gefährlichen Stoffen und die Ersetzung besonders besorgniserregender Stoffe in Materialien und Produkten während des gesamten Lebenszyklus. Neben diesen allgemeinen Produktanforderungen werden in Artikel 13 Abs. 1 lit. g) TaxonomieVO besondere Anforderungen an den Bausektor (u.a. weniger oder keine Entstehung von Abfall beim Bau und Abriss von Gebäuden) gestellt.

Aber in Artikel 13 Abs. 1 TaxonomieVO werden nicht nur bezüglich der Produkte und Produktionen Handlungsfelder definiert, es wird auch die Verbesserung der Infrastruktur für die Abfallbewirtschaftung adressiert. Hierbei soll gleichzeitig gewährleistet sein, dass die wiedergewonnenen Materialien als hochwertige Sekundärrohstoffe für die Produktion recycelt und ein Downcycling vermieden werden.

Für die ermöglichenden Tätigkeiten sind zudem die Voraussetzungen von Artikel 16 TaxonomieVO zu beachten (siehe Kapitel 4.3.3).

Detaillierte Beurteilungskriterien hierzu sollen in einer delegierten Verordnung festgelegt werden. Diese sollte laut Artikel 15 Abs. 5 TaxonomieVO bis zum 31.12.2021 von der EU-Kommission erlassen werden, um eine Anwendung ab dem 01.01.2023 zu gewährleisten. Diese Frist wurde von der EU-Kommission nicht eingehalten und die Verordnung lag bis zum Redaktionsschluss dieser Auflage noch nicht vor. Gemäß Nr. 2 des draft EU-FAQ-Art.-8 ist eine Berichterstattung im Jahr 2023 daher nicht möglich. Vertiefende Informationen zum Anwendungsbeginn können Nr. 2.1.3 der IDW FAQ 2 entnommen werden.

4.2.6 Vermeidung und Verminderung der Umweltverschmutzung

Eine Wirtschaftstätigkeit leistet gemäß Artikel 14 Abs. 1 TaxonomieVO einen wesentlichen Beitrag zur Vermeidung und Verminderung der Umweltverschmutzung, wenn sie wesentlich zum Schutz vor Umweltverschmutzung in vier unmittelbaren Handlungsfeldern oder durch Ermöglichung des Schutzes beiträgt.

lit.	Handlungsfeld
a)	Vermeidung, ansonsten Verringerung von Emissionen (Ausnahme: Treibhausgase) in Luft, Wasser und Boden
b)	Verbesserung der Luft-, Wasser- und Bodenqualität in „Wirtschaftsgebieten" bei Minimierung nachteiliger Auswirkungen auf menschliche Gesundheit und Umwelt oder der Risiken solcher Auswirkungen
c)	Vermeidung oder Verringerung nachteiliger Auswirkungen bei Produktion, Verwendung oder Beseitigung von Chemikalien mit Auswirkungen auf die menschliche Gesundheit
d)	Beseitigung von Abfällen oder sonstigen Schadstoffen
e)	Ermöglichung jeder der in Buchstaben a) bis d) aufgeführten Tätigkeiten

Tab. 4.24 Handlungsfelder zur Leistung eines wesentlichen Beitrages zum Übergang zur Kreislaufwirtschaft gemäß Artikel 12 Abs. 1 TaxonomieVO

i

Hinweis:

Der Begriff „Verschmutzung" bezeichnet gemäß Artikel 2 Nr. 12 TaxonomieVO

a. die durch menschliches Handeln direkt oder indirekt bewirkte Zuführung von Schadstoffen in Luft, Wasser oder Boden,
b. im Bereich der Meeresumwelt Verschmutzung im Sinne von Artikel 3 Nr. 8 der Richtlinie 2008/56/EG und
c. im Bereich der Wasserumwelt Verschmutzung im Sinne von Artikel 2 Nr. 33 der Richtlinie 2000/60/EG.

Artikel 14 TaxonomieVO ist in Abgrenzung zu Artikel 10 TaxonomieVO „Wesentlicher Beitrag zum Klimaschutz" und Artikel 12 TaxonomieVO „Wesentlicher Beitrag zur nachhaltigen Nutzung und zum Schutz von Wasser- und Meeresressourcen" zu sehen. Zum einen werden in Artikel 14 Abs. 1 lit. a) alle Emissionen in Luft, Wasser und Boden adressiert, die keine Treibhausgase sind. Zum anderen wird in Artikel 14 Abs. 1 lit. a) und lit. b) TaxonomieVO das Wasser angesprochen, dessen Schutz schon ausdrücklich in Artikel 12 TaxonomieVO thematisiert wird. Während es in Artikel 12 TaxonomieVO um den Schutz und die verbesserte Nutzung des Wassers geht, sind in Artikel 14 TaxonomieVO u.a. Emissionen in das Wasser und die Wasserqualität Regelungssubjekt.

Ebenso ist auch die Abgrenzung von Artikel 13 TaxonomieVO „Wesentlicher Beitrag zum Übergang zur Kreislaufwirtschaft" zu Artikel 14 Abs. 1 lit. d) „Beseitigung von Abfällen und sonstigen Schadstoffen" nicht auf den ersten Blick selbsterklärend. In Artikel 13 Taxonomie ist die Abfallvermeidung bzw. -verringerung Regelungssubjekt, während in Artikel 14 Abs. 1 lit. d) TaxonomieVO der Schutz der Umwelt vor Abfällen Regelungssubjekt ist. Fraglich ist jedoch, wo genau die Grenze verläuft.

Es bleibt spannend, abzuwarten, wie die EU-Kommission die Abgrenzung der Handlungsfelder zwischen den einzelnen zu erlassenden delegierten Verordnungen vornehmen wird. Detaillierte Beurteilungskriterien hierzu sollen in einer delegierten Verordnung festgelegt werden. Diese sollte laut Artikel 15 Abs. 5 TaxonomieVO bis zum 31.12.2021 von der EU-Kommission erlassen werden, um eine Anwendung ab dem 01.01.2023 zu gewährleisten. Diese Frist wurde von der EU-Kommission nicht eingehalten und die Verordnung lag bis zum Redaktionsschluss dieser Auflage noch nicht vor. Gemäß Nr. 2 des draft EU-FAQ-Art.-8 ist eine Berichterstattung im Jahr 2023 daher nicht möglich. Vertiefende Informationen zum Anwendungsbeginn können Nr. 2.1.3 der IDW FAQ 2 entnommen werden.

Für die ermöglichenden Tätigkeiten sind zudem die Voraussetzungen von Artikel 16 TaxonomieVO zu beachten (siehe Kapitel 4.3.3).

4.2.7 Schutz und zur Wiederherstellung der Biodiversität und der Ökosysteme

Eine Wirtschaftstätigkeit leistet gemäß Artikel 15 Abs. 1 TaxonomieVO einen wesentlichen Beitrag zum Schutz und zur Wiederherstellung der Biodiversität und der Ökosysteme, wenn sie wesentlich

1. zum Schutz,
2. zur Erhaltung oder
3. zur Wiederherstellung der Biodiversität oder
4. zur Erreichung des guten Zustands von Ökosystemen oder
5. zum Schutz von Ökosystemen, die sich bereits in gutem Zustand befinden,

beiträgt. Der Beitrag kann unmittelbar in den vier benannten Handlungsfeldern erfolgen oder mittelbar durch die Ermöglichung von Beiträgen in den vier unmittelbaren Handlungsfeldern.

lit.	Handlungsfeld
a)	Erhalt der Natur und der Biodiversität
b)	nachhaltige Landnutzung und -bewirtschaftung
c)	nachhaltige landwirtschaftliche Verfahren
d)	nachhaltige Waldbewirtschaftung
e)	Ermöglichung jeder der in Buchstaben a) bis d) aufgeführten Tätigkeiten

Tab. 4.25 Handlungsfelder zur Leistung eines wesentlichen Beitrages zum Schutz und zur Wiederherstellung der Biodiversität und der Ökosysteme gemäß Artikel 15 Abs. 1 TaxonomieVO

i

Hinweis:
Der Ausdruck „Biodiversität" bezeichnet gemäß Artikel 2 Nr. 15 die Vielfalt unter lebenden Organismen jeder Herkunft, darunter Land-, Meeres- und sonstige aquatische Ökosysteme und die ökologischen Komplexe, zu denen sie gehören. Das umfasst auch die Vielfalt innerhalb der Arten und zwischen verschiedenen Arten sowie die Vielfalt der Ökosysteme.

Zum Erhalt der Natur und der Biodiversität gehört insbesondere die Erreichung eines günstigen Erhaltungszustands von natürlichen und naturnahen Lebensräumen und Arten. Sofern sich die natürlichen und naturnahen Lebensräume und Arten bereits in einem günstigen Erhaltungszustand befinden, gehört auch die Vermeidung einer Verschlechterung zu dem Handlungsfeld nach Artikel 15 Abs. 1 lit. a) TaxonomieVO. Ebenso gehört der Schutz und die Wiederherstellung von terrestrischen, marinen und anderen aquatischen Ökosystemen dazu, um ihren Zustand und ihre Fähigkeit zur Erbringung von Ökosystemdienstleistungen zu verbessern.

Ein angemessener Schutz der Biodiversität in Böden, die Neutralität gegenüber der Bodendegradation und die Sanierung schadstoffbelasteter Standorte gehören insbesondere zum Handlungsfeld der nachhaltigen Landnutzung und -bewirtschaftung. Zum Handlungsfeld der nachhaltigen landwirtschaftlichen Verfahren gehören insbesondere Verfahren zur Förderung der Biodiversität oder zum Aufhalten bzw. der Verhinderung der Degradation des Bodens und anderer Ökosysteme, der Entwaldung oder des Verlustes von Lebensraum.

Das Handlungsfeld der nachhaltigen Waldbewirtschaftung beinhaltet ausdrücklich die Arten der Handhabung und Nutzung von Wäldern und Waldflächen, die dazu beitragen, die Biodiversität zu fördern oder die Degradation von Ökosystemen, die Entwaldung und den Verlust von Lebensraum aufzuhalten oder zu verhindern.

Für die ermöglichenden Tätigkeiten sind zudem die Voraussetzungen von Artikel 16 TaxonomieVO zu beachten (siehe Kapitel 4.3.3).

Detaillierte Beurteilungskriterien hierzu sollen in einer delegierten Verordnung festgelegt werden. Diese sollte laut Artikel 15 Abs. 5 TaxonomieVO bis zum 31.12.2021 von der EU-Kommission erlassen werden, um eine Anwendung ab dem 01.01.2023 zu gewährleisten. Diese Frist wurde von der EU-Kommission nicht eingehalten und die Verordnung lag bis zum Redaktionsschluss dieser Auflage noch nicht vor. Gemäß Nr. 2 des draft EU-FAQ-Art.-8 ist eine Berichterstattung im Jahr 2023 daher nicht möglich. Vertiefende Informationen zum Anwendungsbeginn können Nr. 2.1.3 der IDW FAQ 2 entnommen werden.

4.3 Nebenbedingungen des wesentlichen Beitrags zu einem ökologischen Umweltziel

Eine komplexe Gesetzgebung wie die TaxonomieVO enthält auch Besonderheiten, die bei der Anwendung zu beachten sind. Im Folgenden werden einige davon vorgestellt.

4.3.1 Keine Beeinträchtigung der Umweltziele

Jede einen wesentlichen Beitrag zur Erreichung eines der sechs Umweltziele leistende Wirtschaftstätigkeit muss, nachdem der wesentliche Beitrag zu einem Umweltziel im Sinne von Artikel 9 TaxonomieVO festgestellt wurde, in einem zweiten Schritt darauf geprüft werden, ob durch sie keines der übrigen Ziele von Artikel 9 TaxonomieVO erheblich beeinträchtigt wird.

Die Prüfung dieser „Negativkriterien" spielt bei der Gewährleistung der Umweltintegrität der Klassifikation von ökologisch nachhaltigen Tätigkeiten nach Auffassung der EU-Kommission eine zentrale Rolle. Daher sollen die Kriterien für die jeweiligen Wirtschaftstätigkeiten auf Ebene der einzelnen Umweltziele festgelegt werden. Kriterien sollen aber nur dann festgelegt werden, wenn bei der jeweiligen Wirtschaftstätigkeit die Gefahr besteht, dass sie das jeweilige Umweltziel erheblich beeinträchtigt. Die Kriterien für die Bestimmung der erheblichen Beeinträchtigung sollen den einschlägigen Anforderungen des geltenden Unionsrechts Rechnung tragen und auf ihnen aufbauen (Erwägungsgrund 49 delVO-Ziele).

Diese Erwägungsgründe wurden in Artikel 17 TaxonomieVO kodifiziert. Demnach gilt eine Wirtschaftstätigkeit als erheblich beeinträchtigend für

1. den **Klimaschutz**, wenn diese Tätigkeit zu erheblichen Treibhausgasemissionen führt
2. die **Anpassung an den Klimawandel**, wenn diese Tätigkeit die nachteiligen Auswirkungen des derzeitigen und des erwarteten zukünftigen Klimas auf die Tätigkeit selbst oder auf Menschen, die Natur oder Vermögenswerte verstärkt

3. die **nachhaltige Nutzung und den Schutz der Wasser- und Meeresressourcen**, wenn diese Tätigkeit
   a. den guten Zustand oder das gute ökologische Potenzial von Gewässern, einschließlich Oberflächengewässern und Grundwasser; oder
   b. den guten Umweltzustand von Meeresgewässern schädigt

4. die **Kreislaufwirtschaft**, einschließlich Abfallvermeidung und Recycling, wenn
   a. diese Tätigkeit zu einer erheblichen Ineffizienz bei der Materialnutzung oder der unmittelbaren oder mittelbaren Nutzung natürlicher Ressourcen wie nicht erneuerbaren Energiequellen, Rohstoffen, Wasser und Boden in einer oder mehreren Phasen des Lebenszyklus von Produkten führt, u.a. im Hinblick auf die Haltbarkeit, Reparaturfähigkeit, Nachrüstbarkeit, Wiederverwendbarkeit oder Recyclingfähigkeit der Produkte
   b. diese Tätigkeit zu einer deutlichen Zunahme bei der Erzeugung, Verbrennung oder Beseitigung von Abfällen – mit Ausnahme der Verbrennung von nicht recycelbaren gefährlichen Abfällen – führt oder
   c. die langfristige Abfallbeseitigung eine erhebliche und langfristige Beeinträchtigung der Umwelt verursachen kann

5. die **Vermeidung und Verminderung der Umweltverschmutzung**, wenn diese Tätigkeit – im Vergleich zur Lage vor Beginn der Tätigkeit – zu einem erheblichen Anstieg der Schadstoffemissionen in Luft, Wasser oder Boden führt; oder
6. den **Schutz und die Wiederherstellung der Biodiversität und der Ökosysteme**, wenn diese Tätigkeit
   a. den guten Zustand und die Widerstandsfähigkeit von Ökosystemen erheblich schädigt oder
   b. den Erhaltungszustand der Lebensräume und Arten, einschließlich derjenigen von Unionsinteresse, schädigt

Bei der Bestimmung der erheblichen Beeinträchtigung ist auch der Lebenszyklus der durch eine Wirtschaftstätigkeit bereitgestellten Produkte und Dienstleistungen zu berücksichtigen. Insbesondere sollen Erkenntnisse aus vorhandenen Lebenszyklusanalysen berücksichtigt werden.

Folgerichtig wird in Artikel 17 Abs. 2 TaxonomieVO gefordert, dass bei Anwendung der zuvor genannten Bewertungskriterien sowohl die Umweltauswirkungen der

1. Tätigkeit selbst als auch
2. der durch diese Tätigkeit bereitgestellten Produkte und Dienstleistungen während ihres gesamten Lebenszyklus zu berücksichtigen sind.

Bei der Betrachtung des Lebenszyklus sind daher die Herstellung, die Verwendung und das Ende der Lebensdauer der jeweiligen Produkte und Dienstleistungen zu beachten.

Beispiel

Die Anhänge I und II delVO-Ziele enthalten hierzu entsprechend detaillierte Kriterien für jede Wirtschaftstätigkeit, jedoch nicht für jedes Umweltziel. Die Kriterien zur Bestimmung der erheblichen Beeinträchtigung für die Wirtschaftstätigkeit „Stromerzeugung mittels Photovoltaik-Technologie“, die einen wesentlichen Beitrag für das Umweltziel 1 „Klimaschutz“ leistet, sind etwa für:

- Umweltziel 2 „Anpassung an den Klimawandel“: Die Tätigkeit erfüllt die Kriterien in Anlage A zu diesem Anhang.
- Umweltziel 3 „Nachhaltige Nutzung und Schutz von Wasser- und Meeresressourcen“: Keine Angabe
- Umweltziel 4 „Übergang zu einer Kreislaufwirtschaft“: Die Tätigkeit beinhaltet die Bewertung der Verfügbarkeit langlebiger und recyclingfähiger Geräte und Bauteile, die leicht abzubauen und wiederaufzubereiten sind, und falls möglich deren Einsatz.
- Umweltziel 5 „Vermeidung und Verminderung der Umweltverschmutzung“: Keine Angabe
- Umweltziel 6 „Schutz und Wiederherstellung der Biodiversität und der Ökosysteme“: Die Tätigkeit erfüllt die Kriterien in Anlage D zu diesem Anhang.

Wie die Aufzählung zeigt, sind nur für drei der fünf Ziele Kriterien festgelegt worden. Hiervon sind zwei nicht unmittelbar aus sich heraus verständlich, sondern es wird auf Anlage A „Auf die Vermeidung erheblicher Beeinträchtigungen ausgerichtete allgemeine Kriterien für die Anpassung an den Klimawandel“ bzw. Anlage D „Auf die Vermeidung erheblicher Beeinträchtigungen ausgerichtete allgemeine Kriterien für den Schutz und die Wiederherstellung der Biodiversität und der Ökosysteme“ verwiesen. Ebenso ist die Bewertung nach Nr. 4 nicht aus sich heraus verständlich. Hier bedarf es weiterer Unterstützung durch Sachverständige oder öffentliche Einrichtungen.

4.3.2 Einhaltung der sozialen Mindestkriterien

Neben den umweltbezogenen Positiv- und Negativkriterien müssen auch soziale Mindestkriterien eingehalten werden, damit eine Wirtschaftstätigkeit als grün gilt. Ursächlich hierfür ist laut Erwägungsgrund 35 TaxonomieVO die gemeinsame Verpflichtung des Europäischen Parlaments, des Rates und der Kommission, die in der europäischen Säule sozialer Rechte verankerten Grundsätze zur Förderung von nachhaltigem und integrativem Wachstum umzusetzen. Zudem sollte die Bedeutung internationaler Mindeststandards für Menschenrechte und Arbeitsrechte gewürdigt werden.

Bei den sozialen Mindestkriterien handelt es sich gemäß Artikel 18 Abs. 1 Taxonomie-VO um Verfahren, die von einem eine Wirtschaftstätigkeit ausübenden Unternehmen durchgeführt werden, um sicherzustellen, dass

1. die OECD-Leitsätze für multinationale Unternehmen und
2. die Leitprinzipien der Vereinten Nationen für Wirtschaft und Menschenrechte einschließlich der Grundprinzipien und Rechte
   a. aus den acht Kernübereinkommen, die in der Erklärung der Internationalen Arbeitsorganisation über grundlegende Prinzipien und Rechte bei der Arbeit festgelegt sind, und
   b. aus der Internationalen Charta der Menschenrechte

befolgt werden. Bei der Umsetzung haben Unternehmen sich an den Grundsatz „Vermeidung erheblicher Beeinträchtigungen" nach Artikel 2 Nr. 17 der Offenlegungsverordnung [Verordnung (EU) 2019/2088, im Folgenden: OffenlegungsVO] zu halten.

Hinweis:
Gemäß Artikel 2 Nr. 17 OffenlegungsVO bedeutet „nachhaltige Investition"

- eine Investition in eine wirtschaftliche Tätigkeit, die zur Erreichung eines Umweltziels beiträgt, gemessen beispielsweise an Schlüsselindikatoren für Ressourceneffizienz bei der Nutzung von Energie, erneuerbarer Energie, Rohstoffen, Wasser und Boden, für die Abfallerzeugung und Treibhausgasemissionen oder für die Auswirkungen auf die biologische Vielfalt und die Kreislaufwirtschaft, oder
- eine Investition in eine wirtschaftliche Tätigkeit, die zur Erreichung eines sozialen Ziels beiträgt, insbesondere eine Investition, die zur Bekämpfung von Ungleichheiten beiträgt oder den sozialen Zusammenhalt, die soziale Integration und die Arbeitsbeziehungen fördert, oder
- eine Investition in Humankapital oder zugunsten wirtschaftlich oder sozial benachteiligter Bevölkerungsgruppen, vorausgesetzt, dass diese Investitionen keines dieser Ziele erheblich beeinträchtigen und die Unternehmen, in die investiert wird, Verfahrensweisen einer guten Unternehmensführung anwenden, insbesondere bei soliden Managementstrukturen, den Beziehungen zu den Arbeitnehmern, der Vergütung von Mitarbeiter*innen sowie der Einhaltung der Steuervorschriften.

Detailliertere Ausführungen enthält die TaxonomieVO nicht und der Erlass eines delegierten Rechtsaktes ist darin nicht vorgesehen. Es existiert gemäß Artikel 20 Abs. 2 lit. k) lediglich ein Beratungsmandat für die Platform on Sustainable Finance. Auf Basis dieses Mandates legte die Platform on Sustainable Finance im Oktober 2022 einen umfangreichen und lesenswerten finalen Bericht vor.[48] Dieser Bericht gibt jedoch die Auffassung der Mitglieder und Beobachter der Plattform für nachhaltige Finanzen wieder und stellt keine gesetzgeberische Äußerung dar.

Laut finalem Bericht sind folgende Themen für die Einhaltung von Artikel 18 TaxonomieVO maßgeblich:

1. Menschenrechte (einschließlich Arbeits- und Verbraucherrechte),
2. Bekämpfung von Bestechung, Bestechungsgeldforderungen und Schmiergelderpressung,
3. Besteuerung und
4. fairer Wettbewerb.[49]

Eine Beschreibung des maßgeblichen Due-Diligence-Verfahrens ist in Kapitel 5.4 des finalen Berichtes zu finden. Zudem haben sich Gremien des IDW intensiv mit dem finalen Bericht beschäftigt. Diese sind den IDW FAQ 2 zu entnehmen. Laut IDW FAQ 2, Nr. 2.3.1 ist die Einhaltung des Mindestschutzes auf Tätigkeitsebene sicherzustellen. Dies schließe nicht aus, dass die nach Artikel 18 TaxonomieVO durchzuführenden Verfahren unternehmensweit gestaltet, eingerichtet und überwacht würden. In diesem Fall sei jedoch sicherzustellen, dass die potenziell taxonomiekonformen Wirtschaftstätigkeiten auch tatsächlich von dem unternehmensweiten System abgedeckt sind, sodass die Einhaltung des Mindestschutzes auf Tätigkeitsebene gemäß Artikel 3 Buchst. c) der TaxonomieVO bejaht werden könne. Die Nicht-Einhaltung des sozialen Mindestschutzes bei einer Wirtschaftstätigkeit führe zudem nicht zwangsläufig dazu, dass das gesamte Unternehmen und damit die Gesamtheit seiner Wirtschaftsaktivitäten die Anforderungen von Artikel 18 TaxonomieVO nicht mehr erfüllten.

In Bezug auf den Erwerb von Produkten aus taxonomiekonformen Wirtschaftsaktivitäten stellen die IDW FAQ 2 zudem klar, dass die Beurteilung der Einhaltung der Minimum Safequards auf Ebene des produzierenden Unternehmens zu erfolgen hat.

4.3.3 Ermöglichende Wirtschaftstätigkeiten

Ermöglichende Wirtschaftstätigkeiten tragen aus sich selbst heraus nicht wesentlich zur Erreichung eines Umweltziels bei. Wirtschaftstätigkeiten können aber auch mittelbar einen wesentlichen Beitrag zur Erreichung eines der sechs Umweltziele leisten. Gemäß Artikel 16 TaxonomieVO leistet eine ermöglichende Wirtschaftstätigkeit einen wesentlichen Beitrag zu einem oder mehreren der sechs Umweltziele, indem sie es mit einem unmittelbaren wesentlichen Beitrag zu einem der sechs Umweltziele

48 Abrufbar unter https://finance.ec.europa.eu.

49 Vgl. finaler Bericht der Platform on Sustainable Finance vom Oktober 2022, Kapitel 2.4, vorletzter Absatz, abrufbar unter https://finance.ec.europa.eu.

1. ermöglicht, dass eine Wirtschaftstätigkeit einen wesentlichen Beitrag zu einem oder mehreren dieser Ziele leistet, und
2. wenn diese Wirtschaftstätigkeit
   a. in Anbetracht der wirtschaftlichen Lebensdauer von Vermögenswerten, die den langfristigen Umweltzielen abträglich sind, nicht zu Lock-in-Effekten bei diesen Vermögenswerten führt und
   b. auf der Grundlage von Lebenszyklusüberlegungen wesentliche positive Auswirkungen auf die Umwelt hat.

Die ermöglichenden Tätigkeiten sind dabei gemäß Artikel 19 Abs. 1 lit. h) Taxonomie-VO den jeweiligen technischen Bewertungskriterien je Umweltziel beizuordnen. Im Anhang I delVO-Ziele können für das Ziel „Klimaschutz“ in den Tätigkeitsbeschreibungen in folgenden 24 Abschnitten ermöglichende Tätigkeiten benannt worden.

Abschnitt	Wirtschaftstätigkeit
3.1	Herstellung von Technologien für erneuerbare Energie
3.2	Herstellung von Anlagen für die Erzeugung und Verwendung von Wasserstoff
3.3	Herstellung von CO_2 -armen Verkehrstechnologien
3.4	Herstellung von Batterien
3.5	Herstellung von energieeffizienten Gebäudeausrüstungen
3.6	Herstellung anderer CO_2-armer Technologien
4.9	Übertragung und Verteilung von Elektrizität
4.10	Speicherung von Strom
4.11	Speicherung von Wärmeenergie
4.12	Speicherung von Wasserstoff
5.11	Transport von CO_2
6.13	Infrastruktur für persönliche Mobilität, Radverkehrslogistik
6.14	Schienenverkehrsinfrastruktur
6.15	Infrastruktur für einen CO_2-armen Straßenverkehr und öffentlichen Verkehr
6.16	Infrastruktur für eine CO_2-arme Schifffahrt
6.17	CO_2 -arme Flughafeninfrastruktur
7.3	Installation, Wartung und Reparatur von energieeffizienten Geräten
7.4	Installation, Wartung und Reparatur von Ladestationen für Elektrofahrzeuge in Gebäuden (und auf zu Gebäuden gehörenden Parkplätzen)
7.5	Installation, Wartung und Reparatur von Geräten für die Messung, Regelung und Steuerung der Gesamtenergieeffizienz von Gebäuden
7.6	Installation, Wartung und Reparatur von Technologien für erneuerbare Energien
8.2	Datenbasierte Lösungen zur Verringerung der Treibhausgasemissionen

Abschnitt	Wirtschaftstätigkeit
9.1	Marktnahe Forschung, Entwicklung und Innovation
9.2	Forschung, Entwicklung und Innovation im Bereich der direkten CO_2-Abscheidung aus der Luft
9.3	Freiberufliche Dienstleistungen im Zusammenhang mit der Gesamtenergieeffizienz von Gebäuden

Tab. 4.26 Tätigkeitsbeschreibungen im Anhang I delVO-Ziele, die ermöglichende Wirtschaftstätigkeiten enthalten

Die in der vorhergehenden Tabelle genannten Wirtschaftstätigkeiten spielen eine maßgebliche Rolle bei der Dekarbonisierung der Wirtschaft. Da sie signifikant dazu beitragen, dass die Tätigkeiten, die sie ermöglichen, CO_2-arm werden oder zur Verringerung von Treibhausgasen führen, wurden für diese Wirtschaftstätigkeiten technische Bewertungskriterien festgelegt (Erwägungsgrund 22 delVO-Ziele).

In den im Anhang II delVO-Ziele festgelegten technischen Bewertungskriterien für das Ziel „Anpassung an den Klimawandel" sind folgende 14 ermöglichende Tätigkeiten benannt worden:

Abschnitt	Wirtschaftstätigkeit
1.1	Aufforstung
1.2	Sanierung und Wiederherstellung von Wäldern, einschließlich Wiederaufforstung und natürlicher Waldverjüngung nach einem Extremereignis
1.3	Waldbewirtschaftung
1.4	Konservierende Forstwirtschaft
2.2	Wiederherstellung von Feuchtgebieten
8.3	Rundfunktätigkeiten
9.1	Ingenieurbüros, die Tätigkeiten im Zusammenhang mit der Anpassung an den Klimawandel ausführen
9.2	Marktnahe Forschung, Entwicklung und Innovation
10.1	Nichtlebensversicherungen: Übernahme klimabedingter Risiken
10.2	Rückversicherungen
11	Erziehung und Unterricht
13.1	Kreative, künstlerische und unterhaltende Tätigkeiten
13.2	Bibliotheken, Archive, Museen, botanische und zoologische Gärten
13.3	Herstellung, Verleih und Vertrieb von Filmen und Fernsehprogrammen; Kinos; Tonstudios und Verlegen von Musik

Tab. 4.27 Tätigkeitsbeschreibungen im Anhang II delVO-Ziele, die ermöglichende Wirtschaftstätigkeiten enthalten

Um als ermöglichende Wirtschaftstätigkeit in der vorhergehenden Tabelle gelistet zu sein, soll der Kernzweck der Tätigkeit darin bestehen, Technologien, Produkte, Dienstleistungen, Informationen oder Verfahrensweisen mit dem Ziel bereitzustellen, die Resilienz gegenüber physischen Klimarisiken bei Menschen, Natur, Kulturerbe, Vermögenswerten oder bei anderen Wirtschaftstätigkeiten als den gelisteten zu erhöhen (Erwägungsgrund 48 delVO-Ziele).

4.3.4 Übergangstätigkeiten

Übergangstätigkeiten, die einen wesentlichen Beitrag zur Erreichung eines Umweltziels leisten, sind nur unter dem Umweltziel „Klimaschutz" zulässig. Laut Erwägungsgrund 13 delVO-Ziele können Übergangstätigkeiten beim Klimaschutz eine entscheidende Rolle spielen, indem ihr derzeit großer CO_2-Fußabdruck verringert wird und sie zusätzlich dazu sukzessive zum Abbau der Abhängigkeit von fossilen Brennstoffen beitragen.

Gemeint sind Wirtschaftstätigkeiten, die das größte Potenzial für erhebliche Treibhausgasreduktionen haben, für die es aber

1. noch keine nahezu CO_2-freien Lösungen gibt bzw.
2. für die nahezu CO_2-freie Alternativen zwar existieren, aber noch nicht in größerem Maßstab durchführbar sind.

Die in der delVO-Ziele festgelegten technischen Bewertungskriterien sollten sicherstellen, dass eine Übergangstätigkeit die Entwicklung und Einführung CO_2-armer Alternativen nicht behindert und nicht zu Lock-in-Effekten bei CO_2-intensiven Vermögenswerten führt. Zudem müssen insbesondere die Anforderungen von Artikel 10 Abs. 2 TaxonomieVO berücksichtigt werden, wonach die Übergangstätigkeit Treibhausgasemissionswerte aufweisen muss, die den besten Leistungen des Sektors oder der Industrie entsprechen.

Bei der Festlegung der Schwellenwerte für Übergangstätigkeiten gemäß Erwägungsgrund 20 delVO-Ziele war es daher das Anliegen der Kommission, dass die Bewertungskriterien lediglich von den leistungsfähigsten Akteuren jedes Sektors erfüllt werden können. Die Schwellenwerte sollten dabei zumeist auf Basis der Treibhausgasemissionen je Produktionseinheit ermittelt werden.

Im Anhang I sind zu folgenden Wirtschaftstätigkeiten technische Bewertungskriterien für Übergangstätigkeiten definiert worden:

Nr.	Wirtschaftstätigkeit
3.7	Herstellung von Zement
3.8	Herstellung von Aluminium

Nr.	Wirtschaftstätigkeit
3.9	Herstellung von Eisen und Stahl
3.11	Herstellung von Industrieruß
3.12	Herstellung von Soda
3.13	Herstellung von Chlor
3.14	Herstellung organischer Grundstoffe und Chemikalien
3.16	Herstellung von Salpetersäure
3.17	Herstellung von Kunststoffen in Primärformen
4.26	Vorkommerzielle Phasen fortgeschrittener Technologien zur Erzeugung von Energie aus Nuklearprozessen bei minimalem Abfall aus dem Brennstoffkreislauf
4.27	Bau und sicherer Betrieb neuer Kernkraftwerke zur Erzeugung von Strom oder Wärme, einschließlich zur Erzeugung von Wasserstoff, unter Verwendung der besten verfügbaren Technologien
4.28	Stromerzeugung aus Kernenergie in bestehenden Anlagen
4.29	Stromerzeugung aus fossilen gasförmigen Brennstoffen
4.30	Hocheffiziente Kraft-Wärme/Kälte-Kopplung mit fossilen gasförmigen Brennstoffen
4.31	Erzeugung von Wärme/Kälte aus fossilen gasförmigen Brennstoffen in einem effizienten Fernwärme- und Fernkältesystem
6.1	Personenbeförderung im Eisenbahnverkehr
6.2	Güterbeförderung im Eisenbahnverkehr
6.3	Personenbeförderung im Orts- und Nahverkehr, Personenkraftverkehr
6.5	Beförderung mit Motorrädern, Personenkraftwagen und leichten Nutzfahrzeugen
6.6	Güterbeförderung im Straßenverkehr
6.7	Personenbeförderung in der Binnenschifffahrt
6.8	Güterbeförderung in der Binnenschifffahrt
6.9	Nachrüstung von Schiffen für die Personen- und Güterbeförderung in der Binnenschifffahrt
6.10	Güterbeförderung in der See- und Küstenschifffahrt, Schiffe für den Hafenbetrieb und Hilfstätigkeiten
6.11	Personenbeförderung in der See- und Küstenschifffahrt
6.12	Nachrüstung von Schiffen für die Personen- und Güterbeförderung in der See- und Küstenschifffahrt
7.2	Renovierung bestehender Gebäude
8.1	Datenverarbeitung, Hosting und damit verbundene Tätigkeiten

Tab. 4.28 Wirtschaftstätigkeiten, bei denen Übergangstätigkeiten gemäß delVO-Ziele möglich sind

Zudem wurde schon im Erwägungsgrund 28 delVO-Ziele angekündigt, dass „Erdgastätigkeiten“, die die Anforderungen von Artikel 10 Abs. 2 und 19 Taxonomie-VO erfüllen, in einem künftigen Rechtsakt als Übergangstätigkeiten aufgenommen werden sollen. Dieses ist mit der Aufnahme der Wirtschaftstätigkeiten 4.26 bis 4.31

der delegierten Verordnung (EU) 2022/1214 vom 09.03.2022 zur Änderung der delVO-Ziele in Bezug auf Wirtschaftstätigkeiten in bestimmten Energiesektoren und der delVO-Art.-8 in Bezug auf besondere Offenlegungspflichten für diese Wirtschaftstätigkeiten (im Folgenden: delVO-Atom-&-Gas) erfolgt.

4.3.5 Wirtschaftstätigkeiten in bestimmten Energiesektoren

Mit der delegierten Verordnung (EU) 2022/1214 vom 09.03.2022 zur Änderung der delVO-Ziele in Bezug auf Wirtschaftstätigkeiten in bestimmten Energiesektoren und der delVO-Atom-&-Gas in Bezug auf besondere Offenlegungspflichten für diese Wirtschaftstätigkeiten erfolgte die erste Änderung an den genannten delegierten Verordnungen. Hierdurch wurden die Anhänge I „Klimaschutz" und II „Anpassung an den Klimawandel" der delVO-Ziele ergänzt und zusätzliche Berichtspflichten durch Einfügung der Absätze 6 bis 8 in Artikel 8 und des Anhangs XII delVO-Art.-8 begründet. Ausweislich ihres Artikels 3 gilt die delVO-Atom-&-Gas ab dem 01.01.2023. Gemäß Nr. 1 draft EU-FAQ-Art.-8 ist dieser erstmals für die Berichterstattung von Nichtfinanzunternehmen für das kalenderjahrgleiche Geschäftsjahr 2022 zu beachten.

Nr.	Wirtschaftstätigkeit
4.26	Vorkommerzielle Phasen fortgeschrittener Technologien zur Erzeugung von Energie aus Nuklearprozessen bei minimalem Abfall aus dem Brennstoffkreislauf
4.27	Bau und sicherer Betrieb neuer Kernkraftwerke zur Erzeugung von Strom oder Wärme, einschließlich zur Erzeugung von Wasserstoff, unter Verwendung der besten verfügbaren Technologien
4.28	Stromerzeugung aus Kernenergie in bestehenden Anlagen
4.29	Stromerzeugung aus fossilen gasförmigen Brennstoffen
4.30	Hocheffiziente Kraft-Wärme/Kälte-Kopplung mit fossilen gasförmigen Brennstoffen
4.31	Erzeugung von Wärme/Kälte aus fossilen gasförmigen Brennstoffen in einem effizienten Fernwärme- und Fernkältesystem

Tab. 4.29 Durch die delVO-Atom-&-Gas in delVO-Ziele eingefügte Wirtschaftstätigkeiten

Zudem wurden fünf neue Meldebögen in Anhang XII delVO-Art.-8 eingefügt, auf die hier nicht näher eingegangen werden soll.

4.4 Besonderheiten bei der Kreditvergabe durch berichtspflichtige Kreditinstitute

Nicht nur realwirtschaftliche Unternehmen können der Berichtspflicht nach Artikel 8 TaxonomieVO unterliegen. Auch CRR-Kreditinstitute können bei Erfüllung der Voraussetzungen von Artikel 19a oder 29a BilanzRL zur Berichterstattung nach Artikel 8 TaxonomieVO verpflichtet sein. Kreditinstitute haben für ihre Berichterstattung grundsätzlich Artikel 4 delVO-Art.-8 in Verbindung mit den Anhängen 5 und 11 („materielle Anforderungen") sowie Anhang 6 („Meldebogen") zu beachten.

Gemäß den Übergangsvorschriften in Artikel 10 Abs. 3 delVO-Art.-8 haben Kreditinstitute ab dem 01.01.2022 für das vorhergehende Geschäftsjahr u.a. den Anteil ihrer taxonomiefähigen und nicht taxonomiefähigen Risikopositionen auszuweisen. Zu diesen Risikopositionen gehören u.a. Eigenkapitalinvestitionen in sowie Spezialkredite und allgemeine Kredite an Nicht-Finanzunternehmen. Ab dem 01.01.2024 haben sie u.a. zusätzlich die Taxonomiekonformität der Risikopositionen gegenüber Nicht-Finanzunternehmen zu ermitteln.

In einem ersten Schritt hat die Unterteilung der Nicht-Finanzunternehmen in CSR-berichtspflichtig und nicht CSR-berichtspflichtig zu erfolgen. Grund hierfür ist, dass Risikopositionen gegenüber nicht CSR-berichtspflichtigen Nicht-Finanzunternehmen immer als nicht taxonomiefähig einzustufen sind. Maßgeblich für die Einstufung soll dabei nicht die Berichtspflicht aufgrund nationaler Umsetzungsgesetze der CSR-Richtlinie sein. Vielmehr soll gemäß Nr. 1 der EU-KOM-FAQ 2022 allein die Berichtspflicht nach Artikel 19a oder Artikel 29a BilanzRL beurteilt werden.

In einem zweiten Schritt haben die berichtspflichtigen CRR-Kreditinstitute die Risikopositionen gegenüber den CSR-berichtspflichtigen realwirtschaftlichen Unternehmen zu betrachten. Die Risikopositionen sind zu unterteilen in Eigenkapitalinvestitionen, Spezialkredite und allgemeine Kredite. Bei Spezialkrediten, d.h. bei Krediten, bei denen der Verwendungszweck bekannt ist, wird zunächst geprüft werden, ob die Kredite zur Finanzierung von in der delVO-Ziele genannten Wirtschaftstätigkeiten genutzt werden. Die zuordenbaren Risikopositionen sind dann taxonomiefähig. Ab dem 01.01.2024 ist in einem zweiten Schritt zu prüfen, ob die finanzierten taxonomiefähigen Wirtschaftstätigkeiten auch die Positiv- und Negativkriterien der delVO-Ziele einhalten. Taxonomiefähige Risikopositionen, die diese Grenzwerte einhalten, sind damit auch taxonomiekonform. Eigenkapitalinvestitionen und allgemeine Kredite sind dagegen auf Basis des Anteils der grünen Umsatzerlöse des Nicht-Finanzunternehmens in taxonomiekonform und nicht-taxonomiekonform aufzuteilen.

Im Kern bedeutet dies für Nicht-Finanzunternehmen, dass sie nur durch Vergabe von taxonomiefähigen Schuldverschreibungen die Quoten von Kreditinstituten positiv beeinflussen können., Zudem können Nicht-Finanzunternehmen, deren Wirtschaftstätigkeiten überhaupt nicht in die delVO-Ziele aufgenommen wurden, die entsprechende Kennzahl des finanzierenden Kreditinstitutes nicht beeinflussen.

4.5 Projektierung der Umsetzungserfordernisse zur Taxonomieverordnung

Die Anforderungen der TaxonomieVO sind nicht trivial. Berichtspflichtige und potenziell Berichtspflichtige sind daher gut beraten, sich frühzeitig auf die Anforderungen einzustellen. Klassischerweise sollte hierzu der Projektansatz gewählt werden. Wesentliche Faktoren und Umsetzungsschritte stellen wir im Kapitel 4.5.1 dar. Auf einzelne Umsetzungsherausforderungen gehen wir im Kapitel 4.5.2 näher ein.

4.5.1 Die zehn Schritte zur Berichterstattung

Die Frage, ob ein Projekt gestartet werden muss, ergibt sich zum einen aus der gesetzlichen Verpflichtung und zum anderen aus der Motivation des Unternehmens, eine freiwillige Berichterstattung vorzunehmen. Im Folgenden soll die gesetzliche Verpflichtung zur Berichterstattung Grundlage der Überlegungen sein.

Grundlegend: Überwachung der Berichtspflicht

Bevor ein Projekt aufgesetzt wird, muss die Verpflichtung zur gesetzlichen Berichterstattung erkennbar sein. Wichtig ist hierbei das „Erkennbar-Sein" an sich. Aufgrund der Komplexität der TaxonomieVO wäre es nahezu unmöglich, erst bei Eintritt der Berichtspflicht mit der Umsetzung der Anforderungen zu beginnen.

Um die Verpflichtung zu erkennen, sollten mittelständische Unternehmen das nationale Gesetzgebungsverfahren zur CSRD beobachten. Hier muss sich spätestens im Jahr 2024 wer neben den schon in der CSRD selbst adressierten Unternehmen zukünftig berichtspflichtig ist. Zum anderen sollten Unternehmen ihren Umsatz, ihre Bilanzsumme und ihre Arbeitnehmerzahl sowie ihre bisherige Größeneinstufung im Sinne von Artikel 3 BilanzRL kennen, um nicht von der Berichtspflicht überrascht zu werden. Grund hierfür ist, dass mit der Erfüllung der Voraussetzungen gemäß Artikel 3 Abs. 4 und 10 BilanzRL die Berichtspflicht für das vorhergehende Geschäftsjahr greift. Berichtspflichtige Unternehmen müssten also im schlechtesten Fall das zurückliegende Jahr analysieren und Daten erheben. Diese Herausforderung dürfte die Kapazitäten mittelständischer Unternehmen überfordern.

Beispiel
Ein bisher mittelgroßes Unternehmen überschreitet die Schwellenwerte gemäß Artikel 3 Abs. 4 BilanzRL zum 31.12.X1 und 31.12.X2. Es gilt damit gemäß Artikel 3 Abs. 4 und 10 BilanzRL zum 31.12.X2 als groß. Die Vorgaben für große Unternehmen sind damit erstmals für das Geschäftsjahr X2, d.h. für den Zeitraum vom 01.01.X2 bis 31.12.X2 anzuwenden.

Aus diesem Grund sollte daher dem Rechnungswesen aufgegeben werden, die Größenklassen zu überwachen. Spätestens beim erstmaligen Überschreiten der Schwellenwerte gemäß Artikel 3 Abs. 4 BilanzRL sollte das Projekt definiert und gestartet werden.

Schritt 1: Bestimmung des Kernprojektteams

Die Berichterstattung nach Artikel 8 TaxonomieVO erfordert sowohl Kenntnisse der Rechnungslegung als auch einen Überblick über die Aktivitäten des mittelständischen Unternehmens. Das Kernprojektteam sollte daher aus erfahrenen Mitarbeitenden des Rechnungswesens und soweit vorhanden des Controllings sowie der Betriebsleitung bestehen. Grundsätzlich ist es sinnvoll, die Projektleitung im Rechnungswesen zu verorten, da hier regelmäßig die Verantwortung für die Erstellung des Jahresabschlusses und des Lageberichtes liegt. Je nach Größe des Unternehmens sollte überlegt werden, einen Mitarbeitenden zum/zur Nachhaltigkeitsmanager*in fortzubilden.

Die Überwachung des Projektes sollte aufgrund ihrer Wichtigkeit und zahlreicher Schnittstellen im Unternehmen durch ein Mitglied der Geschäftsleitung übernommen werden. Dieses Mitglied sollte auch die angemessene finanzielle Ausstattung des Projektes unterstützen, da gerade in mittelständischen Unternehmen externe Fachkompetenz zumindest punktuell für die Umsetzung erforderlich ist. Das Mitglied der Geschäftsleitung ist zudem gefordert, allen Unternehmensbereichen die Wichtigkeit und die Chancen des Projektes zu verdeutlichen.

Schritt 2: Schulung der Mitglieder des Projektteams

Die TaxonomieVO und die delegierten Rechtsakte konnten aufgrund ihrer noch jungen Existenz noch nicht Gegenstand der Ausbildungen der Mitglieder des Projektteams sein. Daher ist es wichtig, dass diese eine Grundlagenschulung über die Gestaltung, Anforderungen und Auswirkungen der TaxonomieVO und ihrer delegierten Rechtsakte erhalten.

Schritt 3: Klärung der Anforderungen der TaxonomieVO und der delegierten Rechtsakte

Aufgrund der nach Abschluss von Schritt 2 vorhandenen Kenntnisse sollte in einem nächsten Schritt evaluiert werden, welche der Anforderungen der TaxonomieVO und der delegierten Rechtsakte für das Unternehmen relevant sind. Hierunter fällt insbesondere die Ermittlung der notwendigen Berichtsangaben und der Berichtsstruktur nach delVO-Art.-8.

Schritt 4: Ermittlung der taxonomiefähigen Wirtschaftsaktivitäten des Unternehmens

Wie im Kapitel 4.1 ausgeführt, ist die Kenntnis der Wirtschaftsaktivitäten von besonderer Relevanz. Grundsätzlich hat das Unternehmen aufgrund der vorzunehmenden statischen Meldungen Kenntnis über seinen NACE-Code, jedoch keine Kenntnis über seine Wirtschaftsaktivitäten. In diesem Fall bedarf es einer grundlegenden Analyse des Unternehmens.

Laut IDW FAQ 2, Nr. 3.1.1, sind im Grundsatz alle Tätigkeiten des Unternehmens im Hinblick auf ihre Betroffenheit zu analysieren. Vor dem Hintergrund der Praktikabilität erscheint es aber gerechtfertigt, diese Analyse unter Berücksichtigung von Kosten-Nutzen-Aspekten durchzuführen.

Es bietet sich daher zunächst an, statt der vollständigen Prüfung auf Konformität mit einzelnen Klassen der Verordnung (EU) Nr. 1893/2006 die Inhaltsverzeichnisse der Anhänge I und II delVO-Ziele zu betrachten und die Tätigkeitsbeschreibungen von infrage kommenden Wirtschaftstätigkeiten daraufhin zu prüfen, ob diese im Unternehmen vorliegen.

Anschließend ist zu prüfen, welche weiteren wesentlichen Wirtschaftstätigkeiten vorliegen. Sollte hiervon eine Wirtschaftstätigkeit wesentlich auf die in der TaxonomieVO festgelegten Umweltziele einzahlen, soll hierzu gemäß IDW FAQ 1, Nr. 6 und basierend auf den Empfehlungen der ESMA eine zusätzliche, knappe und beschreibende Darstellung der ökologischen Nachhaltigkeit dieser Wirtschaftstätigkeit in die nichtfinanzielle Erklärung aufgenommen werden, vorausgesetzt, die Platform on Sustainable Finance wurde darüber informiert, dass für diese Tätigkeit bislang keine technischen Bewertungskriterien festgelegt worden sind. Sofern die Platform on Sustainable Finance die EU-Kommission von der Aufnahme der entsprechenden Wirtschaftstätigkeit in die Taxonomie abrät, sollte das berichtende Unternehmen diese Entscheidung in der nichtfinanziellen Erklärung offenlegen und fortan keine derartigen Angaben mehr machen.

Die ermittelten taxonomiefähigen Wirtschaftstätigkeiten sind zu dokumentieren und jeweils von den übrigen Wirtschaftstätigkeiten abzugrenzen.

Schritt 5: Ermittlung der Anforderungen zur Prüfung der Taxonomiekonformität

Für die so ermittelten taxonomiefähigen Wirtschaftstätigkeiten sollten im Anschluss sowohl die Positivkriterien (wesentlicher Beitrag) als auch die Negativkriterien (keine erhebliche Beeinträchtigung) aufbereitet werden. Ebenfalls einzubeziehen sind die Sozialkriterien gemäß Artikel 18 TaxonomieVO. Es bietet sich hier die Entwicklung einer Checkliste an, bei der die Prüfung der jeweiligen Kriterien dokumentiert werden kann. Zudem sollten unklare Begrifflichkeiten geklärt und Regelungen, auf denen in den Bewertungskriterien verwiesen wird, beschafft werden.

Schritt 6: Ergänzung des Projektteams um Expert*innen aus den taxonomiefähigen Wirtschaftsaktivitäten

Auf Basis der unter Schritt 5 ermittelten Anforderungen ist zu prüfen, ob das im Projektteam vorhandene Wissen ausreicht oder zusätzliches Expertenwissen erforderlich ist. In letzterem Fall ist eventuell externes Expertenwissen miteinzubeziehen, sodass auch das Projektbudget eventuell angepasst werden muss.

Schritt 7: Feststellung der taxonomiefähigen Wirtschaftsaktivitäten

Mit den in Schritt 5 vorbereiteten Unterlagen ist in diesem Schritt zu prüfen, ob die Vorgaben eingehalten werden. Sofern dies nicht der Fall ist, sollten die Abweichungen dokumentiert werden.

Schritt 8: Ermittlung zusätzlicher taxonomiekonformer Investitionen und Betriebsausgaben des Unternehmens

Wie in den Kapiteln 4.1.2 und 4.1.3 beschrieben sind für die Ermittlung des Anteils grüner Investitionen bzw. Betriebsausgaben nicht nur Investitionen und Betriebsausgaben relevant, die sich auf Vermögenswerte oder Prozesse beziehen, die mit taxonomiekonformen Wirtschaftstätigkeiten verbunden sind. Vielmehr sind auch solche Investitionen oder Betriebsausgaben relevant, die Teil eines CapEx-Plans sind oder sich auf den Erwerb von Produkten aus taxonomiekonformen Wirtschaftstätigkeiten oder auf einzelne Maßnahmen beziehen. Hierzu bedarf es einer Analyse von Investitionsplänen sowie einzelner Beschaffungsvorgänge. Der für diese Analyse notwendige Zeitaufwand sollte nicht unterschätzt werden.

Schritt 9: Definition laufender Berichts- und Überwachungsprozesse

Die zu implementierenden Überwachungsprozesse sind in unternehmensbezogene und nicht unternehmensbezogene Überwachungsprozesse zu unterteilen. Nicht unternehmensbezogene Überwachungsprozesse betreffen die europäische Gesetzgebung. Die von der TaxonomieVO erfassten Wirtschaftsaktivitäten (Taxonomiefähigkeit) und vorgegebenen Anforderungen (Taxonomiekonformität) werden regelmäßig von der EU-Kommission aktualisiert. Zum Redaktionsschluss der vorliegenden Auflage standen die delegierten Rechtsakte für vier Umweltziele noch aus aus. Daher ist es wichtig, die Entwicklung der Regulierung auf europäischer Ebene zu überwachen, um rechtzeitig den unternehmensspezifischen Umsetzungserfordernissen begegnen zu können.

Unternehmensbezogene Überwachungsprozesse sind erforderlich, um neue taxonomiefähige Wirtschaftstätigkeiten rechtzeitig erfassen und auf Taxonomiekonformität prüfen zu können. Gleiches gilt für zusätzliche taxonomiekonforme Investitions- und Betriebsausgaben. Zudem ist in den entsprechenden internen Organisationsregelungen vorzugeben, dass die Einhaltung der entsprechenden Voraussetzungen für einen wesentlichen Beitrag (Positivkriterien) und keine erhebliche Beeinträchtigung (Negativbeitrag) sorgen sowie die Sozialkriterien überwacht bzw. die Kriterien bei der Beschaffung von Waren und Dienstleistungen angewendet werden.

Hinweis:
Vereinzelt muss die Einhaltung der technischen Bewertungskriterien extern geprüft werden. So müssen beispielsweise bei der Stromerzeugung aus erneuerbaren nichtfossilen gasförmigen und flüssigen Brennstoffen die quantifizierten Lebenszyklus-Treibhausgas-Emissionen von einem unabhängigen Dritten überprüft werden. Daher ist es wichtig, die Notwendigkeit der Prüfung durch Dritte bei der Umsetzungsplanung ausreichend zu berücksichtigen.

Damit eine fristgerechte Berichterstattung nach Artikel 8 TaxonomieVO erfolgen kann, sind zudem Verantwortlichkeiten, Fristen und Formate für die Ermittlung der Daten und qualitativen Angaben erforderlich. Ein analoges Vorgehen zur Finanzberichterstattung reicht aufgrund der zu prüfenden Kriterien nicht aus.

Schritt 10: Berichterstattung

Die Erstellung der Berichterstattung selbst sollte wie die Finanzberichterstattung dem Rechnungswesen obliegen, um Widerspruchsfreiheit zu gewährleisten.

4.5.2 Compliance-bezogene Herausforderungen bei der Umsetzung der Taxonomieverordnung

Für die mittelständischen Unternehmen dürfte vor allem die laufende Compliance gegenüber den Anforderungen der TaxonomieVO eine große Herausforderung darstellen. Die zielgerichtete Anpassung bzw. Etablierung von unternehmensinternen Prozessen ist keine einmalige Aufgabe, sondern eine Daueraufgabe. Wie schwierig die Adaption und Aufrechterhaltung entsprechender Systeme sind, dürfte vielen mittelständischen Unternehmen aus dem Betrieb von Qualitätssicherungssystemen bekannt sein.

Für die Umsetzung der Prozessanpassungen bzw. deren Etablierung bietet zudem das IDW FAQ 1 wertvolle Hinweise.[50] Demnach bedarf es im Unternehmen eines abteilungs- oder bereichsübergreifenden Ansatzes. Dieser Ansatz soll eine aktive, fachbezogene und interdisziplinare Zusammenarbeit verschiedener Fachabteilungen ermöglichen. Ziel ist es, unter Berücksichtigung der Kriterien für ökologisch nachhaltige Wirtschaftstätigkeiten gemäß Artikel 3 und der Umweltziele gemäß Artikel 9 TaxonomieVO unternehmensinterne Prozesse im vorgenannten Sinne anzupassen oder zu etablieren, mit denen die Beachtung bzw. Umsetzung folgender Aspekte sowie die Bereitstellung zugehöriger Daten gewährleistet wird:

- Implementierung der festgelegten Begrifflichkeiten in die produktions- oder dienstleistungsbezogenen Prozesse,
- Anreicherung der bestehenden produktions- oder dienstleistungsbezogenen Prozesse um die technischen Bewertungskriterien aus der TaxonomieVO bzw. der delVO-Ziele
- Einfügung der zu einer Verwirklichung eines oder mehrerer Umweltziele erforderlichen Rahmenbedingungen aus Artikel 10 bis 16 der TaxonomieVO in die bestehenden produktions- oder dienstleistungsbezogenen Prozesse,
- Sicherstellung in den produktions- oder dienstleistungsbezogenen Prozessen, dass gemäß Artikel 17 der TaxonomieVO keine erheblichen Beeinträchtigungen der je-

50 IDW FAQ 1, Nr. 9.2.

weils fünf weiteren Umweltziele durch die Wirtschaftstätigkeit selbst und durch die bereitgestellten Produkte bzw. Dienstleistungen während des gesamten Lebenszyklus erfolgt sind bzw. erfolgen,
- Beachtung der Regelungen des Mindestschutzes gemäß Artikel 18 der TaxonomieVO im Hinblick auf Menschenrechte und Arbeitsschutz in den produktions- oder dienstleistungsbezogenen Prozessen und
- Festlegung, ob die erforderlichen Datenerhebungen – möglichst auf digitalem Wege – auf Basis eines derivativen oder eines originären Prozessdesigns erfolgen sollen.

Zur systemseitigen Berücksichtigung der einzelnen Aspekte bedarf es gemäß IDW einer Integration in die bestehenden produktions- oder dienstleistungsbezogenen Prozesse und damit in das unternehmerische Führungssystem sowie eines Monitorings der ermittelten Leistungsindikatoren, Kennzahlen bzw. Werte.

Da auch CSR-berichtspflichtige Kreditinstitute eine Berichterstattung nach Artikel 8 TaxonomieVO vorzunehmen haben, sollte mit den finanzierenden Kreditinstituten abgestimmt werden, welche Anteile an grünen Umsatzerlösen, Investitionen bzw. Betriebsausgaben erwartet werden. Im Gegenzug ist selbstverständlich auch zu erörtern, welche Vergünstigungen bei der Kreditvergabe möglich sind.

Für die Umsetzung dieses umfangreichen Projektes ist jedoch zu prüfen, ob die finanziellen Ressourcen zur Durchführung des Projektes ausreichen und ob es eventuell zwischenzeitlich Fördermittel hierfür gibt.

5 Die neuen Europäischen Anforderungen an die Nachhaltigkeitsberichterstattung (CSRD)

Die Richtlinie (EU) 2022/2464 des Europäischen Parlaments und des Rates vom 14.12.2022 zur Änderung der Verordnung (EU) Nr. 537/2014 („Abschlussprüferverordnung") und der Richtlinien 2013/34/EU („Bilanzrichtlinie"), 2004/109/EG („Transparenzrichtlinie") und 2006/43/EG („Abschlussprüfungsrichtlinie") hinsichtlich der Nachhaltigkeitsberichterstattung von Unternehmen (CSRD) stellt eine Zeitenwende dar.[51]

Die CSRD soll nach dem Willen der EU-Kommission in ihrem Vorschlag für eine Richtlinie des Europäischen Parlaments und des Rates zur Änderung der Richtlinien 2013/34/EU, 2004/109/EG und 2006/43/EG und der Verordnung (EU) Nr. 537/2014 hinsichtlich der Nachhaltigkeitsberichterstattung von Unternehmen vom 21.04.2021 (im Folgenden: CSRD-E) „die Nachhaltigkeitsberichterstattung zu den geringstmöglichen Kosten verbessern, um das Potenzial des europäischen Binnenmarkts besser zu nutzen und somit zum Übergang zu einem vollständig nachhaltigen und inklusiven Wirtschafts- und Finanzsystem im Einklang mit dem europäischen Grünen Deal und den Zielen der Vereinten Nationen für nachhaltige Entwicklung beizutragen"[52].

Als Änderungsrichtlinie enthält die CSRD 8 Artikel. Die Artikel 1 bis 4 betreffen materielle Änderungen der Bilanz-, Transparenz und Abschlussprüfungsrichtlinie sowie der Abschlussprüferverordnung. In den Artikeln 5 bis 8 finden sich die formalen Anweisungen zur Umsetzung der Richtlinienänderungen in das Recht der Mitgliedsstaaten der Europäischen Union, zum geplanten Erstanwendungszeitpunkt der CSRD und zu den unmittelbar geltenden Änderungen der Abschlussprüferverordnung. Für nicht kapitalmarktorientierte Mittelständler*innen und ihre Abschlussprüfer*innen sind insbesondere die Artikel 1 und 3 relevant.

Artikel	Gegenstand
1	Änderung der Richtlinie 2013/34/EU („Bilanzrichtlinie")
2	Änderungen der Richtlinie 2004/109/EG („Transparenzrichtlinie")
3	Änderungen der Richtlinie 2006/43/EG („Abschlussprüfungsrichtlinie")
4	Änderungen der Verordnung (EU) Nr. 537/2014 („Abschlussprüferverordnung")
5	Umsetzung
6	Überprüfung und Berichterstattung
7	Inkrafttreten und Anwendung
8	Adressaten

Tab. 5.1 Die acht Artikel der CSRD

[51] Die im Amtsblatt der EU veröffentlichte Änderungsrichtlinie ist abrufbar unter https://eur-lex.europa.eu.
[52] Vgl. Vorschlag der EU-Kommission, S. 4. Das Dokument ist abrufbar unter https://eur-lex.europa.eu.

Im Folgenden werden die für die einzelnen Rechtsakte beschlossenen Artikeländerungen oder -einfügungen mit „CSRD“ ergänzt (beispielsweise wird der durch die CSRD geänderte Artikel 19a für die Bilanzrichtlinie 2013/34/EU als Artikel 19a Bilanz-RL-CSRD bezeichnet). Die Artikel 1 bis 3 CSRD sollen bis zum 06.07.2024 durch die EU-Mitgliedsstaaten in nationales Recht umgesetzt werden (Artikel 5 Abs. 1 CSRD).

Die in Artikel 1 CSRD geregelte Berichtspflicht selbst wird gemäß Artikel 5 Abs. 2 CSRD UAbs. 1 zeitlich gestaffelt eingeführt.

Beginn des Geschäftsjahres	**ab 01.01.2024**	**ab 01.01.2025**	**ab 01.01.2026**
Betroffene Unternehmen	Große Unternehmen von öffentlichem Interesse mit mehr als 500 Beschäftigten	Große Unternehmen	Kleine und mittelgroße kapitalmarktnotierte Unternehmen mit Ausnahme der Kleinstunternehmen
Besonderheiten bei Banken		Große, aber **nicht** „Kleine und nicht komplexe Institute“ (non-SNCI)[53]	„Kleine und nicht komplexe Institute“ (SNCI) [54], die 1. groß oder 2. klein oder mittelgroß sowie kapitalmarktnotiert und kein Kleinstunternehmen sind
Besonderheiten bei Versicherungen			Firmeneigene Versicherungsunternehmen und firmeneigene Rückversicherungsunternehmen, die 1. groß oder 2. klein oder mittelgroß sowie kapitalmarktnotiert und kein Kleinstunternehmen sind

Tab. 5.2 Grundsätzlicher Beginn Nachhaltigkeitsberichterstattung im Sinne der CSRD

Kapitalmarktorientierte kleine und mittlere Unternehmen dürfen zudem für Geschäftsjahre, die vor dem 01.01.2028 beginnen, beschließen, die in Artikel 19a Abs. 1 Bilanz-RL-CSRD geforderten Angaben nicht in ihren Lagebericht aufzunehmen. In diesem Fall ist jedoch im Lagebericht kurz anzugeben, warum die Nachhaltigkeitsberichterstattung nicht vorgelegt wurde. Damit kann sich die Pflichtnachhaltigkeitsberichterstattung faktisch um zwei Geschäftsjahre verschieben. Das Wort „kurz“ lässt vermuten, dass an die Begründung keine weitreichenden Anforderungen zu stellen sind.

[53] Small-and-non-complex-institution-(SNCI-)Kriterium – aus aktueller Sicht maßgeblich: „Der Gesamtwert seiner Vermögenswerte beträgt auf Einzelbasis oder gegebenenfalls auf konsolidierter Basis während des Vierjahreszeitraums, der dem laufenden jährlichen Berichtszeitraum unmittelbar vorangeht, im Durchschnitt höchstens 5 Mrd. EUR“, siehe dazu die Informatioenn zur „Qualifizierung als kleines und nicht komplexes Institut“ auf der Website der BaFin unter www.bafin.de.

[54] Siehe SNCI-Kriterium.

Hinweis:
In Artikel 40a ff. BilanzRL-CSRD sind zudem Pflichten für bestimmte Tochterunternehmen und Zweigniederlassungen von Drittlandsunternehmen geregelt. Diese sollen gemäß Artikel 5 Absatz 2 UAbs. 2 CSRD für am oder nach dem 01.01.2028 beginnende Geschäftsjahre gelten. Im Weiteren wird auf diese Berichtspflicht nicht näher eingegangen.

Die Änderungen der Abschlussprüfungsrichtlinie sollen gemäß Artikel 5 Abs. 2 UAbs. 4 CSRD auf Geschäftsjahre, die am oder nach dem 01.01.2024 beginnen, angewendet werden. Gemäß Artikel 7 UAbs. 2 CSRD gelten die Änderungen der Abschlussprüferverordnung ebenfalls für diese Geschäftsjahre.

5.1 Kriterien zur Bestimmung der betroffenen Unternehmen

Hinsichtlich der Berichtspflicht ist zwischen Unternehmens- und Konzernebene zu unterscheiden. Zunächst schauen wir uns die Voraussetzungen für die Pflichtberichterstattung im Einzelabschluss und dann die Besonderheiten im Konzernabschluss an.

5.1.1 Berichterstattung auf Unternehmensebene

Grundsatz

Artikel 19a BilanzRL-CSRD erweitert, wie in **Tab. 5.2** dargestellt, den Kreis der berichterstattungspflichtigen Unternehmen deutlich. Eine Unternehmensdefinition enthält die Bilanzrichtlinie nicht. Artikel 1 in Verbindung mit Anhang I und Anhang II BilanzRL grenzt die betroffenen Unternehmen aber anhand ihrer Rechtsform ein. Demnach wären in Deutschland handelsrechtlich große Unternehmen folgender Rechtsformen grundsätzlich berichterstattungspflichtig:

Artikel 1 i.V.m. Anhang I	AG, KGaA, GmbH
Artikel 1 i.V.m. Anhang II	OHG, KG

Tab. 5.3 Von der CSRD grundsätzlich betroffene deutsche Rechtsformen

Unternehmen in der Rechtsform OHG oder KG wären aber nur dann berichterstattungspflichtig, wenn bei ihnen alle unmittelbaren oder mittelbaren Gesellschafter des Unternehmens mit ansonsten unbeschränkter Haftung tatsächlich nur beschränkt haftbar sind, weil diese Gesellschafter

1. über eine in Anhang I aufgeführte Rechtsform verfügen oder
2. nicht den Rechtsvorschriften eines Mitgliedsstaats unterliegen, aber über eine Rechtsform verfügen, die einer in Anhang I genannten vergleichbar ist.

Diese Gesellschaften werden in § 264a HGB als haftungsbeschränkte Personenhandelsgesellschaften bezeichnet.

Ein Unternehmen gilt gemäß Artikel 3 Abs. 4 in Verbindung mit Abs. 10 BilanzRL als groß, wenn es an zwei aufeinanderfolgenden Bilanzstichtagen mindestens zwei der drei folgenden Größenmerkmale aufweist:

Bilanzsumme	> 20 Millionen EUR
Nettoumsatzerlöse	> 40 Millionen EUR
Durchschnittliche Beschäftigtenzahl während des Geschäftsjahres	> 250

Tab. 5.4 Größenkriterien gemäß Artikel 3 Abs. 4 BilanzRL

In der Praxis bedeutet die Aufhebung des Kapitalmarktkriteriums und der 500-Arbeitnehmer-Grenze nach Berechnungen des Deutschen Rechnungslegungs Standards Committee (DRSC) eine Ausweitung der Berichterstattungspflichtigen von 500 auf 15.000 Unternehmen[55]. Zudem können laut dem IDW Fachausschuss für öffentliche Unternehmen und Verwaltungen auch Unternehmen der öffentlichen Hand verpflichtet sein, einen Nachhaltigkeitsbericht im Sinne der CSRD zu erstellen.[56] Auf die Besonderheiten für öffentliche Unternehmen und Verwaltungen wird im Folgenden aber nicht weiter eingegangen.

Mögliche Befreiungen

Weiterhin möglich bleibt die Befreiung von Unternehmen, die Tochterunternehmen sind. Geregelt ist dieses in sechs Unterabschätzen des Artikel 19a Abs. 9 sowie in Artikel 19a Abs. 10 BilanzRL-CSRD. Allein anhand der Anzahl der Unterabsätze lässt sich die Komplexität der Regulierung erahnen.

Unterabsatz	Kurzbeschreibung
1	Grundsatz
2	Bedingungen
3	Sprache
4	Besonderheiten bei Befreiung von der Lageberichtserstattung
5	Besonderheiten für Kreditinstitute
6	Besonderheiten für Versicherungsunternehmen

Tab. 5.5 Unterabsätze des Artikel 19a Abs. 9 BilanzRL

55 Vgl. DRSC-Paper „Kernbotschaften des DRSC-Verwaltungsrates zur Corporate Sustainability Reporting Directive (CSRD)", abrufbar unter www.drsc.de.

56 Vgl. IDW-Schreiben an die Finanzministerien der Länder sowie [die] Innen- bzw. für Kommunales zuständigen Ministerien vom 08.09.2022, abrufbar unter www.idw.de.

Gemäß Artikel 19a Abs. 9 UAbs. 9 S. 1 BilanzRL-CSRD ist ein Tochterunternehmen von der Nachhaltigkeitsberichterstattung befreit, wenn

1. es selbst und seine Tochterunternehmen in den konsolidierten Lagebericht eines Mutterunternehmens einbezogen werden und
2. dieser konsolidierte Lagebericht gemäß Artikel 29 und Artikel 29a erstellt wird (Artikel 19a Abs. 9 S. 1 BilanzRL-CSRD).

Ist das Unternehmen Tochterunternehmen eines in einem Drittland niedergelassenen Mutterunternehmens, kann es ebenfalls von der Pflicht zur Aufstellung eines Nachhaltigkeitsberichtes befreit werden, wenn es selbst und seine Tochterunternehmen in die konsolidierte Nachhaltigkeitsberichterstattung des in einem Drittland niedergelassenen Mutterunternehmens einbezogen werden. Zudem muss die konsolidierte Nachhaltigkeitsberichterstattung gemäß den nach Artikel 29b erlassenen Nachhaltigkeitsberichtsstandards oder in einer Weise durchgeführt werden, die diesen Standards gleichwertig ist. Die Gleichwertigkeit der Standards für die Nachhaltigkeitsberichterstattung muss in einem gemäß Artikel 23 Abs. 4 UAbs. 3 der Richtlinie 2004/109/EG („Transparenzrichtlinie") des Europäischen Parlaments und des Rates erlassenen Durchführungsrechtsakt festgestellt werden (Artikel 19a Abs. 9 UAbs. 1 S. 2 BilanzRL-CSRD).

Zusätzlich muss gemäß Artikel 19a Abs. 9 UAbs. 2 BilanzRL-CSRD der Lagebericht des von der Nachhaltigkeitsberichterstattung befreiten Unternehmens folgende Informationen enthalten:

1. den Namen und Sitz des Mutterunternehmens, das Informationen auf Gruppenebene gemäß dem Artikel 19a oder in einer Weise berichterstattet, die den nach Artikel 29b BilanzRL-CSRD erlassenen Nachhaltigkeitsberichtsstandards gleichwertig ist, was in einem gemäß Artikel 23 Abs. 4 UAbs. 3 der Richtlinie 2004/109/EG erlassenen Durchführungsrechtsakt über die Gleichwertigkeit der Standards für die Nachhaltigkeitsberichterstattung festgestellt worden sein muss;
2. die Weblinks
   a. zum konsolidierten Lagebericht des Mutterunternehmens oder
   b. gegebenenfalls zu der konsolidierten Nachhaltigkeitsberichterstattung des Mutterunternehmens nach Artikel 19a Abs. 9 UAbs. 1 BilanzRL-CSRD
   c. zu dem Bestätigungsurteil nach Art 34 Abs. 1 UAbs. 2 lit. aa BilanzRL-CSRD oder
   d. zum Bestätigungsurteil nach Artikel 19a Abs. 9 lit. b BilanzRL-CSRD und
3. die Information, dass das Unternehmen von der Pflicht zur Erstellung eines Nachhaltigkeitsberichtes gemäß Artikel 19a Abs. 1 bis 4 BilanzRL-CSRD befreit ist.

Die drei Angaben entfallen für Unternehmen, die gemäß Artikel 37 BilanzRL von der Lageberichtserstellung befreit sind (Artikel 19a Abs. 9 UAbs. 4 BilanzRL-CSRD). Bedingung hierfür ist die Offenlegung des konsolidierten Lageberichts gemäß Artikel 37 BilanzRL.

Zudem kann gemäß Artikel 19a Abs. 9 UAbs. 3 BilanzRL-CSRD der Mitgliedsstaat des befreiten Tochterunternehmens verlangen, dass der konsolidierte Lagebericht oder gegebenenfalls der konsolidierte Nachhaltigkeitsbericht des Mutterunternehmens in einer vom Mitgliedsstaat akzeptierten Sprache offengelegt wird und dass alle erforderlichen Übersetzungen in dieser Sprache bereitgestellt werden. Jede Übersetzung, die nicht beglaubigt wurde, muss eine entsprechende Erklärung enthalten.

Sofern das Mutterunternehmen in einem Drittland niedergelassen ist, müssen gemäß Artikel 19a Abs. 9 UAbs. 2 lit. b) BilanzRL-CSRD dessen konsolidierte Nachhaltigkeitsberichterstattung und das von einer oder mehreren Personen oder Gesellschaften zugehörige Bestätigungsurteil gemäß Artikel 30 BilanzRL-CSRD im Einklang mit Recht des Mitgliedsstaats, dem das befreiende Tochterunternehmen unterliegt, veröffentlicht werden. Für die Befugnis zur Abgabe des zugehörigen Bestätigungsurteils gilt hingegen das für das Mutterunternehmen geltende Recht. Die Angaben nach Artikel 8 TaxonomieVO für das befreite Tochterunternehmen und seiner Tochterunternehmer müssen entweder in den Lagebericht des von der Nachhaltigkeitsberichterstattung befreiten Tochterunternehmens oder in die konsolidierte Nachhaltigkeitsberichterstattung des im Drittland niedergelassenen Mutterunternehmens aufgenommen werden [Artikel 19a Abs. 9 UAbs. 2 lit. c) BilanzRL-CSRD].

Nach Artikel 19a Abs. 10 BilanzRL-CSRD ist die Befreiung nach Artikel 19a Abs. 9 BilanzRL-CSRD auch für nach Artikel 19a BilanzRL-CSRD verpflichtete Unternehmen von öffentlichem Interesse möglich, soweit sie keine kapitalmarktorientierten Unternehmen im Sinne des Artikel 2 Nr. 1 lit. a) BilanzRL sind.

5.1.2 Berichterstattung auf Konzernebene

Mutterunternehmen einer großen Gruppe sollen gemäß Artikel 29a BilanzRL-CSRD in ihren Konzernlagebericht einen „Nachhaltigkeitsbericht“ aufnehmen.

i

Hinweis:
Im Wortlaut heißt es in Artikel 29a Abs. 1 UAbs. 1 BilanzRL-CSRD:

„Mutterunternehmen einer großen Gruppe nach Artikel 3 Absatz 7 nehmen in den konsolidierten Lagebericht Angaben auf, die für das Verständnis der Auswirkungen der Gruppe auf Nachhaltigkeitsaspekte sowie das Verständnis der Auswirkungen von Nachhaltigkeitsaspekten auf Geschäftsverlauf, Geschäftsergebnis und Lage der Gruppe erforderlich sind.“

Ein Mutterunternehmen ist gemäß Artikel 2 Nr. 9 BilanzRL ein Unternehmen, das ein oder mehrere Tochterunternehmen kontrolliert. Eine Gruppe besteht gemäß Artikel 2 Nr. 11 BilanzRL aus einem Mutterunternehmen und allen Tochterunternehmen. Übersetzt in die Begriffe des Handelsgesetzbuches bedeutet dies, dass sämtliche Konzernlageberichte, die nach dem Handelsgesetzbuch zu erstellen sind, um einen Konzernnachhaltigkeitsbericht zu erweitern sind. Im Publizitätsgesetz (PublG) wurden bisher die Regelungen zur Erstellung von nichtfinanziellen Konzernerklärungen oder gesonderten nichtfinanziellen Konzernberichten der BilanzRL nicht analog übernommen. Ob dieses durch die CSRD erfolgt, bleibt dem deutschen Gesetzgeber vorbehalten.

Auf die Befreiung von Teilkonzernen gemäß Artikel 29a Abs. 8 BilanzRL-CSRD wird an dieser Stelle nicht weiter eingegangen. Sie ist der im vorherigen Gliederungspunkt dargestellten Befreiung von Unternehmen ähnlich.

5.2 Inhaltliche Anforderungen an die Berichterstattung

Im Folgenden wird auf die geplanten Inhalte für den Einzelnachhaltigkeitsbericht eingegangen, jedoch nicht auf die abweichenden Inhalte des Konzernnachhaltigkeitsberichts.

5.2.1 Grundlegende Inhalte des Nachhaltigkeitsberichts

Die Bestimmung der Inhalte eines Nachhaltigkeitsberichtes erfolgt nach dem Grundsatz der doppelten Wesentlichkeit. Prominent in Abs. 1 UAbs. 1 von Artikel 19a BilanzRL-CSRD wird gefordert, dass der Nachhaltigkeitsbericht[57] im Sinne der CSRD Informationen zu enthalten hat, die

1. für das Verständnis der Auswirkungen der Tätigkeiten des Unternehmens auf Nachhaltigkeitsaspekte (Inside-out-Perspektive) sowie
2. für das Verständnis der Auswirkungen von Nachhaltigkeitsaspekten auf Geschäftsverlauf, Geschäftsergebnis und Lage des Unternehmens (Outside-in-Perspektive)

erforderlich sind. Die prominente und deutliche Platzierung zu Beginn der inhaltlichen Neuregelung zeigt, dass anders als bisher die Inside-out-Perspektive eindeutig gleichrangig zur Outside-in-Perspektive zu beachten ist. Bei der Bestimmung der Inhalte des Nachhaltigkeitsberichts ist das berichterstattende Unternehmen jedoch nicht völlig frei. Sowohl Artikel 19a selbst als auch Artikel 29b BilanzRL-CSRD enthalten inhaltliche Anforderungen für den Nachhaltigkeitsbericht. Zudem muss das berichtspflichtige Unternehmen offenlegen, wie es die wesentlichen Inhalte ermittelt

[57] Anm.: In Artikel 19a Abs. 1 wird der Begriff „Nachhaltigkeitsbericht" nicht verwendet, sondern tatsächlich das Wort „Lagebericht". Dafür trägt Artikel 19a die Überschrift „Nachhaltigkeitsberichterstattung".

hat (Artikel 19a Abs. 2 UAbs. 2 S. 1 BilanzRL-CSRD). Die offengelegten Informationen müssen gegebenenfalls Angaben über kurz-, mittel- und langfristige Zeiträume enthalten (Artikel 19a Abs. 2 UAbs. 2 S. 2 BilanzRL-CSRD).

In den Absätzen 2 und 3 von Artikel 19a BilanzRL-CSRD finden sich die grundsätzlichen inhaltlichen Anforderungen an den Nachhaltigkeitsbericht. Die acht Inhaltsanforderungen in Abs. 2 UAbs. 1 lit. a) bis h) könnten dabei schon eine Gliederung des Nachhaltigkeitsberichts darstellen.

Mindestinhalte
a. kurze Beschreibung von Geschäftsmodell und Strategie inklusive Angaben i) zur Widerstandsfähigkeit des Geschäftsmodells und der Strategie des Unternehmens gegenüber Risiken im Zusammenhang mit Nachhaltigkeitsaspekten, ii) zu den Chancen des Unternehmens im Zusammenhang mit Nachhaltigkeitsaspekten, iii) zu der Art und Weise, einschließlich Durchführungsmaßnahmen und zugehörigen Finanz- und Investitionsplänen, wie das Unternehmen beabsichtigt sicherzustellen, dass sein Geschäftsmodell und seine Strategie mit dem Übergang zu einer nachhaltigen Wirtschaft und der Begrenzung der Erderwärmung auf 1,5 °C im Einklang mit dem Übereinkommen von Paris und dem Europäischen Klimagesetz (Verordnung (EU) 2021/1119 vom 30.06.2021) vereinbar sind, und gegebenenfalls die Exposition des Unternehmens gegenüber Aktivitäten mit Bezug zu Kohle, Öl und Gas, iv) zu der Art und Weise, wie das Unternehmen den Belangen seiner Interessenträger und den nachhaltigkeitsrelevanten Auswirkungen seiner Tätigkeiten in seinem Geschäftsmodell und seiner Strategie Rechnung trägt, v) zu der Art und Weise, wie die Strategie des Unternehmens im Hinblick auf Nachhaltigkeitsaspekte umgesetzt wird.
b. Beschreibung – der zeitgebundenen Nachhaltigkeitsziele, gegebenenfalls einschließlich der absoluten Ziele für die Verringerung der Treibhausgasemission mindestens für 2030 und 2050, und – der Fortschritte sowie eine Erklärung, ob die auf Umweltfaktoren bezogenen Ziele des Unternehmens auf schlüssigen wissenschaftlichen Beweisen beruhen.
c. Beschreibung – der Rolle der Verwaltungs-, Leitungs- und Aufsichtsorgane im Zusammenhang mit Nachhaltigkeitsaspekten sowie – ihres Fachwissens und ihrer Fähigkeiten zur Wahrnehmung dieser Rolle oder – ihres Zugangs zu solchem Fachwissen und solchen Fähigkeiten.
d. Beschreibung der Nachhaltigkeitspolitik.
e. Angaben über das Vorhandensein von mit Nachhaltigkeitsaspekten verknüpften Anreizsystemen, die Mitgliedern der Verwaltungs-, Leitungs- und Aufsichtsorgane angeboten werden.

Mindestinhalte
f. Beschreibung i) des vom Unternehmen – mit Blick auf Nachhaltigkeitsaspekte und – gegebenenfalls im Einklang mit den Anforderungen der Union für Unternehmen zur Durchführung eines Due-Diligence-Prozesses durchgeführten Due-Diligence-Prozesses, ii) der wichtigsten tatsächlichen oder potenziellen negativen Auswirkungen, die – mit der eigenen Geschäftstätigkeit des Unternehmens und – mit seiner Wertschöpfungskette, einschließlich seiner Produkte und Dienstleistungen, seiner Geschäftsbeziehungen und seiner Lieferkette, verknüpft sind, – der Maßnahmen zur Ermittlung und Überwachung dieser Auswirkungen und anderer negativer Auswirkungen, die das Unternehmen gemäß anderen Anforderungen der Union für Unternehmen zur Durchführung eines Due-Diligence-Prozesses ermitteln muss, iii) jeglicher Maßnahmen des Unternehmens zur – Verhinderung, – Minderung, – Behebung oder – Beendigung tatsächlicher oder potenzieller negativer Auswirkungen und des Erfolgs dieser Maßnahmen.
g. Beschreibung – der wichtigsten Risiken, denen das Unternehmen im Zusammenhang mit Nachhaltigkeitsaspekten ausgesetzt ist, einschließlich einer Beschreibung der wichtigsten Abhängigkeiten in diesem Bereich, und – der Handhabung dieser Risiken durch das Unternehmen.
h. Indikatoren, die für die unter den Buchstaben a) bis g) genannten Offenlegungen relevant sind.

Tab. 5.6 Inhaltliche Anforderungen von Artikel 19a Abs. 2 UAbs. 1 lit. a) bis h) BilanzRL-CSRD

Die inhaltlichen Anforderungen von Artikel 19a Abs. 1 und 2 BilanzRL-CSRD umfassen gegebenenfalls Angaben

1. zur eigenen Geschäftstätigkeit des berichtenden Unternehmens und
2. zu seiner Wertschöpfungskette, einschließlich Angaben zu seinen Produkten und Dienstleistungen, seinen Geschäftsbeziehungen und seiner Lieferkette.

Eine Erleichterung für berichtspflichtige Unternehmen ist gemäß Artikel 19a Abs. 3 UAbs. 2 BilanzRL-CSRD in den ersten drei Jahren der Anwendung und für den Fall, dass nicht alle erforderlichen Informationen über seine Wertschöpfungskette verfügbar sind, möglich. In diesem Fall genügen eine Erläuterung und Begründung des berichtspflichtigen Unternehmens. Konkret muss es

1. erläutern welche Anstrengungen unternommen wurden, um die erforderlichen Informationen über seine Wertschöpfungskette zu erhalten,
2. begründen, warum nicht alle erforderlichen Informationen eingeholt werden konnten, und
3. seine Pläne erläutern, um künftig die erforderlichen Informationen einzuholen.

Aufgrund des Verweises auf Artikel 5 Abs. 2 CSRD in Artikel 19a Abs. 3 UAbs. 2 BilanzRL-CSRD dürfte die Erleichterung für jede beginnende regulatorische Verpflichtung, d.h. für jeden Unterabsatz von Artikel 5 Abs. 2 CSRD, gelten.

Des Weiteren umfassen die Angaben nach Artikel 19a Abs. 1 und 2 BilanzRL-CSRD gegebenenfalls Verweise auf andere gemäß Artikel 19 BilanzRL in den Lagebericht aufgenommene diesbezügliche Informationen und zusätzliche Erläuterungen dazu sowie die im Jahresabschluss ausgewiesenen Beträge. Einen Hinweis, wann ein „Gegebenenfalls" vorliegt und ob die Einschränkung „gemäß Artikel 19 BilanzRL" materielle Auswirkung hat, enthält die CSRD nicht.

Deutschland kann zudem gestatten, dass Informationen über künftige Entwicklungen oder Belange, über die Verhandlungen geführt werden, in Ausnahmefällen weggelassen werden dürfen. Bedingung hierfür soll sein, dass eine solche Angabe nach der ordnungsgemäß begründeten Einschätzung der Mitglieder der Verwaltungs-, Leitungs- und Aufsichtsorgane, die im Rahmen ihrer durch einzelstaatliche Rechtsvorschriften übertragenen Zuständigkeiten handeln und gemeinsam für diese Einschätzung zuständig sind, der Geschäftslage des Unternehmens ernsthaft schaden würde. Zudem soll durch eine Nichtaufnahme ein den tatsächlichen Verhältnissen entsprechendes und ausgewogenes Verständnis des Geschäftsverlaufs, des Geschäftsergebnisses, der Lage des Unternehmens sowie der Auswirkungen seiner Tätigkeit nicht verhindert werden.

i

Hinweis:
Kapitalmarktorientierte kleine und mittlere Unternehmen, kleine und nicht komplexe Institute im Sinne von Artikel 4 Abs. 1 Nr. 145 Verordnung (EU) 575/2013 sowie firmeneigene Versicherungsunternehmen im Sinne von Artikel 13 Nr. 2 und firmeneigene Rückversicherungen im Sinne von Artikel 13 Nr. 5 Richtlinie 2009/138/EG sollen für ihre Pflichtberichterstattung statt des vollen Rahmens die von der EFRAG zu entwickelnden Nachhaltigkeitsberichtsstandards gemäß Artikel 29c BilanzRL-CSRD für kleine und mittlere Unternehmen Bericht nutzen dürfen (Artikel 19a Abs. 6 BilanzRL-CSRD).

Artikel 19a Abs. 8 BilanzRL-CSRD vereinfacht die Praxis ungemein. Endlich wird das Konkurrenzverhältnis zwischen der vor der NFRD bestehenden Verpflichtung zur Angabe von Umwelt- und Arbeitnehmerbelangen gemäß Art 19 Abs. 1 UAbs. 3 BilanzRL im Lagebericht von großen Unternehmen im Sinne der BilanzRL und der „nichtfinanziellen Berichterstattung" geklärt. Sofern die gesetzlichen Anforderungen an die Nachhaltigkeitsberichterstattung beachtet werden, sollen die Pflichtangaben von Umwelt- und Arbeitnehmerbelangen gemäß Art 19 Abs. 1 UAbs. 3 BilanzRL als erfüllt gelten.

Diese Klarstellung ist grundsätzlich sehr zu begrüßen, da bisher in der Praxis die Herausforderung für Abschlussprüfer*innen darin bestand, die Pflichtangaben im Lagebericht zu Umwelt- und Arbeitnehmerbelangen prüfen zu müssen, während in der nichtfinanziellen Erklärung nur das Vorhandensein zu prüfen war. Aufgrund der vorerst geringeren Prüfungstiefe für den Nachhaltigkeitsbericht wäre jedoch auch eine ausdrückliche Regelung für die Prüfung wichtig.

Die Berichterstattung über die nach Artikel 19a Abs. 1 bis 3 BilanzRL-CSRD geforderten Informationen hat gemäß den im Einklang mit Artikel 29b BilanzRL-CSRD erlassenen europäischen Nachhaltigkeitsberichtsstandards zu erfolgen (Artikel 19a Abs. 4 BilanzRL-CSRD).

5.2.2 Anforderungen an Nachhaltigkeitsberichtsstandards

In den Nachhaltigkeitsberichtsstandards wird gemäß Artikel 29b Abs. 1 UAbs. 1 S. 2 BilanzRL-CSRD festgelegt, über welche Informationen Unternehmen im Einklang mit den Artikel 19a und 29a BilanzRL-CSRD zu berichten haben, und gegebenenfalls, in welcher Berichtsstruktur die Offenlegung zu erfolgen hat. Somit kann die Berichterstattung nicht mehr ohne Nutzung von Rahmenwerken ausgestaltet werden, sondern es sind zwingend die gemäß Artikel 29b BilanzRL-CSRD von der Europäischen Kommission zu erlassenden Nachhaltigkeitsberichtsstandards zu verwenden.

Hinweis:
Für die Praxis ist das Zusammenspiel von Europa- und Mitgliedsstaatenrecht interessant. Während die Verpflichtung zur Nachhaltigkeitsberichterstattung national, zum Beispiel im HGB, geregelt ist, sind die Berichtsstandards als delegierte Rechtsakte unmittelbar anzuwendendes europäisches Recht.

Die Nachhaltigkeitsberichtsstandards sollen bis zum 30.06.2023 bzw. 30.06.2024 durch die EU-Kommission als delegierte Rechtsakte erlassen werden. Sie treten frühestens vier Monate nach ihrem Erlass in Kraft (Artikel 29b Abs. 1 UAbs. 2 BilanzRL-CSRD). Bedingung hierfür ist, dass weder das Europäische Parlament noch der Rat innerhalb von zwei Monaten nach Übermittlung durch die EU-Kommission Einwände erhoben haben. Die Frist kann durch das Europäische Parlament oder den Rat um zwei Monate verlängert werden (Artikel 49 Abs. 5 BilanzRL-CSRD).

Mindestens alle drei Jahre werden die Nachhaltigkeitsberichtsstandards unter Berücksichtigung der fachlichen Stellungnahmen der European Financial Reporting Advisory Group (im Folgenden: EFRAG) überprüft und falls nötig geändert, um relevanten Entwicklungen, einschließlich Entwicklungen im Zusammenhang mit internationalen Standards, Rechnung zu tragen (Artikel 29b Abs. 1 UAbs. 4 BilanzRL-CSRD).

Bis zum 30.06.2022	Bis zum 30.06.2024
Berichtsangaben gemäß Artikel 19a Abs. 1 und 2 sowie gegebenenfalls Artikel 29a Abs. 1 und 2 BilanzRL-CSRD	Ergänzende Informationen, die Unternehmen in Bezug auf Nachhaltigkeitsaspekte und nach Artikel 19a Abs. 2 BilanzRL-CSRD erforderlichenfalls berichten müssen
Angaben, die die Finanzmarktteilnehmer, die der OffenlegungsVO unterliegen, benötigen, um ihren Offenlegungspflichten nachzukommen	Erforderliche sektorspezifische Informationen

Tab. 5.7 Fristen für den Erlass von Nachhaltigkeitsberichtsstandards

Die Standards sollen gemäß Artikel 29b Abs. 2 UAbs. 1 S. 1 BilanzRL-CSRD die Qualität der zu berichtenden Informationen sicherstellen. Die verlangten Informationen müssen daher verständlich, relevant, repräsentativ, überprüfbar und vergleichbar sein. Zudem müssen die Informationen wahrheitsgetreu dargestellt werden. Die gemäß Artikel 29b Abs. 1 UAbs. 5 BilanzRL-CSRD sektorspezifischen Nachhaltigkeitsberichtsstandards sollen besonders auf das Ausmaß der Risiken und Auswirkungen im Zusammenhang mit Nachhaltigkeitsaspekten für den jeweiligen Sektor eingehen. Hierbei ist zu berücksichtigen, dass die Risiken und Auswirkungen für einige Sektoren höher sind als für andere. In gewisser Weise könnte man diese Grundsätze auch als Schutz vor Greenwashing und reinen „Marketingberichten" ansehen.

Ebenso bedeutend ist aber auch Satz 2 von Artikel 29b Abs. 2 UAbs. 1. Demnach müssen die Standards für die Nachhaltigkeitsberichterstattung einen unverhältnismäßigen Verwaltungsaufwand für Unternehmen vermeiden. Hierzu gehört auch, dass die Arbeit globaler Standardsetzungsinitiativen für die Nachhaltigkeitsberichterstattung im größtmöglichen Umfang berücksichtigt wird. Trotzdem müssen die erforderlichen Informationen dabei sowohl zukunftsgerichtete als auch retrospektive sowie qualitative und quantitative Angaben enthalten, die gegebenenfalls unternehmensbezogenen zu spezifizieren sind (Artikel 29b Abs. 3 BilanzRL-CSRD).

Neben diesen allgemeinen Anforderungen gibt Artikel 29b Abs. 2 UAbs. 2 BilanzRL-CSRD detaillierte inhaltliche Anforderungen für die

1. Umwelt-,
2. Sozial- und
3. Unternehmensführungsfaktoren (Governance)

vor. Bei der Standardsetzung sollte im Sinne des Mittelstandes der im Erwägungsgrund 49 CSRD genannte Hinweis des Gesetzgebers beachtet werden. Demnach soll die Berichterstattung über Sozialfaktoren sowie über Umwelt- und Governance-Faktoren in einem angemessenen Verhältnis zum Anwendungsbereich und zu den Zielen der CSRD stehen. Auf die derzeit bestehenden Entwürfe der EFRAG gehen wir im Kapitel 6 ein.

5.2.3 Umweltfaktoren

Bezüglich der Umweltfaktoren verlangt Artikel 29b Abs. 2 UAbs. 2 lit. a) BilanzRL-CSRD Angaben insbesondere zu Klimaschutz, Anpassung an den Klimawandel, Wasser- und Meeresressourcen, Ressourcennutzung und Kreislaufwirtschaft, Verschmutzung sowie Biodiversität und Ökosysteme. Sie ähneln den Zielen von Artikel 9 TaxonomieVO.

Bezeichnung in Artikel 29b Abs. 2 UAbs. 2 lit. a) BilanzRL-CSRD	**Ziele gemäß Artikel 9 TaxonomieVO**
i) Klimaschutz, auch in Bezug auf Scope-1-, Scope-2- und gegebenenfalls Scope-3-Treibhausgasemissionen	a) Klimaschutz
ii) Anpassung an den Klimawandel	b) Anpassung an den Klimawandel
iii) Wasser- und Meeresressourcen	c) Nachhaltige Nutzung und Schutz von Wasser- und Meeresressourcen
iv) Ressourcennutzung und Kreislaufwirtschaft	d) Übergang zu einer Kreislaufwirtschaft
v) Verschmutzung	e) Vermeidung und Verminderung der Umweltverschmutzung
vi) Biodiversität und Ökosysteme	f) Schutz und Wiederherstellung der Biodiversität und der Ökosysteme

Tab. 5.8 Vergleich Artikel 29b Abs. 2 UAbs. 2 lit. a) BilanzRL-CSRD mit Artikel 9 TaxonomieVO

Diese Ähnlichkeit bzw. Kongruenz von Artikel 29b Abs. 2 UAbs. 2 lit. a) BilanzRL-CSRD und Artikel 9 TaxonomieVO wurde laut Erwägungsgrund 46 BilanzRL-CSRD bewusst gewählt. Dies ist zu begrüßen, es bleibt aber abzuwarten, wie das Zusammenspiel zwischen den Angaben nach Artikel 8 TaxonomieVO im Nachhaltigkeitsbericht und den Anforderungen nach Artikel 29b Abs. 2 UAbs. 2 lit. a) BilanzRL-CSRD erfolgen wird. Aus Praxissicht wäre es wünschenswert, wenn alle relevanten Akteure sich dafür einsetzten, dass die Nachhaltigkeitsberichtsstandards nicht im Widerspruch zu den Angabepflichten nach Artikel 8 TaxonomieVO stehen, sondern sich die Berichtspflichten ergänzen.

Das dürfte grundsätzlich auch der Wunsch der EU-Gesetzgeber sein, denn laut Erwägungsgrund 46 CSRD sollen die von den Unternehmen in den Nachhaltigkeitsberichtsstandards geforderten Informationen den Bedürfnissen der Nutzer entsprechen. Daher soll in den Nachhaltigkeitsberichterstattungsstandards festgelegt werden, welche Informationen die Unternehmen zu den wichtigen Umweltfaktoren offenlegen müssen. Hierzu gehören aus Sicht des EU-Gesetzgebers auch Angaben hinsichtlich ihrer Auswirkungen auf Klima, Luft, Boden, Wasser und biologische Vielfalt und damit verbundene Abhängigkeiten.

In den Nachhaltigkeitsberichtsstandards sollten zudem alle geografischen und sonstigen kontextbezogenen Informationen berücksichtigt und präzisiert werden, die Unternehmen offenzulegen haben, um ein besseres Verständnis der wichtigsten nachhaltigkeitsrelevanten Auswirkungen ihrer Tätigkeiten und der größten Risiken, denen sie im Zusammenhang mit Nachhaltigkeitsaspekten ausgesetzt sind, zu vermitteln.

Insbesondere sind laut Erwägungsgrund 47 CSRD klimabezogene Informationen bei Nutzern, besonders im Hinblick auf physische Risiken und Übergangsrisiken sowie die Widerstandsfähigkeit der Unternehmen in verschiedenen Klimaszenarien, gefragt. Ebenso sieht der EU-Gesetzgeber einen Informationsbedarf bei den Nutzern der Nachhaltigkeitsberichterstattung über Unternehmenspläne zur Anpassung an den Klimawandel sowie im Hinblick auf das Ziel der EU, bis 2050 Klimaneutralität zu erreichen. Ebenso besteht nach Ansicht des EU-Gesetzgebers ein Bedarf an Angaben über die Menge der dem Unternehmen zugeordneten Emissionen und zum Umfang des erreichten Abbaus von Treibhausgasen, einschließlich der Quelle und des Umfangs der genutzten Treibhausgaskompensationen.

Um eine klimaneutrale Wirtschaft zu erreichen, müssten laut EU-Gesetzgeber die Standards für die Anrechnung und Kompensation von Treibhausgasemissionen aufeinander abgestimmt werden. Doppelzählungen und Überbewertungen würden Risiken für das Erreichen klimabezogener Ziele bergen, weshalb die Nutzer zuverlässige Informationen über Kompensationen benötigten, mit denen Bedenken hinsichtlich möglicher Doppelzählungen und Überbewertungen Rechnung getragen würde. Daher sei, so der EU-Gesetzgeber, in den Nachhaltigkeitsberichterstattungsstandards für die Berichterstattung festzulegen, welche Informationen die Unternehmen in Bezug auf diese Aspekte berichten sollten.

Die Ziele einer klimaneutralen Kreislaufwirtschaft und ohne Verschmutzung aus diffusen Quellen können laut EU-Kommission nur erreicht werden, wenn es gelingt, sämtliche Wirtschaftszweige uneingeschränkt zu mobilisieren. Die Verringerung des Energieverbrauchs und die Steigerung der Energieeffizienz seien in diesem Zusammenhang von entscheidender Bedeutung, da Energie über Lieferketten hinweg genutzt wird. Daher seien in den Nachhaltigkeitsberichterstattungsstandards Energieaspekte, insbesondere im Zusammenhang mit umweltrelevanten Aspekten, gebührend zu berücksichtigen.

5.2.4 Soziale Faktoren

Laut Erwägungsgrund 49 UAbs. 1 CSRD umfassen die Sozialfaktoren die folgenden acht Themenbereiche:

1. Arbeitsbedingungen
2. Beteiligung der Sozialpartner
3. Tarifverhandlungen
4. Gleichstellung
5. Nichtdiskriminierung

6. Vielfalt
7. Inklusion
8. Menschenrechte

Diese Themenbereiche sollen die Auswirkungen der Unternehmen auf Menschen (inklusive der eigenen Arbeitnehmer) und auf die menschliche Gesundheit abdecken.

Die Berichtsangaben zu Menschenrechten sollen gegebenenfalls auch Angaben über Zwangsarbeit in ihren Wertschöpfungsketten umfassen. Durch die Angaben zur Zwangsarbeit sollen aber nicht die Behörden von ihrer Verantwortung befreit werden, diplomatisch oder handelspolitisch gegen die Einfuhr von Waren vorzugehen, die einhergehend mit Menschenrechtsverletzungen, einschließlich Zwangsarbeit, hergestellt wurden.

Weiterhin sollen die Nachhaltigkeitsberichtsstandards präzisieren, welche Informationen Unternehmen im Hinblick auf die für sie relevanten Grundsätze der europäischen Säule sozialer Rechte offenlegen. Hierzu gehören auch Angaben zur Chancengleichheit für alle und zu den Arbeitsbedingungen. In dem am 04.03.2021 angenommenen Aktionsplan zur europäischen Säule sozialer Rechte werden strengere Anforderungen bezüglich der Berichterstattung der Unternehmen über soziale Fragen gefordert.

Auch soll in den Nachhaltigkeitsberichtsstandards festgelegt werden, welche Informationen Unternehmen in Bezug auf die Menschenrechte, Grundfreiheiten, demokratischen Grundsätze und Normen offenlegen sollen (Erwägungsgrund 49 UAbs. 2 CSRD).

Hierzu wurden in Artikel 29b Abs. 2 UAbs. 2 lit. iii) BilanzRL-CSRD die entsprechenden Normen aufgenommen. Lediglich das im Erwägungsgrund 49 aufgeführte Übereinkommen der Vereinten Nationen über die Rechte des Kindes wurde nicht in den Gesetzestext übernommen.

lit.	Geforderte Inhalte
i)	Gleichbehandlung und Chancengleichheit für alle, inklusive 1. Geschlechtergerechtigkeit und gleicher Lohn bei gleichwertiger Arbeit 2. Ausbildung und Kompetenzentwicklung 3. Beschäftigung und Inklusion von Menschen mit Behinderungen 4. Maßnahmen gegen Gewalt und Belästigung am Arbeitsplatz 5. Vielfalt

lit.	Geforderte Inhalte
ii)	Arbeitsbedingungen inklusive 1. Sichere Beschäftigung 2. Arbeitszeit 3. Angemessene Löhne 4. Sozialer Dialog 5. Vereinigungsfreiheit 6. Existenz von Betriebsräten 7. Tarifverhandlungen, einschließlich des Anteils der Arbeitnehmer für die Tarifverträge gelten 8. Informations-, Anhörungs- und Mitbestimmungsrechte der Arbeitnehmer 9. Vereinbarkeit von Beruf- und Privatleben 10. Gesundheit und Sicherheit
iii)	Achtung der Menschenrechte, Grundfreiheiten sowie demokratische Grundsätze und Standards, die festgelegt sind in 1. der Internationalen Charta der Menschenrechte 2. dem Übereinkommen der Vereinten Nationen über die Rechte von Menschen mit Behinderungen 3. der Erklärung der Vereinten Nationen über die Rechte der indigenen Völker 4. der Erklärung der Internationalen Arbeitsorganisation über grundlegende Prinzipien und Rechte bei der Arbeit 5. den grundlegenden Übereinkommen der Internationalen Arbeitsorganisation (ILO) 6. der Europäischen Konvention zum Schutz der Menschenrechte 7. den Grundfreiheiten der europäischen Sozialcharta 8. der Charta der Grundrechte der Europäischen Union

Tab. 5.9 Geforderte Inhalte gemäß Artikel 29b Abs. 2 UAbs. 2 lit. b) BilanzRL-CSRD

Während die Anforderungen nach Artikel 29b Abs. 2 UAbs. 2 lit. b) i) und ii) BilanzRL-CSRD zur Chancengleichheit und zu den Arbeitsbedingungen grundsätzlich für deutsche Unternehmen insgesamt keine großen Herausforderungen darstellen sollten, dürften die Angaben nach Artikel 29b Abs. 2 UAbs. 2 lit. b) iii) gerade mittelständische Berichterstatter vor große Herausforderungen stellen, wenn hier keine ausreichende und konkrete Detaillierung der Anforderungen in den europäischen Nachhaltigkeitsberichterstattungsstandards (ESRS) erfolgt. Zur Darstellung des aktuellen Standards siehe Kapitel 6.

5.2.5 Unternehmensführungsfaktoren (Governance)

Die für die Adressaten der Nachhaltigkeitsberichterstattung relevantesten Governance-Faktoren sind laut EU-Gesetzgeber (Erwägungsgrund 50 UAbs. 1 CSRD) aufgeführt in den Berichtsrahmen der

1. Global Reporting Initiative (GRI) und der
2. Taskforce „Klimabezogene Finanzinformationen“ (TCFD)

sowie in globalen Rahmenwerken wie den

1. Global Governance Principles des International Corporate Governance Network und den
2. G20/OECD-Grundsätzen der Corporate Governance.

Hierzu gehören vor allem Angaben über

1. die Rolle und die erforderliche Nachhaltigkeitskompetenz bzw. den Zugang zu Nachhaltigkeitskompetenz der Verwaltungs-, Leitungs- und Aufsichtsorgane des berichtspflichtigen Unternehmens,
2. die mit Nachhaltigkeitsaspekten verknüpfte Strategie in Bezug auf Anreize für die Mitglieder Verwaltungs-, Leitungs- und Aufsichtsorgane,
3. die internen Kontroll- und Risikomanagementsysteme in Bezug auf den Nachhaltigkeitsberichterstattungsprozess und
4. die Unternehmenskultur und Unternehmensethik.

Die Angaben zur Unternehmensethik schließen gemäß EU-Gesetzgeber auch Informationen zur Bekämpfung von Korruption und Bestechung sowie zum politischen Engagement und zu Lobbytätigkeiten ein.

Die Informationen über die Unternehmensleitung und die Qualität der Kunden- und Lieferantenbeziehungen sowie zu Gemeinschaften, die von Unternehmenstätigkeiten betroffen sind, sollen Nutzern ein besseres Verständnis der Risiken eines Unternehmens und deren Auswirkungen im Zusammenhang mit Nachhaltigkeitsaspekten vermitteln. Informationen über die Beziehungen zu Lieferanten umfassen Zahlungspraktiken in Bezug auf

1. Zahlungstermine oder Zahlungsfristen,
2. Zinssatz für verspätete Zahlungen oder
3. Entschädigung für in der Richtlinie 2011/7/EU des Europäischen Parlaments und des Rates genannte Beitreibungskosten.

Grund hierfür ist, dass die Berichterstattung über Governance-Faktoren auch Gläubiger schützen soll. Laut Erwägungsgrund 50 UAbs. 2 CSRD müssen jedes Jahr tausende, insbesondere kleine und mittelständische Unternehmen administrative und finanzielle Belastungen tragen, weil sie verspätet oder gar nicht bezahlt werden. Zahlungsverzüge führten dabei, so die CSRD-Argumentation, letztendlich zu Insolvenzen, die mit destruktiven Auswirkungen auf ganze Wertschöpfungsketten verbunden seien. Daher seien Unternehmen durch zusätzliche Informationen über

Zahlungspraktiken besser in der Lage, schnelle und zuverlässige Zahler zu ermitteln, unlautere Zahlungspraktiken aufzudecken, sich über Unternehmen in der Lieferkette zu informieren und fairere Zahlungsbedingungen auszuhandeln.

Im Kontext dieser Erwägungen sind die Anforderungen an die Präzisierung der Berichtspflichten gemäß Artikel 29b Abs. 2 UAbs. 2 lit. c) BilanzRL-CSRD zu verstehen. Sie umfassen:

lit.	Informationen über
i)	Verwaltungs-, Leitungs- und Aufsichtsorgane des Unternehmens – bezüglich ihrer Rolle im Zusammenhang mit Nachhaltigkeitsaspekten – bezüglich ihrer Zusammensetzung sowie – bezüglich ihres Fachwissens und ihrer Fähigkeiten zur Wahrnehmung ihrer Rolle – bezüglich ihres Zugangs zu besagtem Fachwissen und besagtenFähigkeiten
ii)	die Hauptmerkmale der internen Kontroll- und Risikomanagementsysteme des Unternehmens in Bezug auf den Prozess der Nachhaltigkeitsberichterstattung und der Beschlussfassung
iii)	Unternehmensethik und Unternehmenskultur, inklusive – Bekämpfung von Korruption und Bestechung – Schutz von Hinweisgebern – Tierwohl
iv)	Tätigkeiten und Verpflichtungen des Unternehmens im Zusammenhang mit der Ausübung seines politischen Einflusses, einschließlich seiner Lobbytätigkeiten
v)	die Pflege und die Qualität der Beziehungen zu – Kunden, – Lieferanten und – Gemeinschaften, die von den Tätigkeiten des Unternehmens betroffen sind, einschließlich Zahlungspraktiken, insbesondere in Bezug auf verspätete Zahlungen an kleine und mittlere Unternehmen

Tab. 5.10 Geforderte Inhalte gemäß Artikel 29b Abs. 2 UAbs. 2 lit. c) BilanzRL-CSRD

5.3 Europäische Standards zur Berichterstattung

Verbindliche gemeinsame Standards für die Nachhaltigkeitsberichterstattung sind laut EU-Gesetzgeber erforderlich, um die Vergleichbarkeit der Informationen und die Offenlegung aller relevanten Informationen sicherzustellen (Erwägungsgrund 37 UAbs. 2 CSRD). Aufbauend auf dem Grundsatz der doppelten Wesentlichkeit sollen, so Erwägungsgrund 37, die Standards sämtliche Informationen abdecken, die wesentlich für die Adressaten der Berichterstattung seien. Darüber hinaus seien gemeinsame Standards für die Berichterstattung erforderlich, um die Prüfung und Digitalisierung der Nachhaltigkeitsberichterstattung zu ermöglichen und deren Beaufsichtigung und Durchsetzung zu erleichtern. Da nach Ansicht des EU-Gesetzgebers derzeit kein bestehender Nachhaltigkeitsberichtsstandard den Bedürfnissen der EU entspricht, mussten der EU-Kommission die entsprechenden Befugnisse erteilt werden, um den raschen Erlass von Nachhaltigkeitsberichtsstandards zu ermöglichen (Erwägungsgrund 38 CSRD). Der aktuelle Stand der europäischen Nachhaltigkeitsberichterstattungsstandards wird in Kapitel 6 detailliert dargestellt.

5.3.1 Der Rahmen für europäische Nachhaltigkeitsberichtsstandards

Die Vorgaben für die Entwicklung von europäischen Nachhaltigkeitsberichtsstandards sind in Artikel 29b BilanzRL-CSRD enthalten. Neben den in Artikel 29b Abs. 1 und 2 BilanzRL-CSRD vorgesehenen inhaltlichen Mindestanforderungen werden in Artikel 29b Abs. 5 BilanzRL-CSRD weitere inhaltliche Vorgaben festgelegt, die ihrerseits (auch) den Bezug zu globalen Nachhaltigkeitsberichtsstandards sowie weiteren nachhaltigkeitsbezogenen Regulierungen herstellen sollen.

Die europäischen Nachhaltigkeitsberichtserstattungsstandards sollen keine Insellösung darstellen. Vielmehr sollen die Arbeit globaler Standardsetzungsinitiativen für die Nachhaltigkeitsberichterstattung, bestehende Nachhaltigkeitsberichtsstandards sowie Rahmenwerke für die Naturkapital- und Treibhausgasbilanzierung, verantwortungsvolles unternehmerisches Handeln, soziale Verantwortung der Unternehmen und nachhaltige Entwicklung bei der Standardsetzung durch die EU-Kommission im größtmöglichen Umfang berücksichtigt werden. Ebenso berücksichtigt werden sollen im größtmöglichen Umfang bestehende europäische Kodifizierungen, insbesondere die im Rahmen des Action Plan on Sustainable Finance beschlossenen Rechtsakte.

Kodifzierung	Anknüpfung
OffenlegungsVO inklusive delegierter Verordnungen	Informationen, die Finanzmarktteilnehmer benötigen, um ihren Offenlegungspflichten nachzukommen
Delegierte Verordnungen der TaxonomieVO	„festgelegte" Kriterien, Indikatoren und Methoden
Delegierte Verordnungen 2020/1816, 2020/1817 sowie 2020/1818 der BenchmarkVO	Offenlegungspflichten für Referenzwert-Administratoren in der Referenzwert-Erklärung und in der Referenzwert-Methodik sowie die Mindestanforderungen für die Konzipierung von EU-Referenzwerten für den klimabedingten Wandel und von auf das Übereinkommen von Paris abgestimmten EU-Referenzwerten
Delegierte Verordnungen auf Basis von Artikel 434a CRR II (EU-VO 575/2013)	„festgelegte" Offenlegungen
Emissionshandelsrichtlinie (EU-RL 2003/87/EG)	*keine weitergehende Spezifizierung*
Europäisches Klimagesetz (EU-VO 2021/1119)	*keine weitergehende Spezifizierung*
EMAS-VO (EU-VO 1221/2009)	*keine weitergehende Spezifizierung*
Hinweisgeberrichtlinie (EU-RL 2019/1937)	*keine weitergehende Spezifizierung*

Tab. 5.11 Zu berücksichtigende europäische Kodifizierungen beim Erlass von Nachhaltigkeitsberichtsstandards

Neben diesen schon verbindlichen Rechtsakten soll auch die Empfehlung 2013/179/EU der EU-Kommission für die Anwendung gemeinsamer Methoden zur Messung und Offenlegung der Umweltleistung von Produkten und Organisationen berücksichtigt werden. Dem EU-Gesetzgeber ist der Einklang der Nachhaltigkeitsberichtsstandards mit bestehenden Regeln sehr wichtig, wie die detaillierten Ausführungen hierzu in den Erwägungsgründen 41 bis 54 der CSRD verdeutlichen.

5.3.2 Neuer europäischer Standardsetzer für die Nachhaltigkeitsberichterstattung: die EFRAG

Für den Erlass der Nachhaltigkeitsberichtsstandards als delegierter Rechtsakt ist gemäß Artikel 29b Abs. 1 UAbs. 1 BilanzRL-CSRD die EU-Kommission zuständig. Die EFRAG soll jedoch das zentrale Beratungsgremium der EU-Kommission für den Erlass von Nachhaltigkeitsberichterstattungsstandards werden.

Nach Artikel 49 Abs. 3b BilanzRL-CSRD soll die Kommission beim Erlass der Nachhaltigkeitsberichtsstandards die Entwürfe von Nachhaltigkeitsberichtsstandards[58] der EFRAG berücksichtigen. Voraussetzung hierfür ist, dass

1. die Entwürfe in einem einwandfreien Verfahren
   a. mit angemessener öffentlicher Aufsicht und Transparenz erstellt werden,
   b. wobei auf das Fachwissen einschlägiger Interessenträger zurückgegriffen wird
   c. und zur Gewährleistung der Unabhängigkeit die Entwürfe mit ausreichenden öffentlichen Mitteln sowie
   d. auf der Grundlage eines Arbeitsprogramms, zu dem die EU-Kommission konsultiert wurde, erstellt werden.
2. den jeweiligen Entwürfen eine Kosten-Nutzen-Analyse beigefügt wird. Hierzu gehören auch Analysen der Auswirkungen auf Nachhaltigkeitsaspekte.
3. eine Erläuterung beigefügt ist, wie die in Artikel 29b Abs. 5 BilanzRL-CSRD aufgeführten Elemente berücksichtigt werden, und
4. die Mitwirkung an der Arbeit der EFRAG auf technischer Ebene auf Fachwissen im Bereich der Nachhaltigkeitsberichterstattung beruht und nicht von einem finanziellen Beitrag abhängig ist.

Punkt eins und vier gelten unbeschadet der Beteiligung von öffentlichen Stellen und einzelstaatlichen Standardsetzungseinrichtungen an den technischen Arbeiten der EFRAG.

Bevor die EU-Kommission Standardentwürfe der EFRAG jedoch endgültig annimmt, muss sie diesbezüglich die Sachverständigengruppe der Mitgliedsstaaten für nach-

[58] Im Gesetz als „Stellungnahme" bezeichnet.

haltiges Finanzwesen nach Artikel 24 TaxonomieVO konsultieren. Zudem muss die EU-Kommission eine fachliche Stellungnahme

1. der Europäischen Wertpapier- und Marktaufsichtsbehörde (ESMA),
2. der Europäischen Bankenaufsichtsbehörde (EBA) und
3. der Europäischen Aufsichtsbehörde für das Versicherungswesen und die betriebliche Altersversorgung (EIOPA)

hinsichtlich der Kohärenz bezüglich der Offenlegungsverordnung und ihrer zugehörigen delegierten Rechtsakte berücksichtigen. Anders als die Sachverständigengruppe der Mitgliedsstaaten haben die Aufsichtsbehörden eine gesetzliche Frist von zwei Monaten für die fachliche Stellungnahme.

Neben den vier vorgenannten Akteuren sind folgende Einrichtungen zu konsultieren, die das Recht haben, innerhalb von zwei Monaten ihre Stellungnahmen an die EU-Kommission zu übermitteln:

1. Europäische Umweltagentur
2. Agentur der Europäischen Union für Grundrechte
3. Europäische Zentralbank
4. Ausschuss der Europäischen Aufsichtsstellen für Abschlussprüfer
5. Plattform für ein nachhaltiges Finanzwesen nach Artikel 20 TaxonomieVO

Zudem soll die EU-Kommission bei der mindestens alle drei Jahre vorzunehmenden Überprüfung der jeweiligen Nachhaltigkeitsberichterstattungsstandards die fachlichen Stellungnahmen der EFRAG berücksichtigen. Eine Änderung soll erforderlich sein, wenn dies aufgrund relevanter Entwicklungen, wie den Entwicklungen im Zusammenhang mit internationalen Standards, erforderlich ist.

5.4 Formale Anforderungen an die Berichterstattung

Der Nachhaltigkeitsbericht muss im Lagebericht in einem dafür vorgesehenen Abschnitt klar erkennbar sein (Artikel 19a Abs. 1 UAbs. 2 BilanzRL-CSRD). Als Teil des Lageberichts gelten für den Nachhaltigkeitsbericht auch dessen Aufstellungs- und Offenlegungsfristen. Berichtspflichtige Unternehmen sollen, wie schon jetzt kapitalmarktorientierte Unternehmen dies tun, ihren Lagebericht einschließlich des Nachhaltigkeitsberichts und der Angaben nach Artikel 8 TaxonomieVO im einheitlichen Berichtsformat nach Artikel 3 der delegierten Verordnung (EU) 2019/815 (im Folgenden ESEF-VO) erstellen.

Das einheitliche Berichtsformat bedeutet, dass der gesamte Lagebericht im XHTML-Format erstellt werden muss. Hierzu wird eine entsprechende digitale Taxonomie benötigt. Die dazugehörigen Anforderungen sollen laut Erwägungsgrund 55 UAbs. 2 CSRD in die von der Kommission in ihren Mitteilungen „Eine europäische Datenstrategie“ vom 19.02.2020 und „Strategie für ein digitales Finanzwesen in der EU“ vom 24.09.2020 angekündigten Arbeiten zur Digitalisierung einfließen. Diese Anforderungen würden laut EU-Gesetzgeber zudem die Schaffung des in der Mitteilung der EU-Kommissionen „Eine Kapitalmarktunion für die Menschen und Unternehmen – neuer Aktionsplan“ vom 24.09.2020 vorgesehenen einheitlichen europäischen Zugangspunkts (ESAP – European Single Access Point) für öffentliche Unternehmensinformationen ergänzen; bei dem der Bedarf an strukturierten Daten ebenfalls eine Rolle spielt.

Durch diese Neuregelungen sollen die Adressaten der Nachhaltigkeitsberichte diese leichter auffinden und nutzen können. Zudem erwarten die Adressaten laut Erwägungsgrund 55 UAbs. 1 CSRD zunehmend, dass Nachhaltigkeitsinformationen in digitalem Format vorliegen, vergleichbar und maschinenlesbar sind. Im Rahmen der Digitalisierung seien, so der Erwägungsgrund, Möglichkeiten für eine effizientere Nutzung der Nachhaltigkeitsinformationen eröffnet. Zudem ermögliche diese Art der Erstellung und Offenlegung sowohl für Nutzer als auch für berichterstattende Unternehmen erhebliche Kosteneinsparungspotenziale. Konzerne, die einen Konzernnachhaltigkeitsbericht erstellen, sind damit ebenfalls zur Erstellung des Konzernabschlusses und Konzernlageberichtes einschließlich des Konzernnachhaltigkeitsberichtes im ESEF-Format verpflichtet.

Durch die Ausweitung werden zukünftig auch nicht kapitalmarktorientierte Unternehmen in den Anwendungsbereich von ESEF fallen. Dieses ist zum einen rechtlich interessant, da die delegierte Verordnung 2019/815/EU die Transparenzrichtlinie 2004/109/EG ergänzt und daher ursprünglich nicht für nicht kapitalmarktorientierte Unternehmen galt. Zum anderen wären mittelständische Unternehmen besonders belastet, da diese nicht nur den Nachhaltigkeitsbericht einschließlich der Berücksichtigung von Artikel 8 TaxonomieVO nach Artikel 3 ESEF zu erstellen haben, sondern quasi durch die Hintertür auch der Lagebericht nach ESEF zu erstellen und offenzulegen sei.

Sollte diese Regelung so beschlossen werden, täten mittelständischen Unternehmen und ihre Berater gut daran, sich frühzeitig mit ESEF zu beschäftigen, da die Umsetzung, wie die Einführung bei den kapitalmarktorientierten Unternehmen zeigte, nicht trivial ist.

5.5 Erhöhte Anforderungen an den Aufsichtsrat

Die bisherige Prüfungspflicht des Aufsichtsrates hinsichtlich des Lageberichtes bzw. Konzernlageberichtes bleibt bestehen. Zukünftig ist jedoch gemäß Artikel 33 Abs. 1 BilanzRL-CSRD auch zu prüfen, ob diese Berichte jeweils im Einklang mit den nach Artikel 29b BilanzRL-CSRD erlassenen Nachhaltigkeitsberichtsstandards erstellt wurden und den Offenlegungsanforderungen von Artikel 29d BilanzRL-CSRD genügen.

Hinweis:
Derzeit obliegt dem Aufsichtsrat die alleinige Pflicht zur Prüfung der nichtfinanziellen Erklärung bzw. des gesonderten nichtfinanziellen Berichtes (vgl. z.B. § 171 Abs. 1 AktG, § 38 Abs. 1b GenG). Er kann jedoch gemäß § 111 Abs. 2 AktG einen externen Prüfer beauftragen.

Bei der Besetzung der Aufsichtsorgane sollte aufgrund dieser neuen Prüfungspflichten bei bisher nicht berichtspflichtigen Unternehmen zwingend darauf geachtet werden, dass Nachhaltigkeitsexpertise in den Aufsichtsräten in ausreichendem Maße vorhanden ist.

5.6 Aufgaben der Wirtschaftsprüfung

Die CSRD enthält auch Vorgaben für die Bestätigung des Nachhaltigkeitsberichts. So soll nach Artikel 34 Abs. 1 UAbs. 2 lit. aa) BilanzRL-CSRD der/die Abschlussprüfer*in den Nachhaltigkeitsbericht mit beschränkter Sicherheit prüfen. Geprüft werden soll dabei, ob die Nachhaltigkeitsberichterstattung mit den Anforderungen der BilanzRL übereinstimmt, einschließlich der Frage, ob

1. die Nachhaltigkeitsberichterstattung mit den nach Artikel 29b angenommenen Nachhaltigkeitsberichterstattungsstandards und
2. dem vom Unternehmen durchgeführten Verfahren zur Ermittlung der nach diesen Standards zu meldenden Informationen übereinstimmt,
3. die Anforderung zur Auszeichnung der Nachhaltigkeitsberichterstattung im Einklang mit Artikel 29d eingehalten wird und
4. die Anforderungen an die Berichterstattung nach Artikel 8 der TaxonomieVO eingehalten werden.

Hinsichtlich der Prüfung des durchgeführten Verfahrens fehlt in der deutschen Fassung das Wort „übereinstimmt“. Dieses war allerdings in der Entwurfsfassung vom 21.04.2021 noch enthalten, sodass von einem Redaktionsversehen ausgegangen werden kann.

Als Folge der neuen Prüfungspflichten werden die Anforderungen an die Ausbildung und Fortbildung der Wirtschaftsprüfer sowie die Unabhängigkeit der Abschlussprüfer erweitert und Vorgaben für die Durchführung der Prüfung in die Abschlussprüfungsrichtlinie (Richtlinie 2006/43/EG, im Folgenden: AbschlussprüfungsRL bzw. für die Änderungen im Zuge der CSRD AbschlussprüfungsRL-CSRD) sowie in die Abschlussprüferverordnung (Vorordnung 537/2013/EU im Folgenden: AbschlussprüferVO bzw. für die Änderungen im Zuge der CSRD AbschlussprüferVO-CSRD) aufgenommen.

Unter anderem werden hierzu in der AbschlussprüfungsRL die Definitionen für die Begriffe „Abschlussprüfer“ und „Prüfungsgesellschaft“ ergänzt und Definitionen für die Begriffe „Nachhaltigkeitsberichterstattung“ und „Prüfung der Nachhaltigkeitsberichterstattung“ aufgenommen.

Artikel 2	Definition/Ergänzung
Nr. 2	„Abschlussprüfer" ist eine natürliche Person, die von den zuständigen Stellen eines Mitgliedstaats nach dieser Richtlinie für die Durchführung von Abschlussprüfungen **und gegebenenfalls von [sic] für die Bestätigung der Nachhaltigkeitsberichterstattung** zugelassen wurde.
Nr. 3	„Prüfungsgesellschaft" ist eine juristische Person oder eine sonstige Einrichtung gleich welcher Rechtsform, die von den zuständigen Stellen eines Mitgliedstaats nach dieser Richtlinie für die Durchführung von Abschlussprüfungen **und gegebenenfalls von [sic] für die Bestätigung der Nachhaltigkeitsberichterstattung** zugelassen wurde.
Nr. 4	„Prüfungsunternehmen aus einem Drittland" ist ein Unternehmen gleich welcher Rechtsform, das die Prüfungen des Jahresabschlusses oder des konsolidierten Abschlusses **oder gegebenenfalls die Bestätigung der Nachhaltigkeitsberichterstattung** von in einem Drittland eingetragenen Gesellschaften durchführt und das nicht in einem Mitgliedstaat infolge einer Zulassung gemäß Artikel 3 als Prüfungsgesellschaft registriert ist.
Nr. 5	„Prüfer aus einem Drittland" ist eine natürliche Person, die die Prüfungen des Jahresabschlusses oder des konsolidierten Abschlusses **oder gegebenenfalls die Bestätigung der Nachhaltigkeitsberichterstattung** von in einem Drittland eingetragenen Gesellschaften durchführt und die nicht in einem Mitgliedstaat infolge einer Zulassung gemäß den Artikeln 3 und 44 als Abschlussprüfer registriert ist.
Nr. 6	„Konzernabschlussprüfer" sind der oder die Abschlussprüfer bzw. die Prüfungsgesellschaft oder -gesellschaften, die [sic] die Abschlussprüfung konsolidierter Abschlüsse durchführen **oder gegebenenfalls die Bestätigung der Nachhaltigkeitsberichterstattung durchführen.**
Nr. 16a	**„Verantwortliche(r) Nachhaltigkeitspartner" ist/sind** **a) der oder die Abschlussprüfer, der/die von einer Prüfungsgesellschaft für einen bestimmten Bestätigungsauftrag hinsichtlich der Nachhaltigkeitsberichterstattung als vorrangig verantwortlich für die Durchführung der Bestätigung der Nachhaltigkeitsberichterstattung im Auftrag der Prüfungsgesellschaft bestimmt ist/sind; oder** **b) im Fall der Bestätigung einer konsolidierten Nachhaltigkeitsberichterstattung mindestens der/die Abschlussprüfer, der/die von einer Prüfungsgesellschaft als vorrangig verantwortlich für die Durchführung der Bestätigung der Nachhaltigkeitsberichterstattung auf Konzernebene bestimmt ist/sind, und der/die Abschlussprüfer, der/die als vorrangig verantwortlich auf der Ebene bedeutender Tochterunternehmen bestimmt ist/sind; oder** **c) der/die Abschlussprüfer, der/die den Prüfungsvermerk über die Nachhaltigkeitsberichterstattung nach Artikel 28a unterzeichnet/unterzeichnen.**
Nr. 21	**„Nachhaltigkeitsberichterstattung" ist die Nachhaltigkeitsberichterstattung gemäß Artikel 2 Nr. 18 der Richtlinie 2013/34/EU-**
Nr. 22	**„Bestätigung der Nachhaltigkeitsberichterstattung" ist die Durchführung von Verfahren, die zu dem Urteil des Abschlussprüfers oder der Prüfungsgesellschaft nach Artikel 34 Abs. 1 UAbs. 2 Buchstabe aa und Artikel 34 Abs. 2 der Richtlinie 2013/34/EU führen-**
Nr. 23	**„Unabhängiger Erbringer von Bestätigungsleistungen" ist eine Konformitätsbewertungsstelle, die gemäß der Verordnung (EG) Nr. 765/2008 des Europäischen Parlaments und des Rates (*) für die in Artikel 34 Abs. 1 UAbs. 2 Buchstabe aa der Richtlinie 2013/34/EU genannte Konformitätsbewertung akkreditiert ist.**

Tab. 5.12 Neue und geänderte Definitionen in Artikel 2 AbschlussprüfungsRL-CSRD

5.6.1 Ausbildungsanforderungen für die Bestätigung von Nachhaltigkeitsberichten

Wie das Wort „gegebenenfalls" in den ergänzten Definitionen in Artikel 2 Nr. 2 bis 6 AbschlussprüfungsRL-CSRD andeutet, ist ein Wirtschaftsprüfer nicht automatisch auch für die Bestätigung von Nachhaltigkeitsberichten zugelassen. Die Änderungen der CSRD in Bezug auf die Bestätigung von Nachhaltigkeitsberichten in der AbschlussprüfungsRL sind so aufgebaut, dass es sich immer um einen Zusatz zu den Anforderungen vor der CSRD handelt. Ob es in Deutschland bei einem „Einheits-WP" bleibt oder eine Zusatzqualifikation eingeführt wird, obliegt dem deutschen Gesetzgeber. Die Wirtschaftsprüferkammer hat sich in einem Eckpunktepapier bereits für einen „Einheits-WP" ausgesprochen. Im Folgenden wird unabhängig davon die Systematik der CSRD verwendet.[59]

Demnach kann eine natürliche Person zusätzlich zur Zulassung zur Durchführung von Abschlussprüfungen zur Durchführung der Bestätigung der Nachhaltigkeitsberichterstattung zugelassen werden, wenn die spezifischen Anforderungen von Artikel 7 Abs. 2, Artikel 8 Abs. 3, Artikel 10 Abs. 1 UAbs. 2 und Artikel 14 Abs. 2 UAbs. 4 der AbschlussprüfungsRL-CSRD erfüllt sind (Artikel 6 Abs. 2 AbschlussprüfungsRL-CSRD). Die Bestätigung der beruflichen Eignung erfolgt gemäß dem ab 01.01.2024 nach Artikel 5 Abs. 2 UAbs. 4 CSRD anzuwendenden Artikel 7 Abs. 2 AbschlussprüfungsRL-CSRD durch die Prüfung der erforderlichen theoretischen Kenntnisse auf den für die Bestätigung der Nachhaltigkeitsberichterstattung maßgebenden Sachgebieten sowie der Fähigkeit, diese Kenntnisse praktisch anzuwenden. Die Eignungsprüfung hat zumindest teilweise schriftlich zu erfolgen. Die Mindestinhalte für die Prüfung der theoretischen Kenntnisse sind in Artikel 8 Abs. 3 AbschlussprüfungsRL-CSRD geregelt.

lit.	Sachgebiet
a)	gesetzliche Vorschriften und Standards für die Aufstellung der jährlichen und konsolidierten Nachhaltigkeitsberichterstattung
b)	Nachhaltigkeitsanalyse
c)	Due-Diligence-Prozesse mit Blick auf Nachhaltigkeitsaspekte
d)	rechtliche Anforderungen an und Standards für die Bestätigung der Nachhaltigkeitsberichterstattung nach Artikel 26a AbschlussprüfungsRL-CSRD

Tab. 5.13 Mindestprüfungsgebiete für die Prüfung der theoretischen Kenntnisse

Zudem müssen gemäß Artikel 10 Abs. 1 UAbs. 2 AbschlussprüfungsRL-CSRD künftig acht Monate der praktischen Ausbildung in der Bestätigung jährlicher oder konsolidierter Nachhaltigkeitsberichterstattung oder anderen nachhaltigkeitsbezogenen Dienstleistungen absolviert werden.

[59] Vgl. CSRD-Eckpunktepapier der WPK, abrufbar unter www.wpk.de.

Für vor dem 01.01.2024 zugelassene oder anerkannte Abschlussprüfer und Personen, die am 01.01.2024 das Zulassungsverfahren für Abschlussprüfer durchlaufen, gelten gemäß Artikel 14a AbschlussprüfungsRL-CSRD Übergangsvorschriften. Sofern Abschlussprüfer mit Zulassung vor dem 01.01.2026 als Abschlussprüfer Nachhaltigkeitsberichte bestätigen wollen, müssen die EU-Mitgliedsstaaten sicherstellen, dass sie sich die erforderlichen Kenntnisse über Nachhaltigkeitsberichterstattung und deren Bestätigung im Wege der kontinuierlichen Fortbildung erwerben (Artikel 14a UAbs. 1 und 3 AbschlussprüfungsRL-CSRD). Personen, die am 01.01.2024 das in den Artikeln 6 bis 14 AbschlussprüfungsRL vorgeschriebene Zulassungsverfahren durchlaufen, können diese Erleichterung in Anspruch nehmen, wenn sie das Verfahren bis zum 01.01.2026 abgeschlossen haben (Artikel 14a UAbs. 2 AbschlussprüfungsRL-CSRD).

Die Zulassung für die Bestätigung der Nachhaltigkeitsberichterstattung soll im Berufsregister gesondert geführt werden. Hierzu werden Artikel 16 „Registrierung von Abschlussprüfern“ und Arzikel 17 „Registrierung von Prüfungsgesellschaften“ AbschlussprüfungsRL-CSRD entsprechend ergänzt.

5.6.2 Die Prüfungsdurchführung

Damit bei der Nachhaltigkeitsberichterstattung EU-weit einheitliche Prüfungsverfahren und eine hochwertige Qualitätssicherung gewährleistet sind, soll der EU-Kommission die Befugnis übertragen werden, mittels delegierter Rechtsakte Standards für die Bestätigung der Nachhaltigkeitsberichterstattung (im Folgenden N-Prüfungsstandards) verbindlich vorzuschreiben (Erwägungsgrund 69 CSRD). Anders als bei den Nachhaltigkeitsberichterstattungsstandards wird in der CSRD aber keine Einrichtung benannt, die für die Entwicklung der N-Prüfungsstandards zuständig sein soll. Solange die neuen N-Prüfungsstandards nicht vorliegen, sollen die EU-Mitgliedsstaaten nationale Prüfungsstandards, -verfahren oder -anforderungen anwenden und der EU-Kommission mitteilen.

Laut Erwägungsgrund 61 CSRD würde die Prüfung der Nachhaltigkeitsberichterstattung durch die Abschlussprüfer*innen dazu beitragen, die Verknüpfung zwischen Finanz- und Nachhaltigkeitsinformationen und deren Kohärenz zu gewährleisten. Dies sei für die Nutzer von Nachhaltigkeitsinformationen von besonderer Bedeutung. Der EU-Gesetzgeber sieht aber auch die Gefahr, dass dies zu einer weiteren Konzentration auf dem Abschlussprüfungsmarkt führt, wodurch die Unabhängigkeit der Prüfer gefährdet würde und die Prüfungsgebühren steigen könnten. Aus diesem Grund sollten EU-Mitgliedsstaaten daher die Möglichkeit haben, unabhängige Erbringer von Bestätigungsleistungen gemäß der Verordnung 765/2008/EG für die Abgabe eines Urteils über die Nachhaltigkeitsberichterstattung zur Veröffentlichung mit dem Lagebericht zu akkreditieren, sofern sie grundsätzlich den gleichen Anforderungen wie Wirtschaftsprüfer für die Bestätigung von Nachhaltigkeitsberichten unterlägen (Erwägungsgrund 61 UAbs. 3 CSRD).

5.7 Weitere Schritte zur gesetzlichen Umsetzung

Der enge Zeitplan des EU-Gesetzgebers zwingt Unternehmen, deren berichtspflichtiges Geschäftsjahr vor der Verabschiedung des deutschen Umsetzungsgesetzes oder Nachhaltigkeitsberichtsstandards beginnt, Vorbereitungen zur Berichterstattung nach der CSRD zu treffen, ohne die konkreten Anforderungen des deutschen Umsetzungsgesetzes oder der Nachhaltigkeitsberichtsstandards zu kennen.

Das verpflichtet die nationalen Gesetzgeber zur Umsetzung der CSRD bis zum 06.07.2024. Die branchenunabhängigen Nachhaltigkeitsberichtsstandards sollen bis 30.06.2023 und die branchenbezogenen Nachhaltigkeitsberichtsstandards bis zum 30.06.2024 beschlossen werden und treten jeweils rund vier Montage später in Kraft (Kapitel 5.2.2). Dies bedeutet, dass auch berichtspflichtigen mittelständischen Unternehmen (Beginn des ersten Berichtszeitraumes am oder nach dem 01.01.2025) im Zweifel weniger als ein halbes Jahr bleibt, die Prozesse zu Erhebung der notwendigen Nachhaltigkeitsinformationen im ersten Berichtsjahr zu modellieren.

Aufgrund der umfangreichen Berichtsanforderungen der CSRD und ihres „Anhängsels“, der TaxonomieVO, sollten mittelständische Unternehmen daher schon jetzt die grundsätzlichen Vorüberlegungen anstellen und diese laufend an die zwischenzeitlichen Entwürfe im deutschen Gesetzgebungsverfahren und der EFRAG anpassen.

Im Rahmen der Vorplanung sollten die Auswirkungen der CSRD und der Entwürfe der Nachhaltigkeitsberichtsstandards der EFRAG analysiert werden. Hierzu sollte eine GAP-Analyse durchgeführt werden, um festzustellen, welche berichtsrelevanten Daten schon jetzt ermittelt werden und für welche noch Erhebungsprozesse definiert und implementiert werden müssen. Zudem sollten gerade mittelständische Unternehmen die eigenen Kapazitäten für die Umsetzung der Berichterstattung beurteilen und bei Bedarf schon jetzt externes Expertenwissen an sich binden.

Es sollte ein Kernprojektteam gebildet und ein Projektplan erstellt werden. Der Projektplan sollte auch die unter Kapitel 4.5 vorgesehenen Schritte zur Umsetzung der TaxonomieVO beinhalten. Mit der Umsetzung der bereits kodifizierten Anforderungen der TaxonomieVO kann schon jetzt begonnen werden, ebenso mit der Umsetzung der finalen Entwürfe der branchenunabhängigen EFRAG-Nachhaltigkeitsberichtsstandards. Nach dem Erlass durch die EU-Kommission ist hier jedoch eine weitere GAP-Analyse durchzuführen.

Für Unternehmen in einer Rechtsform, die nicht nach der BilanzRL berichtspflichtig ist, aber bereits im Zuge der Umsetzung der NFRD in Deutschland berichtspflichtig wurde, wäre es laut EU-Kommission sinnvoll, wenn die Bundesregierung schon jetzt ihre Absichten offenlegte, damit für diese kein Wettbewerbsnachteil entsteht.

Im Übrigen können die Ausführungen im Kapitel 4.5 für die Umsetzung der CSRD angewendet werden.

6 Europäische Nachhaltigkeitsberichtsstandards (ESRS)

Zum Zeitpunkt der Entstehung dieser Auflage liegt die für die in Artikel 29b BilanzRL-CSRD finale Entwurfsversion der EFRAG, das sogenannte „first set of draft ESRS" (im Folgenden: [draft] ESRS) vor. ESRS steht für European Sustainability Reporting Standards.

In der Entwicklung befinden sich die die Standards nach Artikel 29c BilanzRL-CSRD für kapitalmarktorientierte kleine und mittlere Unternehmen. Diese dürfen auch von kleinen und wenig komplexen Instituten („Banken") genutzt werden. Wobei bei Letzteren beachtet werden muss, dass diese regelmäßig nicht am Kapitalmarkt notiert sind. Ebenso will die EFRAG einen freiwilligen Standard für kleine und mittlere Unternehmen entwickeln. Zudem hat die Entwicklung der branchenbezogenen Standards begonnen.

Im Folgenden gehen wir aber lediglich auf die [draft] ESRS vertiefend ein. Hierbei ist zu beachten, dass die EU-Kommission die Mitgliedsstaaten bereits um Stellungnahmen gebeten hat[60] und eine Konsultation der EU-Kommission noch aussteht. Erst danach wird die EU-Kommission die ESRS erlassen können. Bitte berücksichtigen Sie dieses beim Lesen der nachfolgenden Ausführungen.

Die EFRAG wurde bereits mit Schreiben vom 25.06.2020[61] vom Vizepräsidenten der EU-Kommission Valdis Dombrovskis gebeten, vorbereitende Arbeiten für europäische Nachhaltigkeitsberichtsstandards zu starten. Die Ergebnisse wurden im März 2021 veröffentlicht.[62] Dabei wurde vorgeschlagen, dass die europäischen Nachhaltigkeitsberichtsstandards drei Berichtsebenen, drei Berichtsgebiete und drei Berichtsthemen konzipieren.

3 Berichtsebenen	3 Berichtsgebiete	3 Berichtsthemen
1. Allgemein	1. Strategie	1. Umwelt (E)
2. Branchenspezifisch	2. Implementierung	2. Soziales (S)
3. Unternehmensspezifisch	3. Leistungsmessung	3. Governance (G)

Tab. 6.1 Vorgeschlagenes Drei-mal-drei-Konzept für die Nachhaltigkeitsberichtsstandards

Dieses Drei-mal-drei-Konzept („rules of three") wurde als Architektur für die Entwicklung der Nachhaltigkeitsberichtsstandards übernommen. Die weitere Erarbeitung der Standards erfolgte durch die European Lab Project Task Force on preparatory

60 Abrufbar unter www.bmj.de.
61 Abrufbar unter www.efrag.org.
62 Abrufbar unter www.efrag.org.

work for the elaboration of possible EU non-financial reporting standards (PTF-ESRS)[63] und wurde in zehn Cluster aufgeteilt. Themenspezifische Unterstützung erhalten die Cluster durch sogenannte Expertenarbeitskreise.

Cluster	**Bezeichnung**				
0	Koordination und Monitoring				
1	Konzeptionelle Leitlinien und Querschnittstandards				
2 bis 6	Umwelt Klimaschutz und Anpassung	Umwelt Wasser- und Meeresressourcen, Verschmutzung, Kreislaufwirtschaft, Biodiversität und Ökosysteme	Soziales Belegschaft	Soziales Arbeiter in der Lieferkette, betroffene Gemeinschaften, Kunden/ Endverbraucher	Governance
7	Branchenspezifische Standards				
8	Kleine und mittelgroße Unternehmen				
9	Format				

Tab. 6.2 Cluster zur Erarbeitung der Nachhaltigkeitsberichtsstandards

Als ein Ergebnis wurden die „exposure draft" genannten Entwürfe der branchenunabhängigen Standards in der Zeit vom 29.04.2022 bis 08.08.2022 zur Konsultation gestellt.[64] Für die abschließende Entwicklung der zum Zeitpunkt der Entstehung dieser Auflage vorliegenden „first set of draft ESRS" ist das zwischenzeitlich eingerichtete EFRAG Sustainability Reporting Board (EFRAG SRB) verantwortlich. Das Board wird von der EFRAG Sustainability Reporting Technical Expert Group (EFRAG SR TEG) beraten. Die Übermittlung des „first set of draft ESRS" an die EU-Kommission erfolgte am 22.11.2022.[65]

Im Folgenden beschreiben wir den grundsätzlichen Aufbau der Standards und heben erste Erkenntnisse hervor. Wir verwenden dabei möglichst die englischen Fachbegriffe, damit eine bessere Nachvollziehbarkeit entlang der [draft] ESRS möglich ist.[66] Eine validierte deutsche Übersetzung und Überführung der Fachbegriffe ist mit der Veröffentlichung des delegierten Rechtsakts im EU-Amtsblatt zu erwarten.

[63] Vgl. www.efrag.org.
[64] Vgl. www.efrag.org/Lab3.
[65] Vgl. „EFRAG delivers the first set of draft ESRS to the European Commission", abrufbar unter www.efrag.org.
[66] Vgl. www.efrag.org/Lab6.

6.1 Grundlegender Aufbau und Systematik der [draft] ESRS

Die [draft] ESRS bestehen aus zwei Querschnittstandards und zehn themenbezogene Standards. Laut Annex I Tabelle 2 [draft] ESRS enthalten die [draft] ESRS 82 Offenlegungsanforderungen (Disclosure Requirements, kurz: DR), die sich wie folgt verteilen:

[draft] ESRS	Anzahl der Disclosure Requirements
1 – General principles	–
2 – General disclosures	12
Gesamt Querschnittstandards	**12**
E1 – Climate change	9
E2 – Pollution	6
E3 – Water and marine resources	5
E4 – Biodiversity and ecosystems	6
E5 – Resource use and circular economy	6
Gesamt Umweltstandards	**32**
S1 – Own workforce	17
S2 – Workers in the value chain	5
S3 – Affected Communities	5
S4 – Consumers and end-users	5
Gesamt Sozialstandards	**32**
G1 – Business conduct	6
Gesamt Governance-Standards	**6**
Gesamt alle Standards	**82**

Tab. 6.3 Überblick Veröffentlichungsanforderungen [draft] ESRS

Für alle Nachhaltigkeitsbelange gelten die in [draft] ESRS 1-8 als „cross-cutting standards“ (Querschnittstandards) bezeichneten [draft] ESRS 1 „general principles“ und [draft] ESRS 2 „general disclosures“. Die Offenlegungsanforderungen (DR) in den branchenunabhängigen [draft] ESRS und in den noch zu entwickelnden branchenbezogenen [draft] ESRS decken insgesamt folgende Berichtsbereiche ab:

lit.	Bereich	Beschreibung	Verweis auf [draft] ESRS 2
(a)	Governance (GOV)	Die Governance-Prozesse, Kontrollen und Verfahren, die zur Überwachung und Management von Auswirkungen, Risiken und Chancen genutzt werden	chapter 2 Governance
(b)	Strategy (SBM)	Wie die Strategie und das Geschäftsmodell bzw. die Geschäftsmodelle des Unternehmens in Wechselwirkung mit seinen wesentlichen Auswirkungen, Risiken und Chancen, einschließlich der Strategie für Umgang mit ihnen steht?	chapter 3 Strategy

lit.	Bereich	Beschreibung	Verweis auf [draft] ESRS 2
(c)	Impact, Risk and Opportunity (IRO)	Der Prozess bzw. die Prozesse, durch den(en) die Auswirkungen, Risiken und Chancen durch Strategien und Maßnahmen identifiziert, bewertet und gesteuert werden	chapter 4 Impact, risk and opportunity
(d)	Metrics and targets (MT)	Wie misst das Unternehmen seine Leistung, einschließlich der Fortschritte bei der Erreichung der gesetzten Ziele?	chapter 5 Metrics and targets

Tab. 6.4 Berichtsbereiche der [draft] ESRS gemäß [draft] ESRS 1-10

Die themenbezogenen [draft] ESRS decken jeweils ein Thema und bei Bedarf mehrere Unterthemen („sub-topics") sowie darunter liegende weitere Themen („sub-sub-topics") ab {[draft] ESRS 1-11}. Eine Aufstellung der in den vorliegenden [draft] ESRS enthaltenen Themen bzw. diese Themen zusammenfassenden Nachhaltigkeitsbelange enthält Anhang B „Application Requirements" [draft] ESRS 1.

i

Hinweis:
Dem themenbezogenen Aufbau sollen nicht nur die Offenlegungsanforderungen der branchenunabhängigen [draft] ESRS folgen. Auch die noch in der Entwicklung befindlichen branchenbezogenen ESRS sollen dementsprechend aufgebaut sein {[draft] ESRS 1-11}.

Die in den themenbezogenen [draft] ESRS enthaltenen Offenlegungsanforderungen, wurden von der EFRAG als wahrscheinlich wesentlich bestimmt. Hierdurch soll ein hoher Grad an Vergleichbarkeit erzielt werden. Sie unterteilen sich laut [draft] ESRS 1-12 in

1. branchenunabhängige ESRS bzw. Offenlegungsanforderungen und
2. branchenbezogene ESRS bzw. Offenlegungsanforderungen.

Branchenbezogene ESRS und Offenlegungsanforderungen adressieren Auswirkungen, Risiken und Chancen, die nicht oder nicht ausreichend von branchenunabhängigen Offenlegungsanforderungen abgedeckt sind {[draft] ESRS 1-12 lit. b)}.

Zusätzlich können unternehmensspezifische Angaben erforderlich sein, wenn eine Auswirkung, ein Risiko oder reine Chance nicht oder nicht mit ausreichender Granularität durch die bestehenden [draft] ESRS abgedeckt wird (ESRS 1-14).

6.2 Die Grundprinzipien [draft] ESRS 1

Ziel von [draft] ESRS 1 ist es, die allgemeinen Anforderungen an die Erstellung und Darstellung von Nachhaltigkeitsinformationen gemäß der BilanzRL-CSRD festzulegen {[draft] ESRS 1-1}. Die Prinzipien sind in den ersten neun Kapiteln niedergelegt. Kapitel 10 enthält Übergangsbestimmungen.

Objective
1. Categories of [draft] Standards and disclosures under [draft] European Sustainability Reporting Standards 2. Qualitative characteristics of information 3. Double materiality as the basis for sustainability disclosures 4. Sustainability due diligence 5. Value chain 6. Time horizons 7. Preparation and presentation of sustainability information 8. Structure of sustainability statements 9. Linkages with other parts of corporate reporting and connected information 10. Transitional provisions
Appendix A: Defined terms
Appendix B: Application Requirements
Appendix C: Qualitative characteristics of information
Appendix D: List of phased-in Disclosure Requirements
Appendix E: Structure of ESRS sustainability statements
Appendix F: Flowchart for determining disclosures to be Included
Appendix G: Example of structure of ESRS sustainability Statements
Appendix H: Example of incorporation by reference

Tab. 6.5 Kapitel und Anhänge von [draft] ESRS 1

Die Anhänge (Appendices) A bis E sind gemäß ihren jeweiligen ersten Absätzen den Kapiteln 1 bis 10 gleichranging und daher bei der Anwendung der [draft] ESRS unmittelbar zu beachten.

Im Folgenden werden wir uns die Grundprinzipien genauer ansehen, da deren Kenntnis für eine gelungene Berichterstattung von wesentlicher Bedeutung ist.

6.2.1 Allgemeine Anforderungen und Definitionen

Kapitel 1 [draft] ESRS 1 untergliedert sich in fünf Unterkapitel und enthält allgemeine Anforderungen und Definitionen an die Nachhaltigkeitsberichterstattung nach den [draft] ESRS.

Unterkapitel	Inhalte
1.1	Complying with [draft] ESRS
1.2	Cross-cutting standards and reporting areas
1.3	Topical ESRS
1.4	Entity-specific disclosures
1.5	Disclosure content for policies, actions and targets

Tab. 6.6 Untergliederung [draft] ESRS 1 Kapitel 1 Categories of [draft] standards and disclosures und [draft] European Sustainability Reporting Standards

Das Kardinalprinzip für Nachhaltigkeitsberichte im Sinne der ESRS ist in [draft] ESRS 1-2 enthalten. Ein Unternehmen hat demnach in Übereinstimmung mit den anwendbaren [draft] ESRS alle wesentlichen Informationen hinsichtlich der

- Auswirkungen (impacts),
- Risiken (risks) und
- Chancen (opportunities)

im Zusammenhang mit

- Umwelt- (environmental),
- Sozial- (social) und
- Unternehmensführungsbelangen (governance)

offenzulegen. Die offengelegten Informationen sollen

1. ein Verständnis der Auswirkungen des Unternehmens auf die drei Belange (Inside-out-Perspektive) und
2. ein Verständnis des Einflusses der drei Belange auf die Unternehmensentwicklung, -leistung und -position (Outside-in-Perspektive)

ermöglichen. Neben Gesetzeswiederholungen, auf die hier nicht näher eingegangen wird, sind insbesondere die folgenden Definitionen in Kapitel 1 [draft] ESRS 1 hervorzuheben.

Begriff	Übersetzung	Definition	Fundstelle ESRS 1
datapoint	Datenpunkt	Ist ein narratives Unterelement einer Offenlegungsanforderung.	1-6
disclosure requirement (DR)	Offenlegungsanforderung	Gibt die Struktur der berichtenden Informationen vor. Eine Offenlegungsanforderung besteht aus granulareren Datenpunkten.	1-6

Begriff	Übersetzung	Definition	Fundstelle ESRS 1
impacts	Auswirkungen	Bezieht sich auf im Rahmen des Auswirkungswesentlichkeitsanalyse (impact materiality process) identifizierte positive und negative nachhaltigkeitsbezogene Auswirkungen, die mit der Geschäftstätigkeit des Unternehmens zusammenhängen.	1-3
shall disclose	soll offenlegen	Gibt an, dass eine Offenlegungsanforderung oder ein Datenpunkt vorgeschrieben ist.	1-7 lit. (a)
shall consider	soll prüfen	Gibt an, dass eine Offenlegungsanforderung oder ein Datenpunkt vom berichtspflichtigen Unternehmen, falls zutreffend, bei der Erstellung des Nachhaltigkeitsberichts geprüft werden soll.	1-7 lit. (b)
may disclose	kann offenlegen	Weist auf die freiwillige Offenlegung zur Förderung bewährter Praktiken hin.	1-7 lit. (c)
risk & opportunities	Risiken & Chancen	Bezieht sich auf nachhaltigkeitsbezogene finanzielle Risiken und Chancen des Unternehmens, die im Rahmen der finanziellen Wesentlichkeitsanalyse (financial materiality process) identifiziert wurden.	1-3

Tab. 6.7 Definitionen in Kapitel 1 des [draft] ESRS 1

Die Definitionen für „shall disclose", „shall consider" und „may disclose" sollten Anwender für die richtige Anwendung der [draft] ESRS verinnerlichen. Hierdurch können unnötige Fehler vermieden werden.

Die zeitlichen Definitionen für die Nachhaltigkeitsberichterstattung sind in [draft] ESRS 1 Kapitel 6 geregelt. Wenig überraschend muss der Berichtszeitraum des Nachhaltigkeitsberichts gleich dem des Jahresabschlusses sein {[draft] ESRS 1-78}. Zudem enthält Kapitel 6.4, vorbehaltlich anderer Vorgaben für mittel- und langfristige Zeitintervalle in themen- oder branchenbezogenen [draft] ESRS, folgende Zeitraumdefinitionen:

Zeitintervall	Definition
kurzfristig („short-term time horizon")	Maßgeblich ist der Jahresabschluss
mittelfristig („medium-term time horizon")	Vom Ende des kurzfristigen Berichtszeitraumes bis fünf Jahre
langfristig („long-term time horizon")	Mehr als fünf Jahre

Tab. 6.8 Zeitintervalle gemäß [draft] ESRS 1-82

Eine zusätzliche Untergliederung des langfristigen Zeithorizonts ist erforderlich, wenn Auswirkungen oder Maßnahmen in mehr als fünf Jahren zu erwarten sind und der zeitliche Abstand zwischen ihnen so groß ist, dass eine zusätzliche Untergliederung erforderlich ist, um relevante Informationen für die Adressaten bereitzustellen.

Sofern das berichtspflichtige Unternehmen eine andere Zeitraumdefinition für

1. seine Prozesse zur Identifizierung und zum Management von wesentlichen Auswirkungen, Risiken und Chancen oder
2. für die Definition seiner Maßnahmen und die Festlegung von Zielen

verwendet und dadurch die vorgenannten in [draft] ESRS 1-82 festgelegten Zeiträume zu unwesentlichen Informationen führen, darf das Unternehmen seine Definitionen verwenden {[draft] ESRS 1-85}.

Ursächlich hierfür können branchenspezifische Merkmale sein, wie Cashflow- und Geschäftszyklen, die erwartete Dauer von Kapitalinvestitionen, die Zeithorizonte, über die die Nutzer von Nachhaltigkeitsberichten ihre Beurteilungen vornehmen, und die Planungshorizonte, die in der Branche des Unternehmens typischerweise für die Entscheidungsfindung verwendet werden. Zur Förderung eines klaren Verständnisses des Zusammenhangs von vergangenheits- und zukunftsorientierten Informationen soll das berichtspflichtige Unternehmen, wenn erforderlich, hierzu Verknüpfungen in den Nachhaltigkeitsbericht aufnehmen.

6.2.2 Struktur des Nachhaltigkeitsberichts

Der Nachhaltigkeitsbericht (sustainability statement) soll in einer Form präsentiert werden, die

1. die Unterscheidung zwischen Pflichtinformationen auf Basis der [draft] ESRS und anderen Informationen im Lagebericht ermöglicht und
2. den Zugang zu den Nachhaltigkeitserklärungen und deren Verständnis sowohl in menschen- und maschinenlesbarer Form ermöglicht.

Die Berichterstattung soll dabei, vorbehaltlich der Möglichkeit von Verweisen, in einer einzigen Sektion des Lageberichts erfolgen {[draft] ESRS 1-113}.

Gemäß [draft] ESRS 1-116 soll der Nachhaltigkeitsbericht in vier Abschnitte (Allgemeine Informationen, Umweltinformationen, Soziale Informationen and Governance-Informationen) unterteilt werden. Maßgeblich hierfür ist die Anlage E „Structure of ESRS sustainability statements“.

Part of the management report	[draft] ESRS codification	Title of [draft] ESRS
1. General information	[draft] ESRS 2	*General disclosures*, including information provided under the Application Requirements of [draft] ESRS 2 Appendix D.
2. Environmental information	[draft] ESRS E1	*Climate change*
	[draft] ESRS E2	*Pollution*
	[draft] ESRS E3	*Water and marine resources*
	[draft] ESRS E4	*Biodiversity and ecosystems*
	[draft] ESRS E5	*Resource use and circular economy*
3. Social information	[draft] ESRS S1	*Own workforce*
	[draft] ESRS S2	*Workers in the value chain*
	[draft] ESRS S3	*Affected communities*
	[draft] ESRS S4	*Consumers and end-users*
4. Governance information	[draft] ESRS G1	*Business conduct*

Tab. 6.9 Pflichtstruktur des Nachhaltigkeitsberichts gemäß [draft] ESRS 1 Anhang E

Die Angaben nach Artikel 8 TaxonomieVO sollen ebenfalls in diesem Nachhaltigkeitsbericht erfolgen {[draft] ESRS 1-114}. In sektorspezifischen ESRS geforderte Angaben sind nach übergreifenden Berichtsbereichen und gegebenenfalls nach Nachhaltigkeitsbelangen zu ordnen und zusammen mit den in entsprechenden branchenunabhängigen [draft]-ESRS-Pflichtangaben darzustellen {[draft] ESRS 1-11}). Notwendige unternehmensspezifische Angaben sollen ähnlich wie die branchenbezogenen Angaben präsentiert werden {[draft] ESRS 1-118}. Zusätzlich dürfen Angaben aufgrund von

1. lokalen Vorschriften und
2. allgemein anerkannten Verlautbarungen zur Nachhaltigkeitsberichterstattung oder unverbindlichen Hinweisen, z.B. branchenbezogenen Leitlinien anderer Standardsetzer wie dem International Sustainability Standards Board (ISSB) oder der Global Reporting Initiative (GRI),

in den Nachhaltigkeitsbericht aufgenommen werden und die Pflichtangaben ergänzen. Bedingung hierfür ist, dass diese klar erkennbar sind und auf die jeweilige Grundlage verweisen {[draft] ESRS 1-115}.

Einen detaillierten Vorschlag für die Berichtsstruktur bietet [draft] ESRS 1 Anhang G, wie im Folgenden schematisch dargestellt.

<table>
<tr><th colspan="2">Lagebericht</th></tr>
<tr><td colspan="2">Nachhaltigkeitsbericht</td></tr>
<tr><td>1. General information</td><td>Themenspezifische DR {[draft] topical ESRS} sowie</td></tr>
<tr><td>[draft] ESRS 2 General disclosures</td><td>sektorspezifische DR {[draft] sector specific ESRS}</td></tr>
<tr><td>2. Environmental information</td><td rowspan="11">Impact, risk and opportunity management + metrics and targets des betreffenden [draft] topical ESRS sowie
sektorspezifische DR {[draft] sector specific ESRS} sowie
potenzielle unternehmensspezifische Informationen</td></tr>
<tr><td>[draft] ESRS E1 Climate change</td></tr>
<tr><td>[draft] ESRS E2 Pollution</td></tr>
<tr><td>[draft] ESRS E5 Climate change</td></tr>
<tr><td>3. Social information</td></tr>
<tr><td>[draft] ESRS S1 Own workforce</td></tr>
<tr><td>[draft] ESRS S2 Workers in the value chain</td></tr>
<tr><td>[draft] ESRS S1 Consumers and end-users</td></tr>
<tr><td>4. Governance information</td></tr>
<tr><td>[draft] ESRS G1 Business conduct</td></tr>
<tr><td></td></tr>
<tr><td colspan="2">Offenlegung gemäß Artikel 8 der TaxonomieVO</td></tr>
</table>

Tab. 6.10 Schematische Struktur zu Einbindung, Gliederung und Inhalten des Nachhaltigkeitsberichts in den Lagebericht

6.2.3 Erstellung und Darstellung der Nachhaltigkeitsinformationen

In Kapitel 7 des [draft] ESRS 1 sind die allgemeinen Anforderungen für die Erstellung und Darstellung der Nachhaltigkeitsinformationen enthalten.

Vergleichsangaben

Demnach sollen für alle im Berichtsjahr veröffentlichten Kennzahlen entsprechende Vorjahresangaben erfolgen. Auch für qualitativen Angaben („narrative sustainability disclosures") sollen Vergleichsinformationen offengelegt werden. Sofern ein [draft] ESRS die Angabe von mehr als einer Vergleichsperiode fordert, geht die speziellere Regelung des entsprechenden [draft] ESRS vor.

Die Vergleichsinformationen sollen aktualisierte Schätzungen widerspiegeln. Weichen die Vergleichsinformationen von den Berichtsangaben des Vorjahres ab, sind die Differenzen und die Gründe hierfür anzugeben. Sofern eine Anpassung der Vorjahresangaben zur Herstellung der Vergleichbarkeit mit dem aktuellen Berichtsjahr unmöglich ist, ist dies entsprechend anzugeben {[draft] ESRS 1-89}.

Beispiel

Zum Beispiel könnten Daten in früheren Perioden nicht in einer Weise erhoben worden sein, die eine rückwirkende Anwendung einer neuen Definition einer Kennzahl bzw. eines Ziels oder eine rückwirkende Anpassung eines in einer früheren Periode vorhandenen Fehlers ermöglichen. Zudem kann es undurchführbar sein, die Informationen neu zu erstellen {siehe [draft] ESRS 2 BP-2}.

Vorjahreszahlen sind auch anzupassen, wenn sich die Definition oder Berechnung von Kennzahlen ändert oder eine Kennzahl ersetzt wird. Ist die Angabe der Vergleichsinformationen nicht möglich, so ist in diesem Fall [draft] ESRS 2 BP-2 zu beachten.

Zudem kann auch die Darstellung eines Basisjahres gefordert werden. Unter Basisjahr ist nicht das Vorjahr, sondern das historische Bezugsdatum oder Bezugsjahr zu verstehen, für das die Information verfügbar ist und mit den Informationen aus Folgejahren verglichen werden können. Legt eine Offenlegungsanforderung fest, wie die Fortschrittsberichterstattung zu erfolgen hat, soll das berichtspflichtige Unternehmen gemäß Kapitel 6.2 [draft] ESRS 1-81 Vergleichsinformationen für ein Basisjahr vorlegen, wenn es über die Entwicklungen und Fortschritte auf dem Weg zu einem Ziel berichtet. Hierzu können auch relevante historische Informationen über erreichte Meilensteine zwischen Basisjahr und Berichtszeitraum enthalten sein.

Fehlerkorrekturen

Bei wesentlichen Berichtsfehlern aus Vorjahren sollen gemäß Kapitel 7.5 [draft] ESRS 1 die Vorjahresangaben, soweit durchführbar, im Berichtsjahr korrigiert werden. Unter wesentliche Berichtsfehler aus Vorjahren sind gemäß [draft] ESRS 1-100 Auslassungen und falsche Angaben in den Nachhaltigkeitsberichten für eine oder mehrere frühere Perioden zu verstehen. Der Standardsetzer gebraucht einen weiten Fehlerbegriff. Fehler entstehen laut [draft] ESRS 1-100 lit. 2 durch die fehlende Verwendung oder den Missbrauch von verlässlichen Informationen, die

1. zur Verfügung standen, als der Lagebericht, der die Nachhaltigkeitserklärung für diese Zeiträume enthält, zur Veröffentlichung freigegeben wurde; und
2. von denen vernünftigerweise erwartet werden konnte, dass sie bei der Erstellung der in diesen Berichten enthaltenen Nachhaltigkeitsangaben erhalten und berücksichtigt wurden.

Beispiel

Als Beispiele für Fehler zählt [draft] ESRS 1-101 Rechenfehler, Fehler bei der Anwendung von Definitionen für Kennzahlen oder Ziele, Übersehen oder Fehlinterpretation von Fakten sowie Betrug auf.

Sofern eine Fehlerkorrektur für alle dargestellten Vorperioden unmöglich ist, ist eine Fehlerkorrektur ab dem frühestmöglichen Zeitpunkt gefordert. Bei der Fehlerkorrektur dürfen weder Annahmen darüber getroffen werden, wie die Absichten des Managements in einer Vorperiode gewesen wären, noch dürfen die in einer Vorperiode ausgewiesenen Beträge im Nachhinein geschätzt werden. Dieses gilt sowohl für die Korrektur von vergangenheits- als auch von zukunftsbezogenen Angaben.

Schätzungen

Die Verwendung von angemessenen Annahmen und Schätzungen, einschließlich Szenario- oder Sensitivitätsanalysen, ist gemäß [draft] ESRS 1-92 ein wesentlicher Bestandteil zur Erstellung von Nachhaltigkeitskennzahlen. Sofern die Annahmen und Schätzungen genau beschrieben und erläutert werden, wird auch der Informationsnutzen nicht untergraben. Selbst ein hohes Maß an Messunsicherheit verhindert nicht unbedingt, dass eine solche Annahme oder Schätzung nützliche Informationen liefert oder qualitative Merkmale von Informationen im Sinne von [draft] ESRS 1 Anhang C erfüllt. Sofern im Nachhaltigkeitsbericht finanzielle Daten und Annahmen enthalten sind oder sich hierauf beziehen, müssen diese so weit wie möglich mit denen im Jahresabschluss übereinstimmen.

Einige [draft] ESRS verlangen Informationen zu möglichen künftigen Ereignissen, deren Ausgang ungewiss ist. Bei deren Wesentlichkeitseinstufung sind die Kriterien zur doppelten Wesentlichkeit gemäß [draft] ESRS 1 Kapitel 3 maßgeblich. Hierbei sind die möglichen Auswirkungen der jeweiligen Ereignisse

1. auf den Wert, den Zeitpunkt und die Sicherheit der künftigen Cashflows, die Entwicklung, die Leistung und die Lage des Unternehmens, einschließlich des langfristigen Ergebnisses,
2. auf die Menschen und die Umwelt au Basis ihres Schweregrades und ihrer Wahrscheinlichkeit sowie
3. das gesamte Spektrum der möglichen Ergebnisse und ihrer jeweiligen Wahrscheinlichkeit

zu berücksichtigen. Bei der Bewertung der möglichen Folgen sollen alle relevanten Fakten und Umstände berücksichtigt werden. Hierzu gehören insbesondere Informationen über die Folgen mit geringer Wahrscheinlichkeit und hoher Auswirkung, die in ihrer Gesamtheit wesentlich werden könnten. So könnte das berichtspflichtige Unternehmen zum Beispiel mehreren Auswirkungen oder Risiken ausgesetzt sein, von denen jedes dieselbe Art von Störung verursachen könnte, wie z.B. Unterbrechungen der Lieferkette des Unternehmens. Informationen über eine einzelne Risikoquelle sind möglicherweise nicht wesentlich, wenn der Eintritt einer Störung aus dieser Quelle höchst unwahrscheinlich ist. Informationen über das Gesamtrisiko (das Risiko einer Unterbrechung der Lieferkette aus allen Quellen) können jedoch wesentlich sein {siehe [draft] ESRS 2 BP-2}.

Gemäß [draft] ESRS 1-104 sind Schätzungsänderungen keine Fehler und daher unverzüglich nach Bekanntwerden der Information zu berücksichtigen {siehe [draft] ESRS 2 BP-2}.

Ereignisse nach Ablauf des Berichtsjahrs

Sofern Nachweise oder Erkenntnisse über die am Ende des Berichtsjahres bestehenden Bedingungen erst nach Ablauf des Berichtsjahres, aber vor der Freigabe des Lageberichts zur Veröffentlichung vorliegen, sind diese gemäß Kapitel 7.3 [draft] ESRS 1 im Nachhaltigkeitsbericht des abgelaufenen Berichtsjahres zu berücksichtigen. Gegebenenfalls sind auch die Schätzungen und Nachhaltigkeitsinformationen aufgrund der neuen Informationen anzupassen. Zudem sind die Ereignisse nach dem Ende des Berichtsjahres und die möglichen Folgen zu erläutern.

Weglassen von Informationen über geistiges Eigentum, Wissen oder Innovationen

Sofern Informationen über geistiges Eigentum, Know-how oder Ergebnisse von Innovationen für Angaben über Strategie, Pläne und Maßnahmen erforderlich sind, so darf das berichtspflichtige Unternehmen diese Informationen weglassen, wenn sie

1. ein Geheimnis in dem Sinne sind, dass sie als Gesamtheit oder in der genauen Anordnung und Zusammensetzung ihrer Bestandteile nicht für Personen innerhalb der Kreise, die normalerweise mit der betreffenden Art von Informationen umgehen, bekannt oder leicht zugänglich sind;
2. einen kommerziellen Wert haben, weil sie geheim sind, und
3. von dem Unternehmen in angemessener Weise geheim gehalten wurden.

Das Unternehmen muss jedoch alle zumutbaren Anstrengungen unternehmen, um sicherzustellen, dass das Weglassen die Relevanz der Offenlegung insgesamt nicht beeinträchtigt.

Anforderungen an den Konzernnachhaltigkeitsbericht

Die Ermittlung der wesentlichen Auswirkungen (impacts), Risiken (risks) und Chancen (opportunities) soll gemäß [draft] ESRS 1-105 eigenständig für den Konzern erfolgen. Sofern es wesentliche Unterschiede zwischen den Ergebnissen für den Konzern und in einem oder mehreren Tochtergesellschaften gibt, ist hier eine angemessene Erläuterung der Auswirkungen, Risiken und Chancen der betroffenen Einheit bzw. Einheiten erforderlich. Für die Beurteilung der Wesentlichkeit der Unterschiede kann das Unternehmen zum Beispiel die Tätigkeit in einem anderen Sektor berücksichtigen. Vorgaben zur Disaggregierung einiger Berichtsinformationen enthält [draft] ESRS 1 Abschnitt 3.7.

6.2.4 Einbeziehung von Informationen durch Verweis

Verweise auf andere Teile der Unternehmensberichterstattung sind zulässig und erforderlich, um den Nutzern der Nachhaltigkeitsberichtserstattung eine Bewertung der Verbindungen zwischen den unterschiedlichen Informationen über Auswirkungen (impacts), Risiken (risks) und Chancen (opportunities) zu ermöglichen {[draft] ESRS 1-119}. Eine Offenlegungsanforderung (DR) eines [draft] ESRS einschließlich eines bestimmten Datenpunkts kann in die Nachhaltigkeitsberichterstattung durch Verweis auf

1. einen anderen Abschnitt des Lageberichtes,
2. den Jahresabschluss,
3. den Corporate Governance Report, sofern nicht Teil des Lageberichts,
4. den Vergütungsbericht gemäß Richtlinie 2007/36/EG und
5. den Offenlegungsbericht gemäß Verordnung 575/2013 (Pillar 3 Offenlegung) [und unter der Verordnung zur Einführung der Richtlinie 2009/138/EG (Solvency II)]

erfolgen {[draft] ESRS 1-120}. Hierzu ist es gemäß ESRS 1-121 erforderlich, dass die durch Verweis einbezogene Angabe

1. eine separate Information darstellt, die klar erkennbar eine relevante Offenlegungsanforderung (DR) oder einen relevanten Datenpunkt einer Offenlegungsanforderung (DR) adressiert,
2. zur gleichen Zeit wie der Lagebericht veröffentlicht wird,
3. mindestens dem gleichen Grad an Prüfungssicherheit unterliegt wie der Nachhaltigkeitsbericht und
4. mit den gleichen technischen Digitalisierungsanforderungen verfügbar ist wie der Nachhaltigkeitsbericht.

Entsprechend diesen Anforderungen kann auch der Verweis auf einen EMAS-Bericht erfolgen. In diesem Fall muss das Unternehmen sicherstellen, dass die durch Verweis einbezogene Information auf derselben Grundlage wie die übrigen ESRS-Angaben erstellt wurde. Hierzu gehört insbesondere der Konsolidierungskreis und die Behandlung von Wertschöpfungsketteninformationen {[draft] ESRS 1-123}. Im Rahmen der Einbeziehung von Informationen durch Verweis soll das Unternehmen die Gesamtkohärenz der berichteten Informationen beachten und sicherstellen, dass die Lesbarkeit des Nachhaltigkeitsberichts nicht beeinträchtigt wird {[draft] ESRS 1-123}. Ein Beispiel für die Einbeziehung von Nachhaltigkeitsinformationen durch Verweis enthält [draft] ESRS 1 Anhang H „Example of incorporation by reference", das im Folgenden schematisch dargestellt ist.

Lagebericht				
	1. Strategie und Geschäftstätigkeit (ESRS 2 SBM-1 para. 36)			
		1.1 Strategie, Geschäftsmodell, Marktposition, Wertschöpfungskette		
			… (Klar identifizierte und separate Elemente zur Adressierung von ESRS 2 SBM-1) …	
		1.2 …		
	Nachhaltigkeitsbericht			
		1. General Information		
			Offenlegung eingebunden als Verweise	
				Folgende Informationen sind im Bereich „Strategie, Geschäftsmodell, Marktposition, Wertschöpfungskette“ enthalten (ESRS 2 SBM-1 para. 36)
		2. Environmental Information		
			…	
		3. Social Information		
			…	
		4. Governance Information		
			…	

Tab. 6.11 Schematische Darstellung angelehnt an [draft] ESRS 1 Anhang H – Beispiel für die Einbeziehung durch Verweis

Zudem soll gemäß [draft] ESRS 1-124 das berichtspflichtige Unternehmen die Zusammenhänge zwischen den verschiedenen Informationen beschreiben. Hierzu könnte es notwendig sein, die qualitativen Berichtsinformationen („narrative information“) über Governance, Strategie und Risikomanagement mit den Zielen und Kennzahlen zu verknüpfen. Hierbei ist zu beachten, dass die Informationen klar und prägnant sein müssen.

Beispiel

Um den Nutzern die Möglichkeit zu geben, Zusammenhänge in den Informationen zu beurteilen, muss das Unternehmen beispielsweise die Auswirkungen oder wahrscheinlichen Auswirkungen seiner Nachhaltigkeitsstrategie auf seine Abschlüsse oder Finanzpläne oder auf die Kennzahlen und Ziele, die zur Messung des Fortschritts gegenüber der Leistung verwendet werden, erläutern. Darüber hinaus muss das Unternehmen möglicherweise erläutern, wie seine Nutzung natürlicher Ressourcen und Veränderungen innerhalb seiner Lieferkette seine wesentlichen Auswirkungen, Risiken und Chancen verstärken, verändern oder verringern könnten. Möglicherweise muss es diese Informationen mit den potenziellen oder tatsächlichen Auswirkungen auf seine Produktionskosten, seine strategischen Maßnahmen zur Minderung solcher Auswirkungen oder Risiken und seine damit verbundenen Investitionen in neue Vermögenswerte verknüpfen.

Diese Informationen müssen unter Umständen auch mit Informationen in den Jahresabschlüssen und mit spezifischen Kennzahlen und Zielen verknüpft werden {[draft] ESRS 1-124}.

Sofern der Nachhaltigkeitsbericht Geldbeträge oder andere quantitative Daten darstellt, die über einem Schwellenwert für wesentliche Informationen liegen, und diese auch direkt im Jahresabschluss abgebildet werden, soll gemäß [draft] ESRS 1-125 das berichtspflichtige Unternehmen auf die jeweilige genaue Fundstelle („paragraph") im Jahresabschluss verweisen. Eine Nummerierungspflicht der Absätze im handelsrechtlichen Anhang wird hierdurch unseres Erachtens nicht eingeführt. Wenn wesentliche quantitative Daten im Nachhaltigkeitsbericht nur Aggregationen oder Teilmengen von quantitativen Daten im Jahresabschluss darstellen, ist die Beziehung im Nachhaltigkeitsbericht zu erläutern. Zudem fordert [draft] ESRS 1-126, dass bei wesentlichen Beträgen eine Überleitungsrechnung vorzulegen ist. Eine Darstellung in Tabellenform ist hierfür zulässig.

Sofern wesentliche quantitative Daten im Nachhaltigkeitsbericht verbunden mit oder abhängig von quantitativen Daten im Jahresabschluss sind, aber ein direkter Abgleich nicht möglich ist, sind gemäß [draft] ESRS 1-127 weitere Angaben erforderlich. In diesem Fall muss das Unternehmen, basierend auf dem Schwellenwert für wesentliche Informationen, die Kohärenz

1. der Daten,
2. der verwendeten Annahmen und
3. der qualitativen Informationen

im Nachhaltigkeitsbericht mit den entsprechenden Daten, Annahmen und qualitativen Informationen im Jahresabschluss darstellen.

Beispiel

Die Darstellung nach [draft] ESRS 1 kann erforderlich sein, wenn makroökonomische Prognosen zur Entwicklung von Kennzahlen in Nachhaltigkeitsberichten verwendet werden, die auch für die Bewertung von Vermögensgegenständen oder Rückstellungen im Jahresabschluss verwendet wurden {ähnlich: [draft] ESRS 1-129 lit. (b)}.

Die gleiche Regelung gilt für den Fall des fehlenden Abgleiches von qualitativen Informationen. Die Darstellung muss auf der Ebene eines einzelnen Datenpunktes erfolgen und einen Verweis auf den entsprechenden Posten/Absatz des Abschlusses enthalten. Wenn wesentliche Daten, Annahmen und qualitative Informationen nicht konsistent sind, hat das Unternehmen dies anzugeben und den Grund dafür zu erläutern.

6.2.5 Ermittlung der Berichtsangaben

Für die Ermittlung des Inhalts eines Nachhaltigkeitsberichts sind die Anforderungen von Kapitel 3 [draft] ESRS 1 maßgeblich {[draft] ESRS 1-25}. Das Kapitel besteht aus sieben Unterkapiteln.

Abschnitt	Bezeichnung	para.
3.1	Stakeholders and their relevance to the materiality assessment process	26–28
3.2	Material matters and materiality of information	29–39
3.3	Double materiality	40–45
3.4	Impact materiality	46–49
3.5	Financial materiality	50–55
3.6	Material impacts or risks arising from actions to address sustainability matters	56–57
3.7	Level of disaggregation	58–61

Tab. 6.12 Abschnitte von Kapitel 3 ESRS 1

In Kapitel 3.2 „Wesentliche Belange und Wesentlichkeit von Informationen" („Material matters and materiality of information") werden die Berichtsinhalte vorgegeben, wobei ein Teil der Berichtsinhalte ausdrücklich vorgegeben und ein Teil im Rahmen einer Wesentlichkeitsbeurteilung („materiality assessment") zu ermitteln ist.

Zwingend für jeden Nachhaltigkeitsbericht zu beachten sind gemäß [draft] ESRS 1-32:

Standard	Mandatory Disclosures
[draft] ESRS 2	alle Offenlegungsanforderungen (DR) einschließlich Datenpunkte
[draft] ESRS 2	Anhang C „Liste der Datenpunkte in den Querschnittstandards, die aus anderen EU-Rechtsvorschriften stammen" {„List of datapoints in cross-cutting and [draft] topical standards that are required by EU law which stem from other EU legislation"}
[draft] ESRS E1	alle Offenlegungsanforderungen (DR) einschließlich Datenpunkte
[draft] ESRS S1	Für berichtspflichtige Unternehmen mit 250 oder mehr Arbeitnehmern Offenlegungsanforderungen (DR) ESRS S1-1 bis S1-9 einschließlich zugehöriger Datenpunkte

Tab. 6.13 Immer zu beachtende Offenlegungsanforderungen gemäß [draft] ESRS 1-32

Die Wesentlichkeitsbeurteilung ist erforderlich für die Ermittlung der berichtspflichtigen wesentlichen Auswirkungen, Risiken und Chancen {[draft] ESRS 1-29}. Zur Unterstützung der Wesentlichkeitsanalyse enthält ESRS 1 Anhang B eine Liste der Nachhaltigkeitsbelange, die von den themenbezogenen [draft] ESRS abgedeckt werden. Ein Nachhaltigkeitsbelang ist gemäß ESRS 1-31 wesentlich, wenn er die Kriterien für die Auswirkungswesentlichkeit („impact materiality") oder für die finanzielle Wesentlichkeit („financial materiality") oder beide erfüllt. Für sich ergebende wesentliche Nachhaltigkeitsbelange muss die Berichterstattung gemäß den relevanten Offenlegungsanforderungen (DR) erfolgen. Deckt die Offenlegungsanforderung (DR) den wesentlichen Nachhaltigkeitsbelang unzureichend ab, muss das berichtspflichtige Unternehmen unternehmensspezifische Berichtsangaben gemäß ESRS 1 Kapitel 1.4 entwickeln.

Bei der Berichterstattung über die zum Nachhaltigkeitsbelang gehörenden Richtlinien, Maßnahmen und Ziele muss das berichtspflichtige Unternehmen alle Offenlegungsanforderungen des relevanten themenbezogenen [draft] ESRS und die unter [draft] ESRS 2 korrespondierenden Offenlegungsanforderungen einschließlich der Datenpunkte beachten. Sofern ein Unternehmen die Informationen nicht berichten kann, weil es noch keine Richtlinien, Maßnahmen oder Ziele eingeführt hat, muss es dieses entsprechend berichten und kann zusätzlich einen Zeitrahmen für die beabsichtigte Einführung angeben {[draft] ESRS 1-34}.

Bei der Berichterstattung über Kennzahlen für einen wesentlichen Nachhaltigkeitsaspekt gemäß dem Abschnitt „Metriken und Ziele“ eines themenbezogenen [draft] ESRS

1. müssen die von der jeweiligen Offenlegungsanforderung verlangten Informationen berichtet werden, wenn sie wesentlich sind, und
2. kann die in einem Datenpunkt einer Offenlegungsanforderung vorgeschriebene Information weggelassen werden, wenn diese Information als unwesentlich erachtet wird und damit nicht erforderlich ist, um das Ziel der Offenlegungsanforderung zu erreichen {[draft] ESRS 1-35}.

Die nach einer Offenlegungsanforderung (einschließlich ihrer Datenpunkte) oder als unternehmensspezifische Berichtsangabe vorgeschriebenen Informationen sollen gemäß [draft] ESRS 1-36 aufgenommen werden, wenn das Unternehmen sie unter einem oder mehreren der folgenden Gesichtspunkte als relevant für den Nachhaltigkeitsbericht bewertet:

1. Bedeutung der Information in Bezug auf den Sachverhalt, den sie wiedergibt bzw. wiedergeben soll
2. Entscheidungsrelevanz dieser Information für die Nutzer {einschließlich der Bedürfnisse der primären Adressaten gemäß [draft] ESRS 1-51 der Rechnungslegung für allgemeine Zwecke}
3. Notwendigkeit zur Transparenz gegenüber den Stakeholdern

Das berichtspflichtige Unternehmen hat Kriterien inklusive Schwellenwerten festzulegen, um

1. die zu berichtenden Informationen im Rahmen der Berichtserstattung von Kennzahlen für wesentliche Nachhaltigkeitsbelange in Bezug auf das jeweilige Kapitel „Kennzahlen und Ziele“ („Metrics and targets“) der o.g. relevanten themenbezogenen [draft] ESRS und

2. die Informationen, die als unternehmensspezifische Angaben veröffentlicht werden sollen,

zu bestimmen {[draft] ESRS 1-37}. Sofern ein berichtspflichtiges Unternehmen feststellt, dass ein Thema nicht wesentlich ist, und daher alle Offenlegungsanforderungen (DR) eines themenbezogenen [draft] ESRS weglässt, muss es gemäß [draft] ESRS 1-38 kurz die Schlussfolgerungen aus der Wesentlichkeitsanalyse erklären (vgl. ESRS 2 IRO-2 DR). Sofern Informationen ausgelassen werden, die entweder durch eine Offenlegungsanforderung oder einen Datenpunkt einer Offenlegungsanforderung im Abschnitt Kennzahlen und Ziele („Metrics and targets") eines [draft] ESRS vorgeschrieben sind, muss dies explizit berichtet werden.

6.2.6 Doppelte Wesentlichkeit

Die nach [draft] ESRS 1-2 anzuwendende doppelte Wesentlichkeit zur Ermittlung der wesentlichen Informationen in Bezug auf Auswirkungen („impacts"), Risiken („risks") und Chancen („opportunities") von Umwelt-, Sozial- und Governance-Belangen wird in den Kapiteln 3.3 „Doppelte Wesentlichkeit („double materiality"), 3.4 „Auswirkungswesentlichkeit" („impact materiality") und 3.5 „Finanzielle Wesentlichkeit" („financial materiality") {[draft] ESRS 1} weiter konkretisiert.

Die Umsetzung der Kapitel 3.4 „Auswirkungswesentlichkeit" und 3.5 „Finanzielle Wesentlichkeit" ist durch berichtspflichtige Unternehmen zu erläutern. Gegenstand der Erläuterung sind insbesondere die als angemessen beurteilten und festgelegten Schwellenwerte. Diese bestimmen, welche Auswirkungen, Risiken und Chancen vom Unternehmen als wesentlich identifiziert und behandelt wurden und welche Nachhaltigkeitsbelange wesentlich für den Nachhaltigkeitsbericht sind.

Im Rahmen der Wesentlichkeitsbeurteilung ist zudem zu berücksichtigen, dass Maßnahmen zum Umgang mit Auswirkungen oder Risiken oder zur Nutzung bestimmter Chancen in Bezug auf einen Nachhaltigkeitsbelang nicht nur positive Effekte haben können. Sie können auch wesentliche negative Auswirkungen haben oder wesentliche Risiken in Bezug auf einen oder mehrere andere Nachhaltigkeitsaspekte hervorrufen {[draft] ESRS 1-56}.

Beispiel
Ein Aktionsplan zur Dekarbonisierung der Produktion, der den Verzicht auf die Herstellung bestimmter Produkte zur Folge hat, könnte negative Auswirkungen auf die eigene Belegschaft haben und wesentliche Risiken in Bezug auf die Abfindungen ergeben {[draft] ESRS 1-56 lit. a)}.

In solchen Fällen soll über die Maßnahmen und die daraus resultierenden wesentlichen negativen Auswirkungen oder wesentlichen Risiken berichtet werden. Zudem soll ein Querverweis auf das Thema, auf das sich die mit den Maßnahmen angegangenen Auswirkungen oder Risiken beziehen, erfolgen. In der Darstellung des angegangenen Themas selbst soll zudem dargestellt werden, wie die wesentlichen negativen Auswirkungen oder wesentlichen Risiken angegangen werden.

Im Rahmen der Identifizierung und Bewertung von Auswirkungen, Chancen und Risiken in der Wertschöpfungskette soll sich das berichtspflichtige Unternehmen auf die Gebiete konzentrieren, wo sie aufgrund der Art der Tätigkeiten, der Geschäftsbeziehungen der geographischen Gegebenheiten oder anderer Risikofaktoren als wahrscheinlich erachtet werden. Zum anderen soll das berichtspflichtige Unternehmen seine Abhängigkeit von der Verfügbarkeit von natürlichen und sozialen Ressourcen zu angemessenen Preisen und Qualitäten berücksichtigen. Hierbei bleiben die potenziellen Auswirkungen des Unternehmens auf diese Ressourcen unbeachtlich.

Sofern ein [draft] ESRS bei der Erstellung einer bestimmten Information eine bestimmte Aufschlüsselung vorschreibt, werden im Kapitel 3.7 [draft] ESRS 1 Grundsätze für die Aufschlüsselung vorgegeben. Demnach soll die Darstellung der wesentlichen Auswirkungen, Risiken und Chancen aufgeschlüsselt werden, wenn dies für ein angemessenes Verständnis erforderlich ist. Erforderlich ist die Aufschlüsselung

1. nach Ländern, wenn
   a. die wesentlichen Auswirkungen, Risiken und Chancen von Land zu Land stark variieren und
   b. die Darstellung der Informationen auf einer höheren Ebene Informationen über wesentliche Auswirkungen, Risiken oder Chancen verschleiern würde
2. nach wesentlichen Standorten oder wesentlichen Vermögenswerten, wenn wesentliche Auswirkungen, Risiken und Chancen mit einem bestimmten Standort oder Vermögenswert verbunden sind
3. nach Tochtergesellschaften, wenn die Fakten oder Umstände dafürsprechen

Bei der Beurteilung, ob eine Aufschlüsselung erforderlich ist, soll die in der Wesentlichkeitsbewertung vorgenommene Aufschlüsselung berücksichtigt werden. Bei einer Aufschlüsselung nach Branchen ist zwingend die ESRS-Sektorenklassifikation zu verwenden.

Werden andererseits Daten verschiedener Ebenen oder aus mehreren Standorten innerhalb einer Ebene zusammengefasst, muss sichergestellt sein, dass hierdurch nicht die Besonderheiten und Zusammenhänge verschleiert werden, die zur Interpretation der Informationen erforderlich sind. Ebenso dürfen keine wesentlichen Posten aggregiert werden, die sich nach ihrer Art unterscheiden.

Bewertung der Auswirkungen

Die Wesentlichkeitsbeurteilung beginnt gemäß [draft] ESRS 1-41 lit. 2) grundsätzlich mit der Bewertung der Auswirkungen.

Ein Nachhaltigkeitsbelang ist gemäß [draft] ESRS 1-46 lit. 1) unter dem Gesichtspunkt der Auswirkungen wesentlich, wenn er sich auf tatsächliche oder potenzielle, positive oder negative Auswirkungen des Unternehmens auf Menschen oder Umwelt – insbesondere Umwelt-, Sozial- und Governancebelange – über den kurz-, mittel- und langfristigen Zeithorizont bezieht.

Hierbei sind gemäß [draft] ESRS 1-46 Satz 2 Auswirkungen zu berücksichtigen, die das Unternehmen selbst verursacht oder zu denen es beigetragen hat, sowie diejenigen, die durch seine Geschäftsbeziehungen direkt mit den eigenen Tätigkeiten, Produkten oder Dienstleistungen verbunden sind. In den Begriff Geschäftsbeziehungen sind die vor- und nachgelagerte Wertschöpfungskette des Unternehmens einbezogen. Eine direkte Vertragsbeziehung ist nicht erforderlich.

Die Wesentlichkeitsbeurteilung einer negativen Auswirkung erfolgt auf der Grundlage des in den UN-Leitprinzipien für Wirtschaft and Menschenrechte (UN Guiding Principles on Business and Human Rights) und den OECD-Leitsätzen für multinationale Unternehmen (OECD Guidelines for Multinational Enterprises) definierten Sustainability-Due-Diligence-Prozesses. Für die Wesentlichkeitsbeurteilung der tatsächlichen negativen Auswirkungen ist die Schwere der Auswirkung maßgeblich. Die Schwere der Auswirkung basiert auf:

1. dem Ausmaß,
2. dem Umfang und
3. dem unheilbaren Charakter der Auswirkung.

Bei potenziellen negativen Auswirkungen ist zusätzlich die Wahrscheinlichkeit der Auswirkungen gleichranging zu berücksichtigen. In Bezug auf potenzielle Menschenrechtsauswirkungen geht die Schwere jedoch der Wahrscheinlichkeit der Auswirkung vor.

Die Wesentlichkeit bestimmt sich anhand

1. des Ausmaßes und der Tragweite von tatsächlichen Auswirkungen oder
2. des Ausmaßes, der Tragweite und der Wahrscheinlichkeit der potenziellen Auswirkungen.

Finanzielle Wesentlichkeit

Der Umfang der finanziellen Wesentlichkeit ist im Rahmen der Nachhaltigkeitsberichterstattung größer als bei der Bestimmung der in den Jahresabschluss aufzunehmenden Informationen.

Ein Nachhaltigkeitsbelang ist wesentlich in finanzieller Hinsicht, wenn er wesentliche finanzielle Effekte für das Unternehmen hat oder haben könnte {[draft] ESRS 1 bis 52 Satz 1}. Dies ist der Fall, wenn er Risiken oder Chancen erzeugt oder erzeugen kann, die kurz-, mittel- oder langfristig einen wesentlichen Einfluss auf die Cashflows, die Entwicklung, die Leistung, die Position, die Kapitalkosten oder den Zugang zu Finanzmitteln hat (oder wahrscheinlich haben wird). Chancen und Risiken können dabei aus vergangenen oder zukünftigen Ereignissen herrühren und

1. Effekte auf die bereits bilanzierten Vermögensgegenstände und Schulden haben oder als Ergebnis zukünftiger Ereignisse erfasst werden oder
2. Wertschöpfungsfaktoren sein, die noch nicht die Definitionen von Vermögensgegenständen und Schulden erfüllen, aber zur Generierung von Cashflows oder im Allgemeinen zur Unternehmensentwicklung beitragen.

Die finanzielle Wesentlichkeit eines Nachhaltigkeitsbelanges ist nicht nur auf Aspekte, die unter der Kontrolle des Unternehmens stehen, beschränkt. Sie umfasst auch Informationen über wesentliche Risiken und Chancen, die sich aus Geschäftsbeziehungen zu anderen Unternehmen bzw. Stakeholdern ergeben.

Abhängigkeiten von natürlichen und sozialen Ressourcen sind Quellen für finanzielle Risiken oder Chancen. Abhängigkeiten können

1. die Fähigkeit des Unternehmens,
   a. hinsichtlich der Nutzung und Erhaltung der in seinen Geschäftsprozessen benötigten Ressourcen sowie
   b. hinsichtlich Qualität und Preisgestaltung beeinflussen und
2. die Fähigkeit des Unternehmens beeinträchtigen, zu akzeptablen Bedingungen auf Beziehungen zurückzugreifen, die es für seine Geschäftsprozesse benötigt.

Die Wesentlichkeit von Risiken und Chancen wird auf der Grundlage einer Kombination aus der Eintrittswahrscheinlichkeit und dem Umfang der potenziellen finanziellen Auswirkungen bewertet {[draft] ESRS 1-55}.

Der Prozess zur Bestimmung der finanziellen Wesentlichkeit ist leider nicht im Kapitel 3.5 „Finanzielle Wesentlichkeit", sondern durch Verweis in Kapital 3.3 „Doppelte Wesentlichkeit" enthalten. Demnach kann eine Auswirkung von Anfang an finanziell wesentlich sein oder finanziell wesentlich werden, wenn sie für den Anleger relevant ist. Dies kann u.a. aufgrund ihrer aktuellen oder wahrscheinlichen kurz-, mittel- oder langfristen Effekte auf Cashflows, Entwicklung und Leistung der Fall sein {[draft] ESRS 1-41 Satz 3}. Unabhängig davon, ob eine Auswirkung finanziell wesentlich ist, bleibt sie von der Auswirkungswesentlichkeit erfasst.

Wichtig hierbei ist, dass der Prozess zur Bestimmung der finanziellen Wesentlichkeit nicht beschränkt ist auf die Identifizierung von Informationen, die für Investoren,

Kreditgeber und andere Gläubiger nützlich sind, wenn sie als primäre Adressaten der allgemeinen Finanzberichterstattung die Auswirkungen von Nachhaltigkeitsbelangen auf die Cashflows, die Entwicklung, Leistung, Position, Kapitalkosten oder Zugang zu Finanzmitteln beurteilen. Informationen für primäre Adressaten der allgemeinen Finanzberichterstattung sind insbesondere dann wesentlich, wenn bei deren Weglassen, Falschdarstellung oder Unkenntlichmachung vernünftigerweise die auf Basis der Nachhaltigkeitsberichte getroffenen Entscheidungen beeinflusst werden könnten.

6.2.7 Sustainability Due Diligence (Nachhaltigkeitsprüfung)

Die Sustainability Due Diligence ist der fortlaufende Prozess, mit dem Unternehmen tatsächliche und potenzielle negative Auswirkungen identifizieren, verhindern, abmildern und Rechenschaft darüber ablegen, wie sie die tatsächlichen und potenziellen negativen Auswirkungen auf Umwelt und Menschen im Zusammenhang mit ihrer Geschäftstätigkeit angehen. Dieser Prozess wird in den UN-Leitprinzipien für Wirtschaft und Menschenrechte und den OECD-Leitsätzen für multinationale Unternehmen beschrieben. Er umfasst negative Auswirkungen, die

1. vom Unternehmen verursacht oder beigesteuert wurden,
2. aufgrund eigener Geschäftsbeziehungen in direktem Zusammenhang mit der eigenen Geschäftstätigkeit, den eigenen Produkten oder Dienstleistungen stehen.

Das Ergebnis der Sustainability Due Diligence des Unternehmens dient als Grundlage für die Bewertung der wesentlichen Auswirkungen, Risiken und Chancen {[draft] ESRS 1-62}.

i

Hinweis:
Verhaltensanforderungen in Bezug auf Sorgfaltspflichten im Bereich der Nachhaltigkeit werden laut [draft] ESRS 1-62 lit. 2 durch die Sustainability Due Diligence nicht vorgeschrieben. Ebenso erweitern oder verändern sie die Rolle der Leitungsorgane nicht.

Die Sustainability Due Diligence ermöglicht eine Priorisierung der Maßnahmen je nach Schwere und Wahrscheinlichkeit der Auswirkungen, sofern das Unternehmen nicht alle Auswirkungen auf einmal angehen kann. Dies bildet die Grundlage für die Beurteilung der wesentlichen Auswirkungen. Die Identifizierung der wesentlichen Auswirkungen unterstützt auch die Identifizierung von wesentlichen Nachhaltigkeitsrisiken und -chancen, die häufig ein Ergebnis der Auswirkungen sind. Kernelemente der Sustainability Due Diligence sind zudem vom Standardgeber in [draft] ESRS 2 sowie in themenbezogenen [draft] ESRS als berichtspflichtig eingestuft worden. Eine Übersicht hierzu enthält [draft] ESRS 1 bis 65.

6.2.8 Einbindung der Stakeholder

Gemäß [draft] ESRS 1-26 sind Stakeholder des Berichtspflichtigen diejenigen, die das Unternehmen beeinflussen können oder von ihm betroffen sind. Laut ESRS 1-26 gibt es dabei zwei Gruppen von Stakeholdern.

Stakeholdergruppe	Definition
affected stakeholders	Einzelpersonen oder Gruppen, deren Interessen durch die Tätigkeiten des Unternehmens und seine direkten und indirekten Geschäftsbeziehungen entlang der Wertschöpfungskette positiv oder negativ beeinflusst werden oder beeinflusst werden könnten
users of sustainability statements	Hauptnutzer der allgemeinen Finanzberichterstattung (bestehende und potenzielle Anleger, Kreditgeber und andere Gläubiger, einschließlich Vermögensverwalter, Kreditinstitute, Versicherungsunternehmen) sowie andere Nutzer, einschließlich der Geschäftspartner des Unternehmens, Gewerkschaften und Sozialpartner, Zivilgesellschaft und Nichtregierungsorganisationen, Regierungen, Analysten und Akademikern

Tab. 6.14 Stakeholdergruppen gemäß [draft] ESRS 1-26

Dabei können einige Stakeholder beiden Gruppen zugeordnet werden ([draft] ESRS 1-27). Zentraler Bestandteil des kontinuierlichen Due-Diligence-Prozesses (Kapitel 4 ESRS 4) und der Wesentlichkeitsbewertung („materiality assessment") ist die Einbindung der „affected stakeholders" ([draft] ESRS 1-28).

6.2.9 Berichterstattung zur Wertschöpfungskette

Im Rahmen der Berichterstattung zur Wertschöpfungskette („value chain information") sollen die in der Wertschöpfungskette enthaltenen wesentlichen Auswirkungen, Risiken und Chancen dargestellt werden. Einzubeziehen sind die Ergebnisse der Sustainability Due Diligence und der Wesentlichkeitsbeurteilung sowie spezielle Offenlegungsanforderungen der themenbezogenen [draft] ESRS.

Die Wertschöpfungskette des berichtenden Unternehmens umfasst seine direkten und indirekten Geschäftsbeziehungen. Betroffen sind sowohl die Lieferanten- („upstream value chain") als auch die Kundenseite („downstream value chain"). Im Rahmen der Berichterstattung ist jedoch nicht über jede Einheit in der Wertschöpfungskette, sondern es ist über wesentliche Informationen zu berichten, die

1. Adressaten der Nachhaltigkeitsberichterstattung in die Lage versetzen, wesentliche Auswirkungen, Risiken und Chancen zu verstehen und/oder
2. eine Reihe von Informationen erzeugen, die die qualitativen Merkmale von Informationen im Sinne des Anhang C [draft] ESRS 1 erfüllen.

i

Hinweis:
Für die Einbeziehung von Beteiligungen und Gemeinschaftsunternehmen enthält [draft] ESRS 1-71 besondere Vorgaben, da diese im Rahmen des handelsrechtlichen Konzernabschlusses sowohl Teil der eigenen Geschäftstätigkeit als auch Teil der Wertschöpfungskette sein können.

Die besondere Herausforderung in der Wertschöpfungskettenberichterstattung liegt gerade für mittelständische Unternehmen in der Beschaffung der notwendigen Informationen. Der Standardgeber verlangt dennoch angemessene Anstrengungen des berichtspflichtigen Unternehmens, um diese zu erhalten {[draft] ESRS 1-73 lit. 1)}. Um diese Anstrengungen zu demonstrieren, kann laut Standardgeber das berichtspflichtige Unternehmen beispielsweise den Einfluss durch die Zusammenarbeit mit anderen Interessengruppen oder Unternehmen verstärken.

Sofern dennoch keine Informationen gesammelt werden können, sind Schätzungen erlaubt. Hierbei sollen alle angemessenen und vertretbaren Informationen wie Branchendaten genutzt werden dürfen. Die Schätzung dürfen aber nicht gegen die qualitativen Anforderungen an Informationen gemäß [draft] ESRS 1 Kapitel 2 und 7.2 verstoßen.

6.2.10 Übergangsvorschriften

[draft] ESRS 1 enthält zudem in Kapitel 10 vier wichtige Übergangsvorschriften.

Abschnitt	Bezeichnung
10.1	Transitional provision related to section 1.4 Entity-specific disclosures
10.2	Transitional provision related to chapter 5 Value chain
10.3	Transitional provision related to section 7.1 Presenting comparative information
10.4	Transitional provision: List of Disclosure Requirements that are phased-in for [draft] ESRS to year 2 or subsequent years

Tab. 6.15 Übergangsvorschriften im [draft] ESRS 1

Hervorzuheben sind an dieser Stelle insbesondere die Abschnitte 10.2, 10.3 und 10.4. Die kürzeste Ausführung, aber in der Praxis eine der wesentlichen Erleichterungen, erfolgt in Abschnitt 10.3. Demnach dürfen zur Erleichterung der erstmaligen Anwendung die in Abschnitt 7.1 geforderten Vergleichsinformationen um ein Jahr verschoben werden. Dieses ist sehr zu begrüßen, da ansonsten die Datensammlung ein Jahr vor dem ersten Berichtsjahr beginnen müsste.

Ebenso bedeutend ist die schon in der CSRD enthaltene Erleichterung der Wertschöpfungskettenberichterstattung. Jedoch erfolgt in [draft] ESRS 1 bis 133 des Abschnitts 10.2 eine Einschränkung. Demnach sollen in jedem Fall die intern vorliegenden sowie öffentlich zugängliche Wertschöpfungsketteninformationen genutzt werden. Zudem gibt es in [draft] ESRS 1 bis 134 noch Möglichkeiten zum Schutz von kleinen und mittleren Unternehmen in der Wertschöpfungskette.

Eine wesentliche Erleichterung stellt auch Anhang D „Liste der phasenweise eingeführten Offenlegungsanforderungen" dar, auf den Abschnitt 10.4 verweist. Er enthält Bestimmungen für die Offenlegungsanforderungen oder Datenpunkte der Offenlegungsanforderungen, die im ersten Jahr bzw. in den ersten Jahren der Erstellung der Nachhaltigkeitsberichte weggelassen werden können oder nicht anwendbar sind.

6.3 Allgemeine Berichterstattung [draft] ESRS 2

[Draft] ESRS 2 Allgemeine Berichterstattung („General Disclosures") legt als Querschnittstandard die für alle Unternehmen, unabhängig von ihrer Branche, geltenden Offenlegungsanforderungen fest {[draft] ESRS 2-1}. Er gliedert sich in einem Hauptteil mit fünf Kapiteln und fünf Anhängen.

Teil	Bezeichnung	Anforderung	
		Abkürzung	Anzahl
	Objective	–	–
1	Basis for preparation	BP	2
2	Governance	GOV	5
3	Strategy	SBM	3
4	Impact, risk and opportunity management		
4.1	Disclosures on the materiality assessment process	IRO	2
4.2	Reporting on opportunities	–	–
4.3	Disclosure content on policies and actions	DC-P DC-A	1 1
5	Metrics and targets	DC-M DC-T	1 1
Annex A	Defined terms		
Annex B	Application Requirements		
B.1	Basis for preparation	AR	1
B.2	Governance	AR	9
B.3	Strategy	AR	8
B.4	Impact, risk and opportunity Management	AR	6
B.5	Metrics and targets	AR	3

Teil	Bezeichnung	Anforderung	
		Abkürzung	Anzahl
Annex C	List of datapoints in cross-cutting and [draft] topical standards that are required by EU law		
Annex D	Disclosure/Application Requirements in [draft] topical ESRS that are applicable jointly with [draft] ESRS 2 General Disclosures		
Annex E	Disclosure of ESRS datapoints in accordance with EU laws and [draft] ESRS 1 chapter 3		

Tab. 6.16 Gliederung [draft] ESRS 2 und Offenlegungsanforderungen/-inhalte

Neben zwölf Offenlegungsanforderungen (DR) enthält [draft] ESRS 2 auch vier als Offenlegungsanforderungen (Disclosure Content, kurz: DC) bezeichnete Anforderungen, die sich je nach Annex auf Richtlinien („policies“, kurz: P), Aktionen („actions“, kurz: A), Kennzahlen („metrics“, kurz: M) und Zielen („targets“, kurz: T) beziehen. Die Disclosure Contents sind nicht in der allgemeinen Aufzählung der Anzahl der Offenlegungsanforderungen (vgl. **Tab. 6.3**) enthalten. Die Anhänge A bis C sind integraler Bestandteil des [draft] ESRS 2 und den Anforderungen des Hauptteils gleichrangig. Anhänge D und E haben dagegen illustrativen Charakter.

i

Hinweis:
An dieser Stelle sei nochmals daran erinnert, dass sowohl die Offenlegungsanforderungen und Datenpunkte als auch [draft] ESRS 2 Anhang C immer zu befolgen sind (vgl. Abschnitt 6.1). Eine Darstellung der Datenpunkte ist in [draft] ESRS 2 Anhang E enthalten.

Die Erstellung der Berichtsangaben gemäß ESRS 2 kann zudem aufgrund seiner Querschnittsfunktion nicht unabhängig von den themenbezogenen Angaben erfolgen. Die Offenlegungsanforderungen in den themenbezogenen [draft] ESRS sind zum Teil gemeinsam mit [draft] ESRS 2 anzuwenden. Dies gilt uneingeschränkt für alle Anforderungen des [draft] ESRS E1 „Climate Change“ und solche mit Bezug auf [draft] ESRS 2 IRO-1 „Description of the processes to identify and assess material impacts, risks and opportunities“ in den themenbezogenen [draft] ESRS. Für Anforderungen in anderen themenbezogenen [Entwurf-]Standards gilt dieses, wenn auf der Grundlage der Wesentlichkeitsbeurteilung {siehe [draft] ESRS 1 Kapitel 3 „Doppelte Wesentlichkeit“} das betreffende Nachhaltigkeitsthema als wesentlich bestimmt wurde.

ESRS 2 Disclosure Requirement	**Related [draft] ESRS**	
	Main body of [draft] topical ESRS	*Application Requirement*
GOV-1 The role of the administrative, management and supervisory bodies	[draft] ESRS G1 Business conduct (5)	
GOV-3 Integration of sustainability-related performance in incentive schemes	[draft] ESRS E1 Climate change (12)	
SBM-2 Interests and views of stakeholders	[draft] ESRS S1 Own workforce (14) [draft] ESRS S2 Workers in the value chain (9) [draft] ESRS S3 Affected communities (7) [draft] ESRS S4 Consumers and end-users (7)	[draft] ESRS S1 Own Workforce (AR 4 to AR 5) [draft] ESRS S2 Workers in the value chain (AR 4 to AR 5) [draft] ESRS S3 Affected communities (AR 3 to AR 4) [draft] ESRS S4 Consumers and end-users (AR 3 to AR 4)
SBM-3 Material impacts, risks and opportunities and their interaction with strategy and business model(s)	[draft] ESRS E1 Climate change (17) [draft] ESRS E4 Biodiversity and ecosystems (19) [draft] ESRS S1 Own workforce (15 to 18) [draft] ESRS S2 Workers in the value chain (10 to 13) [draft] ESRS S3 Affected communities (8 to 11) [draft] ESRS S4 Consumers and end-users (8 to 11)	[draft] ESRS E1 Climate Change (AR 7 to AR 9) [draft] ESRS S1 Own workforce (AR 6 to AR 9) [draft] ESRS S2 Workers in the value chain (AR 6 to AR 9) [draft] ESRS S3 Affected communities (AR 5 to AR 8) [draft] ESRS S4 Consumers and end-users (AR 5 to AR 8)
IRO-1 Description of the processes to identify and assess material impacts, risks and opportunities	[draft] ESRS E1 Climate change (18 to 19) [draft] ESRS E2 [draft] ESRS E3 [draft] ESRS E4	[draft] ESRS E1 Climate change (AR 10 to AR 16) [draft] ESRS E2 Pollution (AR 1 to AR 9) [draft] ESRS E3 Water and marine resources (AR 1 to AR 15) [draft] ESRS E4 Biodiversity and ecosystems (AR 3 to AR 11)
	[draft] ESRS E5 [draft] ESRS G1	[draft] ESRS E5 Resource use and circular economy (AR 1 to AR 10)

Tab. 6.17 [draft] ESRS 2 Anhang D: Offenlegungs- und Anwendungsanforderungen in themenbezogenen Standards, die gemeinsam mit [draft] ESRS 2 anzuwenden sind.

6.4 Die Offenlegungsanforderungen BP-1 und BP-2

Die Offenlegungsanforderungen BP-1 und BP-2 sollen den Berichtsadressaten ein Verständnis der Erstellung des Nachhaltigkeitsberichtes ermöglichen. Hierzu gehört auch die Angabe von besonderen Umständen, die hierbei eine Rolle gespielt haben. Besondere Umstände sind laut Standardgeber insbesondere

1. die Abweichung von der Definition der mittel- und langfristigen Zeitinterfalle in [draft] ESRS 1 Kapitel 6.4,
2. die Nutzung von Schätzungen für Daten der Wertschöpfungskette,
3. Schätzungsunsicherheiten im Sinne von [draft] ESRS 1 Kapitel 7.2,
4. Änderungen in der Erstellung oder Darstellung,
5. Fehler in Vorperioden,
6. Angaben aufgrund von lokalen Gesetzgebungen oder allgemein anerkannten Nachhaltigkeitsberichtsverlautbarungen und die
7. Einbeziehung per Referenz.

Ziel der Offenlegungsanforderungen zur Governance in [draft] ESRS 2 ist es, dem Berichtsadressaten ein Verständnis der Prozesse, Kontrollen und Verfahren zur Überwachung und zum Management von Nachhaltigkeitsbelangen zu ermöglichen. Unter den im Standardentwurf verwendeten Begriffe Verwaltungs-, Leitungs- und Aufsichtsorgane ist gemäß Definition in [draft] ESRS 2 Appendix A die höchste Entscheidungsebene einschließlich der Ausschüsse zu verstehen. Im deutschen dualistischen Modell wären damit der Vorstand bzw. die Geschäftsführung und der Aufsichtsrat gemeint.

Offenlegungs-anforderung	Beschreibung
GOV-1	The role of the administrative, management and supervisory bodies
GOV-2	Information provided to and sustainability matters addressed by the undertaking's administrative, management and supervisory bodies
GOV-3	Integration of sustainability-related performance in incentive schemes
GOV-4	Statement on sustainability due diligence
GOV-5	Risk management and internal controls over sustainability reporting

Tab. 6.18 Offenlegungsanforderungen [draft] ESRS 2 hinsichtlich der Governance

Die GOV-Offenlegungsanforderungen fordern die Darstellung der Verwaltungs-, Leitungs- und Aufsichtsorgane hinsichtlich

- ihrer Zusammensetzung,
- ihrer Aufgaben und Zuständigkeiten sowie
- ihres Zugangs zu Fachwissen und Fähigkeiten

in Bezug auf Nachhaltigkeitsbelange. Für komplexe Governance-Strukturen wird die Beifügung eines Organigramms empfohlen ([draft] ESRS 2-AR-3). Ebenso soll berichtet werden, wie die Information der Organe über Nachhaltigkeitsbelange erfolgt und welche Nachhaltigkeitsbelange im Berichtsjahr behandelt wurden. Hierzu kann berichtet werden, wie die Organe sicherstellen, dass ein angemessenes System zur Leistungsüberwachung implementiert wurde {[draft] ESRS 2-AR-5}.

Besonderes Interesse dürfte bei einigen Berichtsadressaten die Offenlegung gemäß [draft] ESRS 2-GOV-3 „Integration of sustainability-related performance in incentive schemes" hervorrufen. Sofern ein Anreizsystem für die Organe existiert, soll

1. berichtet werden, ob und wenn ja, welche nachhaltigkeitsbezogene(n) Ziele und/ oder Auswirkungen bei der Leistungsbewertung herangezogen werden sowie ob und wie nachhaltigkeitsbezogene Leistungsindikatoren als Leistungsmaßstäbe berücksichtigt oder in die Vergütungspolitik einbezogen werden,
2. eine Beschreibung der wichtigsten Merkmale der Anreizsysteme, einschließlich des Anteils der der variablen Vergütung, die von solchen Kennzahlen abhängt, erfolgen,
3. die Verantwortungsebene für die Genehmigung und Aktualisierung von Anreizsystemen berichtet werden.

Im Rahmen des Statement on Sustainability Due Diligence soll anhand einer Übersicht erklärt werden, wie und wo sich die Anwendung der wichtigsten Aspekte und Schritte des Sustainability-Due-Diligence-Prozesses im Nachhaltigkeitsbericht widerspiegelt. Dies soll einen Eindruck über die tatsächlichen Praktiken des Unternehmens in Bezug auf die Sorgfaltspflicht ermöglichen. Der Standardsetzer hat hierzu im Appendix B die nachfolgende Tabelle zur Verfügung gestellt, die für die Berichterstattung verwendet werden kann.

Kernelement der Due Diligence	Absätze im Nachhaltigkeitsbericht
Verankerung der Due-Diligence in Governance, Strategie und Geschäftsmodell Modell	
Einbindung der betroffenen Interessengruppen in alle wichtigen Schritte der Due Diligence	
Identifizierung und Bewertung der nachteiligen Auswirkungen	
Maßnahmen zur Behebung dieser nachteiligen Auswirkungen	
Verfolgung der Wirksamkeit dieser Bemühungen und Kommunikationen	

Tab. 6.19 Mustertabelle zur Widerspiegelung der Sustainability Due Diligence im Nachhaltigkeitsbericht gemäß [draft] ESRS 2-AR-7

Zudem soll [draft] ESRS 2-GOV-5 ein Verständnis des Risikomanagements und des internen Kontrollsystems in Bezug zum Nachhaltigkeitsberichterstattungsprozess ermöglichen. Hierbei können auch Risiken wie

- Datenvollständigkeit und -integrität,
- Genauigkeit der Schätzungsergebnisse

- Verfügbarkeit von Wertschöpfungskettendaten und
- Zeitpunkt der Verfügbarkeit von Informationen

eine Rolle spielen {[draft] ESRS 2-AR-10}.

Die drei die Strategie betreffenden Offenlegungsanforderungen zielen auf die Berichterstattung über die Strategieelemente, die Berücksichtigung der Interessen und Ansichten der Stakeholder und das Ergebnis der Wesentlichkeitsbeurteilung hinsichtlich wesentlicher Auswirkungen, Risiken und Chancen ab {[draft] ESRS 2-35}. Zu berichten ist über die Strategieelemente, die sich auf Nachhaltigkeitsbelange, das Geschäftsmodell oder die Wertschöpfungskette beziehen oder auswirken. Hierzu hat das Unternehmen auch über seine Marktposition zu berichten {[draft] ESRS 2-SBM-1}.

Notwendige Bestandteile der Berichterstattung über die Marktposition und Strategieelemente
1. Beschreibung a. der wesentlichen angebotenen Produkt- und/oder Dienstleistungsgruppen und deren Veränderungen im Berichtszeitraum (neue/entfernte Produkte und/oder Dienstleistungen), b. der wesentlichen belieferten Märkte und/oder Kundengruppen und ihrer Veränderungen im Berichtszeitraum (neue/entfernte Märkte und/oder Kundengruppen), c. der Anzahl der Mitarbeiter nach geografischen Gebieten, d. falls zutreffend: der Produkte und Dienstleistungen, die auf bestimmten Märkten verboten sind, einschließlich möglicher Verbote aufgrund bedeutender öffentlicher Initiativen und Überlegungen.
2. Aufschlüsselung der Umsatzerlöse, wie in den Jahresabschlüssen enthalten, nach wichtigen ESRS-Sektoren. Wenn im Jahresabschluss eine Segmentberichterstattung gemäß IFRS 8 vorlegt, sind diese Informationen zu den Branchenerlösen so weit wie möglich mit den Informationen nach IFRS 8 abzustimmen.
3. Liste von zusätzlichen ESRS-Sektoren, die über die Segmentberichterstattung hinausgehen und a. in denen das Unternehmen wesentliche Tätigkeiten entwickelt oder b. in denen es mit wesentlichen Auswirkungen verbunden ist oder sein kann. Die Identifizierung der zusätzlichen ESRS-Sektoren muss im Einklang mit der Wesentlichkeitsbeurteilung und der Offenlegung von branchenbezogenen Informationen sein.
4. Falls zutreffend: Erklärung, einschließlich zugehöriger Umsatzerlöse, aus der hervorgeht, dass das Unternehmen in folgenden Branchen aktiv ist: a. Fossile Brennstoffe (Kohle, Öl und Gas) – d.h., das Unternehmen erzielt Einnahmen aus Erkundung, Bergbau, Gewinnung, Herstellung, Verarbeitung, Lagerung, Raffination oder Vertrieb, einschließlich Transport, Lagerung und Handel mit fossilen Brennstoffen im Sinne von Artikel 2 Nr. 62 der Verordnung (EU) 2018/1999 des Europäischen Parlaments und des Rates. b. Chemische Produktion (Tätigkeiten, die unter Abteilung 20.2 Anhang I Verordnung (EG) Nr. 1893/2006 fallen). c. Umstrittene Waffen wie Antipersonenminen, Streumunition, chemische Waffen und biologische Waffen. d. Tabakanbau und -erzeugung.

Notwendige Bestandteile der Berichterstattung über die Marktposition und Strategieelemente
5. Nachhaltigkeitsbezogene Ziele in Bezug auf Produkt- und Dienstleistungsgruppen, Kundenkategorien, geografische Gebiete und Beziehungen zu Interessengruppen.
6. Bewertung der aktuellen Marktposition in Bezug auf die Unternehmensziele.
7. Erklärung über die beabsichtigte Ausrichtung der Elemente der Unternehmensstrategie, die sich auf die sich auf Nachhaltigkeitsbelange beziehen oder auswirken, einschließlich der wichtigsten anstehenden Herausforderungen, entscheidenden Lösungen oder Projekte, die umgesetzt werden sollen, sofern sie für die Nachhaltigkeitsberichterstattung relevant sind.

Tab. 6.20 Notwendige Bestandteile der Berichterstattung über die Marktposition und Strategieelemente gemäß [draft] ESRS 2-38

Statt des Abgleichs mit der Segmentberichterstattung nach IFRS 8 sollten mittelständische Unternehmen unseres Erachtens darauf achten, dass es keine Widersprüche zur Berichterstattung über die Umsatzerlöse im (Konzern-)Anhang (§ 285 Nr. 4 bzw. § 314 Abs. Nr. 3 HGB) und im finanziellen Teil des (Konzern-)Lageberichtes kommt.

Zusätzlich zur Darstellung der Marktposition wird eine Beschreibung des Geschäftsmodells und der Wertschöpfungskette inklusive besonderer Unternehmensumstände {[draft] ESRS 2-39 f.} gefordert.

Die Offenlegungsanforderung [draft] ESRS 2-SBM-2 „Interessen und Sichtweisen der Stakeholder“ soll ein Verständnis davon ermöglichen, wie die Stakeholder die Unternehmensstrategie und das Geschäftsmodell beeinflussen. Hierzu soll eine zusammenfassende Darstellung über die Stakeholder, die Berücksichtigung in der Sustainable Due Diligence und, falls zutreffend, darüber, wie die Unternehmensstrategie bzw. das Geschäftsmodell mit Blick auf die Stakeholder angepasst wurde oder werden soll. Zudem soll dargestellt werden, wie die Leitungsorgane über die Sichtweisen und Interessen der betroffenen Stakeholder im Hinblick auf die Nachhaltigkeitsauswirkungen informiert wurden.

Die Vorgaben zur Darstellung der wesentlichen Auswirkungen, Risiken und Chancen (IRO) sowie deren Interaktion mit der Strategie und dem Geschäftsmodell (SBM) in [draft] ESRS 2-SBM-3 sind komplex. Die Vorgaben sollen jedoch ein Verständnis der wesentlichen Auswirkungen, Risiken und Chancen ermöglichen, die im Rahmen der Wesentlichkeitsbeurteilung ermittelt wurden. Weiterhin soll es den Adressaten ermöglicht werden, zu erfassen, wo die wesentlichen Auswirkungen, Risiken und Chancen aus der Strategie bzw. dem Geschäftsmodell herrühren, und welche Anpassungen ausgelöst wurden {[draft] ESRS 2-45}.

6.4.1 Auswirkungs-, Risiko- und Chancenmanagement

Die Berichterstattung über das Auswirkungs-, Risiko- und Chancenmanagement ist integriert in die Berichterstattung über den Prozess zur Wesentlichkeitsbeurteilung {[draft] ESRS 2 Kapitel 4.1}, Chancenberichterstattung (Kapitel 4.2) und Berichterstattung über den Inhalt von Richtlinien und Maßnahmen (Kapitel 4.3).

Explizite Offenlegungsanforderungen (DR) im Sinne der [draft] ESRS enthält dabei nur das Kapitel 4.1. Dieses Kapitel bezweckt die Normierung von Offenlegungsanforderungen zur Berichterstattung über

1. den Prozess zur Identifizierung wesentlicher Auswirkungen, Risiken und Chancen {[draft] ESRS 2-IRO-1} sowie
2. die Informationen, die als Ergebnis der Wesentlichkeitsbeurteilung, in den Nachhaltigkeitsbericht aufgenommen wurden {[draft] ESRS 2-IRO-2}.

Während [draft] ESRS 2-IRO-1 im Wesentlichen die Darstellung von Prozessen fordert, soll [draft] ESRS 2-IRO-2 ein Verständnis davon ermöglichen, weshalb Offenlegungsanforderungen als wesentlich angesehen und bestimmte Themen als nicht wesentlich ausgelassen wurden. Für Letzteres ist insbesondere eine kurze Erklärung erforderlich {[draft] ESRS 2-56}.

Die Berichterstattung über Chancen ist keine normierte Offenlegungsanforderung (DR). Der Standardsetzer fordert in diesem Zusammenhang inhaltlich lediglich eine Beschreibung, die dem Leser ein Verständnis von den Chancen für das Unternehmen oder die Branche ermöglicht {[draft] ESRS 2-57}. Das Unternehmen soll jedoch berücksichtigen, ob die Chance jeweils wesentlich ist, ob sie derzeit verfolgt wird und ob sie in die allgemeine Unternehmens- oder Branchenstrategie eingebunden ist oder dieser entgegensteht. Ebenso soll berücksichtigt werden, ob die Angabe quantitativer Angaben zur finanziellen Auswirkung im Hinblick auf die zu treffenden Annahmen und Unsicherheiten angemessen ist.

In Kapitel 4.3 [draft] ESRS 2 „Berichterstattung über die Inhalte der Richtlinien und Maßnahmen" werden die notwendigen Inhalte für die Berichterstattung über Richtlinien und Maßnahmen zum Umgang mit wesentlichen Auswirkungen und/oder Risiken und/oder mit der Verfolgung von wesentlichen Chancen definiert. Diese Berichterstattungsvorgaben über das Management der wesentlichen Nachhaltigkeitsbelange sollen zusammen mit den Offenlegungsanforderungen (DR) und Anwendungsanforderungen (Application Requirements, kurz: AR) in den relevanten themenbezogenen [draft] ESRS erfolgen. Ebenso gelten diese Vorgaben für unternehmensspezifische Angaben.

[Draft] ESRS 2-DC-P „Existierende Richtlinien für das Management von Nachhaltigkeitsbelangen" setzt Leitplanken für die entsprechende Berichterstattung für jeden der wesentlichen Nachhaltigkeitsbelange. Die Anforderungen an die Richtlinien beziehen sich auf die Identifizierung, die Bewertung, das Management und/oder die Behebung von wesentlichen Mängeln aus den relevanten Nachhaltigkeitsbelangen. Gemäß [draft] ESRS 2-63 ist hierfür folgendes zu veröffentlichen:

1. Beschreibung der wichtigsten Inhalte der Richtlinie, einschließlich ihrer allgemeinen Ziele und der wesentlichen Auswirkungen, Risiken oder Chancen, auf die sie sich bezieht,
2. Beschreibung des Geltungsbereichs der Richtlinie in Bezug auf Tätigkeiten, Wertschöpfungskette, geografische Gebiete und falls relevant: betroffene Stakeholder,
3. höchste Ebene im Unternehmen, die für die Umsetzung der Richtlinie verantwortlich ist,
4. falls zutreffend: Hinweis auf Standards oder Initiativen Dritter, zu deren Einhaltung sich das Unternehmen im Rahmen der Umsetzung der Richtlinie verpflichtet hat,
5. wenn relevant: Beschreibung der Berücksichtigung der Interessen der wichtigsten Stakeholdergruppen bei der Festlegung der Richtlinie,
6. wenn relevant: Beschreibung, ob und wie das Unternehmen die Richtlinie den potenziell betroffenen Stakeholdern und den Akteuren, die bei der Umsetzung helfen müssen, zur Verfügung stellt.

Pflichtinhalte für die Berichterstattung über Maßnahmen und Ressourcen in Bezug auf Nachhaltigkeitsbelange gibt [draft] ESRS 2-DC-A „Maßnahmen und Ressourcen in Bezug auf Nachhaltigkeitsbelange“ vor. Diese sind bei der Berichterstattung über das Management von Nachhaltigkeitsbelangen einschließlich Aktionsplänen und zugeteilten oder geplanten Ressourcen zu beachten. Hierdurch soll ein Verständnis von den durchgeführten oder geplanten zentralen Maßnahmen zum Umgang mit wesentlichen Auswirkungen, Risiken und Chancen, sowie sofern anwendbar auch die Erreichung von Vorgaben und Zielen, geschaffen werden. Gemäß [draft] ESRS 2-66 muss, sofern eine Richtlinie Maßnahmen oder einen umfassenden Aktionsplan zur Zielerreichung erfordert oder Maßnahmen ohne eine spezifische Richtlinie durchgeführt werden, Folgendes berichtet werden:

Berichterstattung über Maßnahmen und Aktionspläne
1. Liste der im Berichtsjahr durchgeführten und für die Zukunft geplanten zentralen Maßnahmen, ihre erwarteten Ergebnisse und wenn relevant die Art und Weise, wie ihre Durchführung zur Erreichung der Ziele und Vorgaben der jeweiligen Richtlinie beiträgt.
2. Umfang der zentralen Maßnahmen (Reichweite der Maßnahmen, geografische Verteilung der Wertschöpfungskette und falls zutreffend die betroffenen Stakeholdergruppen.
3. Zeithorizonte, innerhalb derer das Unternehmen jede zentrale Maßnahme abschließen will.
4. Falls zutreffend: die wichtigsten ergriffenen Maßnahmen (einschließlich der Ergebnisse) zur Leistung von, Mitwirkung bei oder Unterstützung von Abhilfemaßnahmen, bei den durch tatsächliche wesentliche Auswirkungen Betroffenen.
5. Falls zutreffend: quantitative und qualitative Informationen über den Fortschritt von Maßnahmen oder Aktionsplänen, die in früheren Zeiträumen offengelegt wurden.
6. Alle weiteren Erläuterungen, die zum Verständnis der zentralen Maßnahmen nützlich sind.

Tab. 6.21 Pflichtinhalte gemäß [draft] ESRS 2-66 für die Berichterstattung über Maßnahmen und Aktionspläne

Sofern die Durchführung eines Aktionsplans erhebliche betriebliche Ausgaben (OpEx) und/oder Investitionen (CapEx) erfordert, müssen zusätzlich

1. die Art und der Umfang der gegenwärtigen und künftigen finanziellen und sonstigen Ressourcen für den Aktionsplan, einschließlich der Beträge sowie ökologischer oder sozialer Ziele und der relevanten Bedingungen von nachhaltigen Finanzierungsinstrumenten, wie Green Bonds, Social Bonds und Green Loans (grüne Kredite), beschrieben werden,
2. ergänzende erläuternde Informationen erfolgen, wenn die Fähigkeit zur Durchführung der Maßnahmen oder des Aktionsplans abhängig von bestimmten Voraussetzungen ist, z.B. von der Gewährung finanzieller Unterstützung oder politischen Maßnahmen und Marktentwicklungen,
3. Erläuterungen erfolgen, wie sich wesentliche Geldbeträge auf die wichtigsten im Jahresabschluss dargestellten Beträge beziehen.

Wenn das Unternehmen die Informationen über Strategien und Maßnahmen, die gemäß dem relevanten themenbezogenen [draft] ESRS gefordert werden, nicht offenlegen kann, weil es keine Strategien und/oder Maßnahmen in Bezug auf den betreffenden Nachhaltigkeitsbelang hat, muss dies offengelegt und begründet werden. Das Unternehmen kann einen Zeitrahmen angeben, in dem es Strategien und/oder Maßnahmen einführen will.

6.4.2 Kennzahlen und Ziele

Hinsichtlich der Berichterstattung von Kennzahlen und Zielen in Bezug auf jeden Nachhaltigkeitsbelang formuliert Kapitel 5 [draft] ESRS 2 ebenfalls lediglich inhaltliche ergänzende Vorgaben (DC) und keine originären Offenlegungsanforderungen (DR). Die ergänzenden Vorgaben sind zusammen mit den jeweiligen Offenlegungsanforderungen einschließlich der Anwendungsanforderungen (AR) in den relevanten themenbezogenen [draft] ESRS zu beachten. Gleiches gilt für die unternehmensspezifischen Offenlegungen.

[Draft] ESRS-DC-M „Kennzahlen in Bezug auf Nachhaltigkeitsbelange" soll für jeden wesentlichen Nachhaltigkeitsbelang ein Verständnis von den zugehörigen Kennzahlen ermöglichen, mit denen das Unternehmen den Erfolg seiner Maßnahmen zum Umgang mit wesentlichen Nachhaltigkeitsbelangen misst. Hierzu soll jede Kennzahl veröffentlicht werden, die genutzt wird, um die Leistung und Wirksamkeit in Bezug auf wesentliche Auswirkungen, Risiken oder Chancen zu messen. Der Begriff Kennzahlen umfasst dabei sowohl die in themenbezogenen [draft] ESRS definierten Kennzahlen als auch Kennzahlen, die anderen Quellen entstammen oder selbst entwickelt wurden.

Für jede Kennzahl soll das Unternehmen

1. berichten, ob deren Messung von einer externen Stelle validiert wird, die nicht der Prüfer des Nachhaltigkeitsberichtes ist, und, falls ja, von welcher Stelle,
2. die Kennzahlen mit aussagekräftigen, klaren und präzisen Namen und Beschreibungen bezeichnen und
3. bei Angabe von Geldeinheiten, die Währung des Jahresabschlusses verwenden.

[Draft] ESRS-DC-T „Messung des Erfolgs von Richtlinien und Maßnahmen aufgrund von Zielen" soll für jeden wesentlichen Nachhaltigkeitsbelang ein Verständnis

1. des Ob und Wie der Nachverfolgung der Wirksamkeit von Maßnahmen zum Umgang mit wesentlichen Auswirkungen, Risiken und Chancen einschließlich der zugehörigen Kennzahlen;
2. von messbaren, zeitlich begrenzten und ergebnisorientierten Zielen, die sich das Unternehmen gesetzt hat, um die Ziele der Richtlinie zu erreichen, die für die Menschen, die Umwelt oder das Unternehmen in Bezug auf wesentliche Auswirkungen, Risiken und Chancen definiert wurden,
3. des Gesamtfortschritts im Zeitablauf;
4. des Ob und Wie, mit dem das Unternehmen die Wirksamkeit seiner Maßnahmen zur Bewältigung wesentlicher Auswirkungen, Risiken und Chancen nachverfolgt und den Fortschritt bei der Erreichung seiner politischen Ziele misst, wenn keine messbaren ergebnisorientierten Ziele existieren, und
5. des Ob und Wie, Stakeholder in den Zielsetzungsprozess für jeden Nachhaltigkeitsbelang einzubeziehen, schaffen.

Um dieses Verständnis zu ermöglichen, sollen alle messbaren ergebnisorientierten Ziele, die für die Bewertung des Fortschrittes festgelegt wurden, berichtet werden. Hierbei ist für jedes dieser Ziele Folgendes zu veröffentlichen:

Berichterstattung über Nachhaltigkeitsziele
1. Beschreibung der Beziehung zwischen dem Ziel und Zielen der Richtlinie.
2. zu erreichende Zielmarke, gegebenenfalls einschließlich der Angabe, ob es sich um ein absolutes oder relatives Ziel handelt und in welcher Einheit es gemessen wird.
3. Umfang des Ziels, einschließlich der Tätigkeiten des Unternehmens und/oder seiner Wertschöpfungskette, sofern zutreffend, und die geografischen Grenzen.
4. Basiswert und Basisjahr, ab dem der Fortschritt gemessen wird.
5. Zeitraum, für den die Zielvorgabe gilt, und ggf. Meilensteine oder Zwischenziele.
6. Methoden und wichtige Annahmen, die für die Zielfestlegung verwendet wurden, ggf. einschließlich des gewählten Szenarios, der Datenquellen, der Ausrichtung auf nationale, EU- oder internationale politische Ziele und der Berücksichtigung des weiteren Kontexts der nachhaltigen Entwicklung und/oder der lokalen Situation, in der die Auswirkungen auftreten.

7. Erklärung, ob die umweltrelevanten Unternehmensziele auf schlüssigen wissenschaftlichen Erkenntnissen beruhen.
8. Erklärung, ob und wie die Stakeholder in die Zielsetzung für jeden wesentlichen Nachhaltigkeitsaspekt einbezogen wurden.
9. etwaige Änderungen a. der Ziele und der entsprechenden Messgrößen oder b. der zugrunde liegenden Messmethoden, c. von wesentlichen Annahmen, d. von Einschränkungen, e. von Quellen und f. von Verfahren zur Datenerhebung innerhalb des festgelegten Zeithorizonts und einschließlich einer Erläuterung der Gründe für diese Änderungen und ihre Auswirkung auf die Vergleichbarkeit {siehe Angabepflicht BP-2 Angaben in Bezug auf die besonderen Umstände [draft] ESRS-2}.
10. die Leistung oder der Gesamtfortschritt im Vergleich zu den veröffentlichten Zielen, einschließlich Informationen darüber, a. wie das Ziel überwacht und überprüft wird und b. ob die Fortschritte mit den ursprünglichen Planungen übereinstimmen, sowie eine Analyse von Trends oder wesentlichen Änderungen in der Leistung des Unternehmens im Hinblick auf die Erreichung des Ziels

Tab. 6.22 Pflichtinhalte gemäß [draft] ESRS 2-78 für die Berichterstattung über Ziele

Wenn das Unternehmen die Informationen über Ziele, die gemäß dem relevanten themenbezogenen [draft] ESRS gefordert werden, nicht offenlegen kann, weil es keine Ziele in Bezug auf den betreffenden Nachhaltigkeitsbelang hat, muss dies offengelegt und begründet werden. Gemäß [draft] ESRS 2-79 ist darzulegen,

1. ob noch Ziele festgelegt werden nebst Zeitrahmen für ihre Festlegung – oder die Gründe dafür, dass das Unternehmen nicht beabsichtigt, Ziele festzulegen;
2. ob das Unternehmen die Wirksamkeit seiner Richtlinien und Maßnahmen in Bezug auf die wesentlichen Nachhaltigkeitsauswirkungen, -risiken und -chancen verfolgt, und wenn ja,
   a. mit welchen Prozessen und
   b. mit welchem festgelegten Zielniveau, einschließlich aller qualitativen oder quantitativen Indikatoren, die zur Bewertung der Fortschritte verwendet werden, d.h. auch des Basiszeitraums, ab dem die Fortschritte gemessen werden.

Wichtig ist es hierbei, hervorzuheben, dass diese Regelung nur für die Ziele, nicht aber für die Kennzahlen gilt.

6.5 Umweltstandards

6.5.1 Einführung in die [draft] ESRS E

Für den Themenbereich Umwelt sind fünf [draft] ESRS vorgesehen.

[Draft] ESRS	Anzahl der Disclosure Requirements	Anzahl der Application Requirements	Seitenumfang
E1 – Climate change	9	80	45
E2 – Pollution	6	40	19
E3 – Water and marine resources	5	31	16
E4 – Biodiversity and ecosystems	6	44	35
E5 – Resource use and circular economy	6	40	19
Gesamt	**32**	**235**	**134**

Tab. 6.23 Übersicht [draft] ESRS für den Bereich Umwelt

[Draft] ESRS E1 Climate change (Klimawandel)

[Draft] ESRS E1 „Climate change" („Klimawandel") umfasst die Offenlegungsanforderungen hinsichtlich der Nachhaltigkeitsbelange Klimaschutz („climate change mitigation"), Anpassung an den Klimawandel („climate change cdaptation") und Energie („energy"). Unter Klimaschutz werden gemäß [draft] ESRS E1-4 die Bemühungen des Unternehmens zur Erreichung der Pariser Klimaziele verstanden. Hierzu gehören auch der Umgang mit den Treibhausgasemissionen und den verbundenen Transformationsrisiken. Die Anpassung an den Klimawandel bezieht sich auf den Prozess des Unternehmens zur Anpassung an den tatsächlichen und erwarteten Klimawandel {[draft] ESRS E1-5}. Unter Energie werden gemäß [draft] ESRS E1-7 alle Typen der Energieproduktion und des Energieverbrauchs verstanden. Zudem sind klimabezogene physische Risiken sowie Transformationsrisiken Gegenstand von [draft] ESRS E1.

Hinweis:
Zur Erinnerung: Die Offenlegungsanforderungen und Datenanforderungen von [draft] ESRS E-1 sind gemäß [draft] ESRS 1-32 lit. (c) immer zu beachten. Im Übrigen sind die Standards Gegenstand der Wesentlichkeitsbeurteilung.

[Draft] ESRS E2 Pollution (Verschmutzung)

Luft- und Wasserverschmutzungen, Bodenverunreinigungen sowie besorgniserregende Stoffe sind Gegenstand der Offenlegungsanforderungen von [draft] ESRS E2 „Pollution". Hierzu gehören Informationen zu Emissionen in die Luft in Innen- und Außenbereichen, in das Wasser oder in den Boden sowie deren Vermeidung, Kontrolle und Verringerung ([draft] ESRS E2-3 bis E2-5). Der Begriff „besorgniserregende Stoffe" bezieht sich auf Informationen hinsichtlich der Produktion, den Gebrauch oder den Vertrieb und Vermarktung besorgniserregender Stoffe einschließlich besonders besorgniserregender Stoffe.

[Draft] ESRS E3 Water and marine ressoures (Wasser und Meerressourcen)

Der Nachhaltigkeitsbelang „Wasser" umfasst Oberflächen- und Grundwasser sowie produziertes Wasser. Die Nutzung von Meeresressourcen, Einleitungen und Emissionen in die Umwelt, die letztendlich in den Meeren landen, oder Tätigkeiten in den maritimen Bereichen werden unter dem Nachhaltigkeitsbelang „Meerressourcen" subsumiert; [draft] ESRS E3 deckt dabei die Bezüge des Unternehmens mit Wasser und Meerressourcen im eigenen Geschäftsbetrieb sowie in der vor- und nachgelagerten Wertschöpfungskette in Bezug auf Auswirkungen, Risiken und Chancen ab. Hierzu gehört auch, wo und wieviel Wasser für die Unternehmensaktivitäten, -produkte und -dienstleistungen verbraucht wird. Ebenso Gegenstand sind wasserbezogene Auswirkungen, die das Unternehmen verursacht oder zu denen es beiträgt, und wasserbezogene Risiken, denen das Unternehmen ausgesetzt ist.

[Draft] ESRS E4 Biodiversity and ecosystems (Biodiversität und Ökosysteme)

Die Offenlegungsanforderungen des Biodiversitätsstandards [draft] ESRS E4 betreffen die Beziehungen des Unternehmens zu Land-, Süßwasser- und Meereslebensräumen, Ökosystemen und Populationen ihrer Tier- und Pflanzenarten. Hierzu gehört auch die Diversität innerhalb von Arten und Ökosystemen sowie die Wechselbeziehung mit indigenen und betroffenen Gemeinschaften. Unter dem Nachhaltigkeitsaspekt „Biodiversität" umfasst gemäß [draft] ESRS E4-3 die Variabilität unter lebenden Organismen aus allen Quellen, einschließlich u.a. Land-, Süßwasser-, Meeres- und anderen aquatischen Ökosystemen sowie der ökologischen Komplexe, zu denen sie gehören. Eine Umweltgrenze wird in der Regel als der Punkt oder der Bereich von Bedingungen interpretiert, jenseits dessen ein erhebliches Risiko abrupter, irreversibler oder schwer umkehrbarer Veränderungen des Nutzens der natürlichen Ressourcensysteme mit Auswirkungen auf das menschliche Wohlergehen besteht (z.B. die planetarischen Grenzen).

[Draft] ESRS E5 Ressource use and circular economy (Ressourcennutzung und Kreislaufwirtschaft)

Angaben zum Ressourcenverbrauch und Kreislaufwirtschaft werden in [draft] ESRS E5 festgelegt. Hierbei geht es insbesondere um Ressourcenzuflüsse und -abflüsse sowie Abfälle. Unter Kreislaufwirtschaft wird dabei gemäß [draft] ESRS E5-3 ein Wirtschaftssystem verstanden, in dem der Wert von Produkten, Materialien und anderen Ressourcen so lange wie möglich erhalten bleibt. Dies erfolgt durch ihre effiziente Nutzung in Produktion und Konsum, sodass nutzungsbedingte Umweltauswirkungen, Abfälle und Freisetzungen von gefährlichen Stoffen während der Lebensdauer minimiert werden. Dieses System soll u.a. die langlebige optimale Nutzung oder Wiederverwendung, die Aufbereitung, Überholung, Verwertung und biologische Abbaubarkeit ermöglichen. Der Standard setzt auf existierende EU-Gesetze und -Initiativen auf. Mit ihm soll die Transformation zur Kreislaufwirtschaft evaluiert werden. Die Evaluation stützt sich im Rahmen der Offenlegungsanforderungen E5-4 „Ressourcenzufluss“ und E5-5 „Ressourcenabfluss“ auf die Identifikation von Ressourcen, Materialien und Produkten, die vom Unternehmen genutzt werden.

Die fünf Umweltstandardentwürfe bestehen aus einem Hauptteil, einem Anhang A mit Definitionen und einem Anhang B mit Anwendungsanforderungen (AR).

Kapital	Unterkapitel	Verweis auf ESRS 2	Erläuterung
Objective			
Interactions with other ESRS	–		
Disclosure Requirements	General Disclosures	Kapitel 2 bis 4	Bei E2 bis 3 und E5 erfolgt nur ein Verweis auf Kapitel 4
	Governance	ESRS 2-GOV-3	Integration der nachhaltigkeitsbezogenen Leistung in das Anreizsystem
	Strategy		Nur für Klimaschutz sowie Biodiversität und Ökosysteme: Transitionspläne
		ESRS 2 SBM-3	Wesentliche Auswirkungen, Risiken und Chancen und ihre Interaktion mit der Strategie und dem Geschäftsmodell bzw. den Geschäftsmodellen
	IRO Management	ESRS 2 IRO-1	Beschreibung des Prozesses zur Identifizierung und Bewertung wesentlicher themenbezogener Auswirkungen, Risiken und Chancen
			Themenbezogene Richtlinien
			Themenbezogene Maßnahmen und Ressourcen
	Metrics and Targets		Ziele für das Thema
			Individuelle themenbezogene Kennzahlen
			Potenzielle finanzielle Effekte aus wesentlichen themenbezogenen Auswirkungen, Risiken und Chancen
Appendix A.	Defined terms		
Appendix B.	Application Requirements		

Tab. 6.24 Grundstruktur der umweltbezogenen [draft] ESRS

Zu Beginn des Gliederungspunktes Objective (Ziel) eines jeden Umweltstandardentwurfs wird aufgelistet, welche Einblicke den Nutzern des Nachhaltigkeitsberichtsberichtes hinsichtlich des jeweiligen Themas ermöglicht werden sollen. Jeder Umweltstandard soll beispielsweise den Nutzern ermöglichen, zu verstehen,

1. wie sich das berichtspflichtige Unternehmen auf das jeweilige Umweltthema positiv oder negativ und tatsächlich oder potenziell auswirkt;
2. welche Maßnahmen zur Vermeidung, Milderung oder Behebung der jeweiligen tatsächlichen oder potenziellen Auswirkungen unternommen wurden;
3. welche Pläne und Kapazitäten zur Anpassung von Strategie und Geschäftsmodell(en) in Bezug auf das jeweilige Thema und in Übereinstimmung mit dem Übergang zur nachhaltigen Wirtschaft sowie im Falle des Klimaschutzes mit Beitrag zur Begrenzung der globalen Erwärmung auf 1,5°C bestehen;
4. welche Arten, Typen und Ausmaße wesentlicher Risiken und Chancen des Unternehmens bestehen, die sich aus den Auswirkungen und Abhängigkeiten des Unternehmens in Bezug auf das jeweilige Thema ergeben, und wie das Management des Unternehmens diesbezüglich aussieht;
5. welche finanziellen Auswirkungen sich für das Unternehmen kurz-, mittel- und langfristig aus den Risiken und Chancen, die sich aus den Auswirkungen und Abhängigkeiten des Unternehmens in Bezug auf das jeweilige Thema ergeben, erwartet werden.

Neben dem Zusammenspiel des jeweiligen Umweltstandards mit den Querschnittstandards [draft] ESRS 1 und ESRS 2 werden auch die Zusammenspiele mit anderen [Entwurf-]Standards bzw. Nachhaltigkeitsbelangen dargestellt. Bestehende Wechselwirkungen zwischen den Standards sind in der folgenden Tabelle mit einem „X" markiert.

[Draft] ESRS	[Draft] ESRS											
	1	2	E1	E2	E3	E4	E5	S1	S2	S3	S4	G1
E1	X	X		X	–	–	–	X	X	X	X	–
E2	X	X	X		X	X	X	–	–	X	–	–
E3	X	X	X	X		X	X	–	–	X	–	–
E4	X	X	X		X		X	–	–	X	X	–
E5	X	X	X	X	X	X		–	–	X	–	–

Tab. 6.25 Zusammenspiel der [draft] ESRS E mit anderen [draft] ESRS

Hierdurch soll ein umfassender Überblick darüber gegeben werden, was für die jeweiligen Themen in anderen [draft] ESRS wesentlich sein könnte.[67] So besteht beispielsweise ein Zusammenhang zwischen [draft] ESRS 2 „Verschmutzung", der sich insbe-

[67] Vgl. z.B. [draft] ESRS E3-4.

sondere mit den Emissionen in das Wasser, inklusive der Nutzung und Erzeugung von Mikroplastik, befasst [draft] ESRS 3-4 lit. (a). Der Verweis auf die Sozialstandards erfolgt, da auch Menschen von den Auswirkungen des Übergangs zu einer klimaneutralen Wirtschaft {[draft] ESRS E1-9}, umweltbedingten Folgen {[draft] ESRS E2-8} etc. betroffen sein können.

Zu Beginn des jeweiligen Kapitels „Disclosure Requirements" („Offenlegungsanforderungen") im Hauptteil wird klargestellt, dass jeweils die Offenlegungsanforderungen von [draft] ESRS 2 mit zu berücksichtigen sind. In den [draft] ESRS E1 und E4 erfolgt hierzu der Bezug auf die Kapitel 2 „Governance", Kapitel 3 „Strategy" und Kapitel 4 „Impact, risk and opportunity management" {[draft] ESRS 2}. In den [draft] ESRS E2, E3 und E5 ist lediglich der Verweis zu Kapitel 4 „Impact, risk and opportunity management" enthalten.

Dieses verwundert insbesondere in Bezug auf [draft] ESRS E2. Dieser enthält genauso wie die [draft] ESRS E1 die Beachtung der Offenlegungsanforderungen [draft] ESRS 2-GOV-3 „Integration of sustainablity-related performance in incentive schemes". Angaben zu Transformationsplänen werden ausschließlich hinsichtlich des Klimaschutzes {[draft] ESRS E1-1}, der Biodiversität und Ökosysteme {[draft] ESRS E4-1} gefordert. Gleiches gilt für materielle Auswirkungen, Risiken und Chancen und ihre Wechselwirkung mit Strategie und Geschäftsmodell. Allen Standards gemein ist die Forderung nach der Beschreibung

1. des Prozesses zur Identifizierung und Bewertung der wesentlichen Auswirkungen, Risiken und Chancen,
2. der Richtlinien,
3. der Maßnahmen und Kapazitäten sowie
4. der Ziele

in Bezug auf das jeweilige Thema. Die [draft] ESRS E2 bis E5 fordern zudem die Angabe der potenziellen Effekte aufgrund der jeweiligen themenbezogenen Auswirkungen, Risiken und Chancen; [draft] ESRS E1 fordert hingen die Angabe der potenziellen Effekte von wesentlichen physischen und transitorischen Risiken sowie potenzieller klimabezogener Chancen. Die Anforderungen an die Kennzahlenberichterstattung sind dagegen sehr konkret, sodass zwischen den themenbezogenen Standards deutliche Unterschiede hinsichtlich hinsichtlich der Menge an zu berichtenden Kennzahlen und damit verbundenen Erhebungsaufwand stehen.

[draft] ESRS	Offenlegungs-anforderung	Beschreibung
E1	E1-5	Energy consumption and mix („Energieverbrauch und -mix“)
	E1-6	Gross Scopes 1, 2, 3 and Total GHG emissions („Brutto-Scopes 1, 2, 3 und gesamte Treibhausgasemissionen“)
	E1-7	GHG removals and GHG mitigation projects financed through carbon credits („Treibhausgasabbau und finanzierte Klimaschutzprojekte“)
	E1-8	Internal carbon pricing („Interne Bepreisung von Kohlenstoff“)
E2	E2-4	Pollution of air, water and soil („Verschmutzung von Luft, Wasser und Boden“)
	E2-5	Substances of concern and substances of very high concern („besorgniserregende Stoffe und besonders besorgniserregende Stoffe“)
E3	E3-4	Water consumption („Wasserverbrauch“)
E4	E4-5	Impact metrics related to biodiversity and ecosystems change („Wirkungskennzahlen bezogen auf Veränderungen der Biodiversität und Ökosysteme“)
E5	E5-4	Resource inflows („Ressourcenzuflüsse“)
	E5-5	Resource outflows („Ressourcenabflüsse“)

Tab. 6.26 [Draft] ESRS E Kennzahlen

Die in **Tab. 6.26** dargestellten Kennzahlen lassen es schon aufgrund ihrer Beschreibung vermuten, dass es unumgänglich ist, bereits ab Beginn des ersten Berichtsjahres die Datenerhebung zu starten. Ähnlich wie bei der finanziellen Berichterstattung dürfte es nahezu unmöglich sein, unterjährig und damit rückwirkend sämtliche Erhebungen einzuführen. Während die Erhebung der Wasser- und Energieverbräuche sowie des Energiemixes relativ einfach anhand von Zählerständen und Abrechnungen bzw. Verträgen in eigenen Liegenschaften vorzunehmen sein dürften, kann es bei gemieteten bzw. gepachteten Objekten sinnvoll sein, bereits im Vorfeld entsprechende Vereinbarungen mit den Vermietern bzw. Verpächtern zu treffen, um Ungenauigkeiten infolge von Schätzungen aufgrund fehlender Nebenkostenabrechnungen zu vermeiden.

6.5.2 Kennzahlen des [draft] ESRS E1

[Draft] ESRS E1 enthält neben der Darstellung der potenziellen finanziellen Effekte aufgrund wesentlicher physischer und transitorischer Risiken und klimabezogener Chancen acht themenbezogene Offenlegungsanforderungen, die wir im Folgenden kurz darstellen wollen.

[Draft] ESRS DR E1-5 Energieverbrauch und -mix

Die Berichterstattung über den Energieverbrauch und -mix soll ein Verständnis vom Gesamtenergieverbrauch ermöglichen. Die Angaben sollen gemäß [draft] ESRS E1-34 nicht nur die absoluten Zahlen und den Anteil der erneuerbaren Energien enthalten, sondern auch einen in Einblick in die Verbesserung der Energieeffizienz sowie der Exposition gegenüber Tätigkeiten im Zusammenhang mit Kohle, Öl und Gas ermöglichen. In [draft] ESRS E1-AR 34 wird hierzu eine Mustertabelle zur Verfügung gestellt. Sofern das Unternehmen selbst Strom produziert, soll auch dies unterteilt in erneuerbar und nicht erneuerbar berichtet werden.

Keine als Offenlegungsanforderungen definierte Anforderung, sondern ein Annex zur Berichterstattung über den Energieverbrauch und -mix stellt die Verpflichtung zur Berichtserstattung über die Energieintensität auf Basis des Nettoumsatzes dar. Diese ist in [draft] ESRS E1-37 bis 40 sowie in den [draft] ESRS E1-AR 36 bis 38 geregelt. Dabei soll die Energieintensität nur für die Aktivitäten in Sektoren mit starken Klimaauswirkungen berechnet werden. Für diese Berechnung sind die zugehörigen Umsatzerlöse entsprechend zu separieren. Daher soll das Unternehmen eine Überleitungsrechnung veröffentlichen. Für die Darstellung sowohl der Intensität als auch der Überleitung der Umsatzerlöse sind in [draft] ESRS E1-AR 37 bzw. 38 Muster enthalten.

[Draft] ESRS DR E1-6 Brutto-Scopes 1, 2, 3 und Gesamte Treibhausgasemissionen

Die Berichterstattung über die Treibhausgasemissionen finden sich neben den Anforderungen im Hauptteil {[draft] ESRS E1-41 bis 52} detaillierte Vorgaben in Appendix B: Application Requirements {[draft] ESRS E1-AR 39}. Hervorzuheben ist, dass das berichtspflichtige Unternehmen die Prinzipien, Anforderungen und Hilfestellungen des aktuellen GHG-Protokolls und des GRI 305 (Version 2016) nutzen soll {[draft] ESRS E1 AR 39 lit. (a)}. Zudem können die Anforderungen des ISO 14064-1:2018 einbezogen werden, wobei jedoch zwingend die Anforderungen von [draft] ESRS E1 zu berücksichtigen sind. Für die Darstellung der Treibhausgasemissionen soll die in [draft] ESRS E1-AR 46 enthaltene Mustertabelle verwendet werden.

> **Hinweis:**
> Für die **Treibhausgaskonzernbilanzierung** enthalten [draft] ESRS E1-44 ff. Vorgaben für die Berücksichtigung von Beteiligungen.

Mit diesen Angaben soll gemäß [draft] ESRS E1-42 den Adressaten der Nachhaltigkeitsberichterstattung u.a. ein Einblick in die eigenen Treibhausgasemissionen (Scope 1), die indirekten Emissionen durch bezogene Energie (Scope 2) und der übrigen Emissionen in der Wertschöpfungskette (Scope 3) ermöglicht werden. Die Angabe der Gesamttreibhausgasemissionen soll zudem der Messung des Forstschritts bei der Reduzierung der Treibhausgasemissionen in Übereinstimmung mit den Unternehmenszielen und den politischen Zielen der EU dienen. Zudem soll gemäß [draft] ESRS E1-50 eine Angabe der Treibhausgasintensität auf Basis des Nettoumsatzes erfolgen.

Hervorgehoben sei an dieser Stelle, dass insbesondere die Erhebung der Scope-3-Emissionnen, d.h. der Emissionen in der Wertschöpfungskette, eine Herausforderung darstellen wird. Dies hat auch die EFRAG erkannt, weshalb sie in [draft] ESRS 1-75 insbesondere für die Berechnung der Scope-3-Emissionnen die Nutzung von Proxys zulässt, wenn keine Wertschöpfungskettendaten trotz angemessener Anstrengungen gesammelt werden können.

[Draft] ESRS DR E1-7 Treibhausabbau und finanzierte Klimaschutzprojekte

Gemäß [draft] ESRS E1-53 soll die Darstellung des Treibhausgasabbaus und der Treibhausgasspeicherung sowohl in den eigenen Geschäftstätigkeiten als auch in der vor- und nachgelagerten Wertschöpfungskette erfolgen. Zudem soll das Volumen der Treibhausgasreduktion oder -beseitigung durch finanzierte Klimaschutzprojekte außerhalb der Wertschöpfungskette dargestellt werden („Carbon Credits").

i

Hinweis:
Ein „Carbon Credit" ist gemäß ESRS E1 Appendix A ist ein konvertierbares und übertragbares Instrument, dass Treibhausgasemissionen enthalt, die die durch Projekte eingespart, vermieden oder beseitigt wurden und nach anerkannten Qualitätsstandards verifiziert wurden.

Hierdurch soll u.a. zusätzlich zu der Berichterstattung über die Treibhausgasemissionen Transparenz darüber geschaffen werden, wie und in welchem Umfang Unternehmen entweder natürliche Senken verstärken oder technische Lösungen anwenden, um Treibhausgasemissionen aus der Atmosphäre im Rahmen ihrer eigenen Geschäftstätigkeit und ihrer Wertschöpfungskette zu entfernen {[draft] ESRS E1-AR 54}. Für die Darstellung des Treibhausgasabbaus kann die in [draft] ESRS E1-AR 58 zur Verfügung gestellt Mustertabelle genutzt werden.

Removals	**Comparative**	**N**	**% N / N-1**
GHG removal activity 2 (e.g. direct air capture)	–		
...	–		
Total GHG removals from own operations (tCO_2eq)			
GHG removal activity 1 (e.g. forest restoration)	–		
GHG removal activity 2 (e.g. direct air capture)	–		
...	–		
Total GHG removals in the value chain (tCO_2eq)			
Reversals (tCO_2eq)			

Tab. 6.27 Mustertabelle zur Darstellung des Treibhausgasabbaus [draft] ESRS E1-AR 58

Im Rahmen der Finanzierung von Klimaschutzprojekten soll über Projekte berichtet werden, die hohe Qualitätsstandards erfüllen und einen brauchbaren Beitrag zum Klimaschutz leisten. In [draft] ESRS E1-AR 59 bis 62 finden sich hierzu Berechnungsvorgaben und eine Mustertabelle.

[draft] ESRS DR E1-8 Interne Kohlenstoffbepreisung

Unternehmen sollen gemäß [draft] ESRS E1-59 berichten, ob sie ein internes System zur Bepreisung von Kohlenstoff anwenden. Sofern dies der Fall ist, soll zudem darüber berichtet werden, wie dieses System die Entscheidungsprozesse und Anreize für die Umsetzung von klimabezogenen Richtlinien und Zielen unterstützen. Hierzu soll u.a. über die Art, den Umfang (Regionen, Aktivitäten, Einheiten etc.), die Kohlenstoffpreise sowie die abgedeckten Treibhausgasemissionen (Anteil am Scope 1, 2, 3 und Gesamt) berichtet werden. In [draft] ESRS E1-AR 64 wird dafür eine optionale Mustertabelle zur Verfügung gestellt.

Types of internal carbon prices	**Volume at stake (tCO_2eq)**	**Prices applied (€/tCO_2eq)**	**Perimeter description**
CapEx shadow price			
Research and Development (R&D) investment shadow price			
Internal carbon fee or fund			
Carbon prices for impairment testing			
Etc.			

Tab. 6.28 Mustertabelle zur Berichterstattung über interne Kohlenstoffbepreisungssysteme [draft] ESRS E1-AR64

6.5.3 Kennzahlen der [draft] ESRS E2 bis 5

Neben der Angabe der potenziellen themenbezogenen wesentlichen Risiken und Chancen können gemäß den [draft] ESRS E2 bis 5 fünf Kennzahlen aufgrund des jeweiligen Ergebnisses der Wesentlichkeitsbeurteilung berichtspflichtig werden.

[draft] ESRS	**Offenlegungs-anforderung**	**Beschreibung**
E2	E2-4	Pollution of air, water and soil („Verschmutzung von Luft, Wasser und Boden“)
	E2-5	Substances of concern and substances of very high concern („besorgniserregende Stoffe und besonders besorgniserregende Stoffe“)
E3	E3-4	Water consumption („Wasserverbrauch“)
E4	E4-5	Impact metrics related to biodiversity and ecosystems change („Wirkungskennzahlen in Bezug auf Veränderungen der Biodiversität und Ökosysteme“)

[draft] ESRS	Offenlegungsanforderung	Beschreibung
E5	E5-4	Resource inflows („Ressourcenzuflüsse“)
	E5-5	Resource outflows („Ressourcenabflüsse“)

Tab. 6.29 Besondere themenbezogene Kennzahlen in den [draft] ESRS E2 bis 5

[Draft] ESRS DR E2-4 Verschmutzung von Luft, Wasser und Boden

Das Unternehmen hat im Rahmen dieser Offenlegungsanforderung über Schadstoffe zu berichten, die während des Produktionsprozesses entstehen oder genutzt oder eingekauft werden und die Anlagen als Emissionen, Produkte oder Teil von Produkten oder Dienstleistungen verlassen. Hierdurch soll ein Verständnis von den mit der Geschäftstätigkeit verbundenen Emissionen geschaffen werden.

Veröffentlicht werden sollen vom Unternehmen erzeugte

1. Emissionen von Luftschadstoffen,
2. Emissionen in das Wasser,
3. Emissionen von anorganischen Schadstoffen und
4. Emissionen von ozonabbauenden Substanzen.

Zudem soll über vom Unternehmen erzeugtes oder genutztes Mikroplastik berichtet werden. Die zu berücksichtigen Schadstoffe sind in [draft] ESRS E2-AR 21 ff. definiert. In Bezug zu den jeweiligen Mengen soll über die Veränderungen im Zeitablauf, die Berechnungsmethode und den Datenerhebungsprozess berichtet werden. Sofern das Unternehmen die Daten nicht unmittelbar misst, sondern eine indirekte Methode wählt, muss es die der Schätzung zugrunde liegenden Studien oder Quellen sowie den Grad der Unsicherheit angeben.

[Draft] ESRS DR E2-5 (besonders) Besorgniserregende Stoffe

Die Offenlegungsanforderung [draft] ESRS DR E2-5 soll ein Verständnis der Auswirkungen des Unternehmens auf die Gesundheit und die Umwelt durch besonders besorgniserregende oder besorgniserregende Stoffe ermöglichen. Zudem geht es um ein Verständnis der wesentlichen Risiken und Chancen des Unternehmens, einschließlich der Exposition gegenüber (besonders) besorgniserregenden Stoffe und Risiken, die sich aus Gesetzesänderungen ergeben können.

Zu berichten sind die Gesamtmengen an bedenklichen Stoffen, die bei der Produktion entstehen, verwendet oder beschafft werden und die Anlagen als Emissionen, als Produkte oder als Teil von Produkten oder Dienstleistungen verlassen. Dabei soll eine Aufteilung nach den Hauptgefahrenklassen der bedenklichen Stoffe erfolgen. Besonders besorgniserregende Stoffe sind dabei getrennt auszuweisen.

Im Rahmen der Berichterstattung kann zudem auf bereits bestehende Berichtsanforderungen nach anderen Gesetzen unter Berücksichtigung der Anforderungen in ESRS 1 verwiesen werden {[draft] ESRS E2-AR 36}.

[Draft] ESRS DR E3-4 Wasserverbrauch

Die Angabe des Wasserverbrauchs soll ein Verständnis des Wasserkreislaufs des Unternehmens sowie seines Fortschritts zur Erreichung der Unternehmensziele ermöglichen {[draft] ESRS E3-4}. Die Angabe des Wasserverbrauchs in Bezug auf die wesentlichen Auswirkungen, Risiken und Chancen bezieht sich auf das Unternehmen selbst und soll den Verbrauch insgesamt sowie den Verbrach in Gebieten mit erheblichen Wasserrisiken, einschließlich wasserarmen Gebieten, angeben.

Zudem sollen alle erforderlichen kontextbezogenen Informationen über die Wasserqualität und -quantität der lokalen Einzugsgebiete sowie das Vorgehen bei der Datenzusammenstellung berichtet werden. Hierzu gehört z.B. die Angabe von etwaigen Normen, Methoden und Annahmen, einschließlich der Frage, ob die Informationen berechnet, geschätzt, modelliert oder aus direkten Messungen gewonnen wurden, und der dabei verfolgte Ansatz, wie etwa die Verwendung sektorspezifischer Faktoren {[draft] ESRS E3-27 lit. c)}.

Ebenso sollen die Gesamtmenge des wiederaufbereiteten und wiederverwendeten Wassers sowie des gespeicherten Wassers einschließlich Änderungen berichtet und auch hierzu nicht näher definierte kontextbezogenen Informationen offengelegt werden.

Weiterhin soll das Verhältnis des Gesamtwasserverbrauchs zu den Umsatzerlösen dargestellt werden.

[Draft] ESRS DR E4-5 Wirkungskennzahlen in Bezug auf Veränderungen der Biodiversität und Ökosysteme

Um ein Verständnis von der Leistung des Unternehmens in Bezug auf die in der Wesentlichkeitsbeurteilung als wesentlich identifizierten Auswirkungen auf die Biodiversität und die Veränderungen der Ökosysteme zu erlangen, verlangt Offenlegungsanforderung [draft] ESRS DR E4-5 entsprechende Kennzahlen. In den E4-36 bis 45 sowie E4-AR 26 bis 42 finden sich dazu verschiedene Hinweise und Vorgaben.

Am wichtigsten ist unseres Erachtens jedoch der Hinweis in [draft] ESRS E4-40. Demnach sind Leistungsmessungen zur biologischen Vielfalt und zu Ökosystemen derzeit noch Gegenstand vieler Arbeiten. Aus diesem Grund basieren laut EFRAG die Offenlegungsanforderungen hauptsächlich auf Grundsätzen, um die Kategorien der erwarteten Leistungsmessungen zu klären und die Merkmale hochwertiger biodiversitäts- und ökosystembezogener Messungen festzulegen.

Wo immer möglich, beziehen sich daher laut EFRAG die Anwendungsanforderungen auf Beispiele für allgemein verwendete Kennzahlen und öffentlich verfügbare Werkzeuge, um die Anwendung der verschiedenen Messkategorien, die im Rahmen der Offenlegungsanforderung erforderlich sind, zu ermöglichen. Unternehmen können sich insbesondere auf die Empfehlungen der Aligning Accounting Approaches for Nature (Align) stützen.

Konkret wird der Standard jedoch, sofern das Unternehmen Standorte in oder in der Nähe von biodiversitätssensiblen Gebieten im Rahmen der Wesentlichkeitsbeurteilung ermittelt hat, die es beeinträchtigt. In diesem Fall muss das Unternehmen die Anzahl und die Fläche der in diesen Schutzgebieten oder in deren Nähe gelegenen eigenen, gepachteten oder verwalteten Grundstücke offenlegen {[draft] ESRS E4-38}.

Ebenso muss das Unternehmen, wenn es in den Branchen

- Land- und Forstwirtschaft,
- Bau- und Ingenieurwesen,
- Öl und Gas – von Midstream bis Downstream,
- Energieerzeugung und -versorgung,
- Wasser und Abfallentsorgung,
- Lebensmittel und Getränke,
- Papier- und Holzprodukte,
- Baustoffe,
- Chemische Produkte,
- Kohlebergbau,
- Bergbau,
- Öl und Gas – Upstream und Dienstleistungen,
- Pharma- und Biotechnologie,
- Textilien, Accessoires, Schuhe und Schmuck,
- Tabakwaren und Verkehrswesen

tätig ist und wesentliche Auswirkungen in Bezug auf Landnutzungsänderungen oder Auswirkungen auf das Ausmaß und den Zustand von Ökosystemen festgestellt hat, seine Flächennutzung auf der Basis einer Ökobilanz offenlegen.

Wenn das Unternehmen direkt zu den Auswirkungen von Land-, Süßwasser- und/ oder Meeresnutzungsänderungen beiträgt, müssen relevante Kennzahlen berichtet werden. Hierbei sind die in [draft] ESRS E4-42 vorgegebenen Punkte zu berücksichtigen. Sofern das Unternehmen festgestellt hat, dass es zu den Einflussfaktoren der unbeabsichtigten oder freiwilligen Einbringung beiträgt, muss es über die Wege der Einführung und Ausbreitung invasiver gebietsfremder Arten und die Risiken, die von invasiven gebietsfremden Arten Risiken ausgehen, sowie die Steuerung berichten. Auch wenn das Unternehmen wesentliche Auswirkungen in Bezug auf den Zustand der Arten festgestellt hat, muss es entsprechende Kennzahlen berichten.

Stellt das Unternehmen wesentliche Auswirkungen in Bezug auf Ökosysteme fest, so muss es je nach Ökosystemkategorie (IUCN Global Ecosystem Typology 2.0) die Aspekte

- Ausdehnung des Ökosystems sowie
- Zustand des Ökosystems

berücksichtigen, um einen Einblick in den Zustand des Ökosystems gewähren zu können. Bezüglich der Ausdehnung des Ökosystems muss es einen Indikator berichten, der die abgedeckte Fläche misst. Hier erwähnt der Standard beispielsweise den Lebensraum oder die Waldbedeckung. Im Fall des Zustands des Ökosystems muss mindestens eine Kennzahl

1. die Qualität des Ökosystems im Vergleich zum vorher festgelegten Referenzzustand,
2. die Anzahl der Arten oder
3. die strukturellen Komponenten des Zustandes

messen können.

[Draft] ESRS DR E5-4 Ressourcenzuflüsse

Die Darstellung der wesentlichen Ressourcenzuflüsse soll ein Verständnis von der Ressourcennutzung im Rahmen der eigenen Tätigkeiten und der Wertschöpfungskette ermöglichen. Die hierzu notwendige Beschreibung der Materialzuflüsse soll die Produkte inklusive Verpackungen und Materialien sowie Sachanlagen, die in den eigenen Unternehmen selbst und entlang der Wertschöpfungskette verwendet werden, enthalten.

Unternehmen, die gemäß der Definition im EU-Aktionsplan für die Kreislaufwirtschaft[68] in einer der „Wertschöpfungsketten für Schlüsselprodukte" tätig sind und wesentliche Zuflüsse haben, müssen für den Berichtszeitraum über

1. das Gesamtgewicht der verwendeten Produkte und Materialien,
2. den absoluten Wert und den prozentualen Anteil der erneuerbaren Materialien aus regenerativen Quellen, die zur Herstellung der Produkte und Dienstleistungen einschließlich der Verpackung des Unternehmens verwendet werden, und
3. den absoluten Wert sowie den prozentualen Anteil der wiederverwendeten oder recycelten Produkte und (nicht reiner) Materialien, die zur Herstellung der Produkte und Dienstleistungen einschließlich der Verpackung verwendet werden,

berichten. Die Schlüsselprodukte des EU-Aktionsplans sind gemäß [draft] ESRS E5-AR 24:

[68] Der EU-Aktionsplan für die Kreislaufwirtschaft ist abrufbar unter https://eur-lex.europa.eu.

1. Elektronik sowie Informations- und Kommunikationstechnik
2. Batterien und Fahrzeuge
3. Verpackungen
4. Kunststoffe
5. Textilien
6. Bauwesen und Gebäude
7. Lebensmittel, Wasser und Nährstoffe

Über die jeweils verwendeten Berechnungsmethoden einschließlich der Nutzung von Messungen oder Schätzungen muss das Unternehmen berichten. Hierzu gehört auch die Veröffentlichung von wesentlichen Annahmen und von Maßnahmen zur Vermeidung von Doppelzählungen. Es dürfen lediglich die Originaldaten für die Berichterstattung genutzt werden {[draft] ESRS E4-AR 27}. Das bedeutet, dass weitere Anpassungen wie die Berechnung eines Trockengewichtes ausgeschlossen sind.

[Draft] ESRS DR E5-5 Ressourcenabflüsse

Ziel der Berichterstattung über Ressourcenabflüsse ist es, ein Verständnis der folgenden Gesichtspunkte zu erlangen:

1. Beitrag des Unternehmens zur Kreislaufwirtschaft durch
   a. Gestaltung der Produkte und Materialien im Einklang mit den Grundsätzen der Kreislaufwirtschaft und
   a. Wiederverwendung von Produkten, Materialien und Abfällen nach der ersten Nutzung.
2. Abfallmanagementstrategie und Kenntnisse des Unternehmens zur Abfallbehandlung im Rahmen der eigenen Tätigkeiten.

Das Unternehmen muss hierzu die wichtigsten Produkte und Materialien beschreiben, die aus seinen Produktionsprozessen hervorgehen und nach Kreislaufwirtschaftsprinzipien konzipiert sind. Hierzu gehören Haltbarkeit, Wiederverwendbarkeit, Reparierbarkeit, Demontage, Wiederaufarbeitung, Aufarbeitung, Recycling oder sonstige Optimierung der Nutzung der Ressource.

Unternehmen, die gemäß der Definition im EU-Aktionsplan für die Kreislaufwirtschaft in einer der „Wertschöpfungsketten für Schlüsselprodukte" tätig sind, und wesentliche Abflüsse haben, müssen für den Berichtszeitraum Angaben machen über

1. das Gesamtgewicht und den Prozentsatz der Materialien, die aus der Herstellung von Produkten und Dienstleistungen einschließlich Verpackung resultieren und nach den Kreislaufprinzipien
   a. Langlebigkeit,
   b. Wiederverwendbarkeit,
   c. Reparierbarkeit,

d. Zerlegbarkeit,
e. Wiederaufbereitung oder Aufarbeitung,
f. Wiederverwertung,
g. Rückführung in den biologischen Kreislauf,
h. sonstige potenzielle Optimierung der Produkt- und Materialverwendung

konzipiert wurden und

2. das Gewicht und den Prozentsatz der Erzeugnisse und Materialien einschließlich Verpackungen, die das Unternehmen verlassen, und zwar nicht nach den Anforderungen an die Kreislaufwirtschaft gestaltet wurden, aber so konzipiert sind, dass sie die Kreislaufwirtschaft für die Kunden in der nachgelagerten Wertschöpfungskette verbessern bzw. ermöglichen.

In Bezug auf den Abfall muss die gesamte Abfallmenge des Berichtsjahres veröffentlicht werden. Im Rahmen der Berichterstattung sind weitere Unterteilungen vorzunehmen.

6.6 Soziale Standards

6.6.1 Einführung in die [draft] ESRS S

Für den Themenbereich Soziales sind vier [draft] ESRS vorgesehen.

[Draft] ESRS	Anzahl Disclosure Requirements	Anzahl Application Requirements	Seitenumfang
S1 – Own workforce	17	106	51
S2 – Workers in the value chain	5	50	20
S3 – Affected communities	5	50	19
S4 – Consumers and end-users	5	45	17
Gesamt	**32**	**251**	**107**

Tab. 6.30 Übersicht [draft] ESRS für den Bereich Soziales

[Draft] ESRS S1 Own workforce (Eigene Belegschaft)

[Draft] ESRS S1 „Own workforce" („Eigene Belegschaft") betrifft gemäß [draft] ESRS S1-4 sowohl Arbeitskräfte, die in einem Arbeitsverhältnis mit dem Unternehmen stehen („Arbeitnehmer"), als auch Arbeitskräfte, die nicht in einem Arbeitsverhältnis mit dem Unternehmen stehen („nicht angestellte Arbeitnehmer"). Nicht angestellte Arbeitnehmer können Einzelpersonen sein, die auf vertraglicher Basis („Selbstständige") Arbeitskraft bereitstellen, oder Arbeitskräfte, die von Unternehmen bereitgestellt werden, welche in erster Linie die „Vermittlung und Überlassung von Arbeitskräften" im Sinne des NACE-Code N78 durchführen. Beispiele für nicht angestellte Arbeitnehmer enthält [draft] ESRS S1-AR 3. Nicht in den Anwendungsbereich von [draft] ESRS S1 fallen Arbeitskräfte in der vor- und nachgelagerten Wertschöpfungskette.

Ziel des Standardentwurfs ist die Spezifizierung der Offenlegungsanforderungen, die Nutzern von Nachhaltigkeitsberichten ein Verständnis der wesentlichen Auswirkungen des Unternehmens auf die eigenen Arbeitskräfte sowie der zugehörigen Risiken und Chancen ermöglicht. Hierzu soll eine Beschreibung des grundsätzlichen Ansatzes des Unternehmens zur Identifizierung und Steuerung jeglicher wesentlichen tatsächlichen oder potenziellen Auswirkungen auf die eigenen Arbeitskräfte in Bezug auf soziale Faktoren oder Belange dienen, inklusive Berichterstattung über Arbeitsbedingungen, Gleichbehandlung und weiterer arbeitsbezogener Rechte.

Ebenso verlangt [draft] ESRS S1 eine Erklärung, wie solche Auswirkungen und die Abhängigkeit von eigenen Arbeitskräften wesentliche Risiken oder Chancen für das Unternehmen begründen können.

Unternehmen sollen gemäß [draft] ESRS S1-6 ihre eigenen Arbeitskräfte beschreiben. Hierzu gehören auch die Hauptmerkmale der Arbeitnehmer und der nicht angestellten Arbeitnehmer. Die Beschreibung soll Nutzern ein Verständnis von der Struktur der Arbeitskräfte des Unternehmens ermöglichen und dabei helfen, Informationen aus anderen Offenlegungen in einen Kontext zu stellen. Mit den Offenlegungsanforderungen in [draft] ESRS S1 sollen zudem die berichtspflichtigen Unternehmen in die Lage versetzt werden, über die Einhaltung diverser Abkommen, Vorschriften oder Gesetze zu berichten {[draft] ESRS S1-8}. Am bekanntesten dürften die UN Guiding Principles on Business and Human Rights sowie die OECD Guidelines for Multinational Enterprises sein, die sowohl in Artikel 18 TaxonomieVO erwähnt werden als auch Grundlage verschiedener Lieferkettenanforderungen sind.

[Draft] ESRS S2 Workers in the value chain (Arbeitskräfte in der Wertschöpfungskette)

[Draft] ESRS S2 „Workers in the value chain" betrifft alle Arbeitskräfte in der vor- und nachgelagerten Wertschöpfungskette des Unternehmens, die wesentlichen Auswirkungen des Unternehmens ausgesetzt sind oder sein können. Beispiele für Arbeitskräfte in der Wertschöpfungskette sind in [draft] ESRS S2-AR 3 enthalten.

Ziel von [draft] ESRS S2 ist die Spezifizierung von Offenlegungsanforderungen, die Nutzern des Nachhaltigkeitsberichtes ein Verständnis von den wesentlichen Auswirkungen auf Arbeitskräfte in der Wertschöpfungskette ermöglichen, die vom Unternehmen verursacht wurden, zu denen es beigetragen hat oder die unmittelbar mit der eigenen Geschäftstätigkeit, den Produkten oder Dienstleistungen im Rahmen der Geschäftsbeziehungen verbunden sind. Hierzu gehört auch die Berichterstattung über die damit verbundenen wesentlichen Chancen und Risiken. Um dieses Ziel zu erreichen, müssen Unternehmen ihren generellen Ansatz zur Identifizierung und Steuerung jeglicher tatsächlichen oder potenziellen Auswirkungen auf Arbeitskräfte in der Wertschöpfungskette berichten.

Ebenso verlangt [draft] ESRS S2 eine Erklärung, wie solche Auswirkungen und die Abhängigkeit von Arbeitskräften in der Wertschöpfungskette wesentliche Risiken oder Chancen für das Unternehmen begründen können.

[Draft] ESRS S3 Affected communities (Betroffene Gemeinschaften)

Betroffene Gemeinschaften sind gemäß Appendix A Personen oder Gruppen, die in der Region leben oder arbeiten, die von den Geschäftstätigkeiten oder durch die Wertschöpfungskette des Unternehmens betroffen ist oder sein kann. Betroffene Gemeinschaften könnten dabei in der Nähe der Geschäftstätigkeiten des Unternehmens („local communities" – „örtliche Gemeinschaften") oder hiervon entfernt leben. Zu den potenziell betroffenen Gemeinschaften gehören auch indigene Völker. Ziel des Standards ist es, Offenlegungsanforderungen zu definieren, die die Nutzer des Nachhaltigkeitsberichtes in die Lage versetzen, wesentliche Auswirkungen auf betroffene Gemeinschaften, die durch das Unternehmen verursacht werden oder zu denen es wesentlich beiträgt, zu verstehen. Hierzu gehören Auswirkungen, die unmittelbar mit der eigenen Geschäftstätigkeit, Produkten oder Dienstleistungen im Rahmen der Geschäftsbeziehungen verbunden sind; [draft] ESRS S3 verlangt daher eine Erklärung des generellen Ansatzes zur Identifizierung und Steuerung jeglicher materiellen bestehenden oder potenziellen Auswirkungen auf betroffene Gemeinschaften in Bezug auf

1. die wirtschaftlichen, sozialen und kulturellen Rechte der Gemeinschaften,
2. die zivilen und politischen Rechte der Gemeinschaften und
3. die besonderen Rechte indigener Gemeinschaften.

Zudem soll eine Erklärung darüber abgegeben werden, wie sowohl diese Auswirkungen als auch die Abhängigkeiten von betroffenen Gemeinschaften wesentliche Risiken oder Chancen für das Unternehmen begründen können ([draft] ESRS S3-3).

[Draft] ESRS S4 Consumers and end-users (Konsumenten und Endnutzer)

Ziel von [draft] ESRS S3 ist die Spezifizierung von Offenlegungsanforderungen, die Nutzern des Nachhaltigkeitsberichtes ein Verständnis von den wesentlichen Auswirkungen auf Konsumenten und/oder Endverbraucher ermöglichen, die vom Unternehmen verursacht wurden, zu denen es beigetragen hat oder die unmittelbar mit der eigenen Geschäftstätigkeit, den Produkten oder Dienstleistungen im Rahmen der Geschäftsbeziehungen verbunden sind. Hierzu gehört auch die Berichterstattung über die damit verbundenen wesentlichen Chancen und Risiken. Um dieses Ziel zu erreichen, müssen Unternehmen ihren generellen Ansatz zur Identifizierung und Steuerung jeglicher tatsächlichen oder potenziellen Auswirkungen auf Konsumenten und/oder Endverbraucher in der Wertschöpfungskette berichten.

Zudem verlangt [draft] ESRS S3 eine Erklärung, wie diese Auswirkungen und die Abhängigkeiten von Konsumenten und/oder Endverbrauchern wesentliche Risiken oder Chancen für das Unternehmen begründen können {[draft] ESRS S3-3}.

Die vier Sozialstandardentwürfe bestehen aus einem Hauptteil, einem Anhang A mit Definitionen und einem Anhang B mit Anwendungsanforderungen (AR).

Kapitel	Unterkapitel	Verweis auf ESRS 2	Erläuterung
Objective			
Interactions with other ESRS			
Disclosure Requirements	General Disclosures	Kapitel 3 Strategy	
	Strategy	SBM-2	Interessen und Sichtweisen der Stakeholder
		SBM-3	Wesentliche Auswirkungen, Risiken und Chancen und ihre Interaktion mit der Strategie und dem Geschäftsmodell bzw. den Geschäftsmodellen
	IRO Management		Themenbezogene Richtlinien
			Verfahren für das Engagement mit den jeweiligen Stakeholdern hinsichtlich der Auswirkungen
			Verfahren zur Behebung negativer Auswirkungen und Kanäle für die jeweiligen Stakeholder, um Bedenken zu äußern
			Themenbezogene Maßnahmen
	Metrics and Targets		Ziele für das Thema
			Nur bei [draft] ESRS S1: Individuelle themenbezogene Kennzahlen
Appendix A.	Defined terms		
Appendix B.	Application Requirements		

Tab. 6.31 Grundstruktur der sozialbezogenen [draft] ESRS

[Draft] ESRS S1 unterscheidet sich von den übrigen [draft] ESRS S durch die Unterteilung des Appendix B in B.1 bis B.4 und durch die Anforderung zur Berichterstattung themenbezogener Kennzahlen.

Zu Beginn des Gliederungspunktes Objective (Ziel) eines jeden Sozialstandardentwurfs wird aufgelistet, welche Einblicke den Nutzern des Nachhaltigkeitsberichtsberichtes hinsichtlich des jeweiligen Themas ermöglicht werden sollen. Jeder Sozialstandard soll beispielsweise den Nutzern ermöglichen, zu verstehen,

1. wie sich die Unternehmenstätigkeit auf die jeweiligen Stakeholder auswirkt, und zwar in Form von wesentlichen positiven und negativen tatsächlichen oder potenziellen Auswirkungen,
2. welche Maßnahmen zur Verhinderung, Milderung oder Behebung ergriffen wurden und wie das Ergebnis dieser Maßnahmen ist,
3. welche Arten, Typen und Ausmaße wesentlicher Risiken und Chancen des Unternehmens in Bezug auf die Auswirkungen und Abhängigkeiten von der jeweiligen Stakeholdergruppe bestehen und wie das Unternehmen sie steuert,
4. welche finanziellen Auswirkungen auf das Unternehmen kurz-, mittel- und langfristig aus den wesentlichen Risiken und Chancen, die sich aus den Auswirkungen und Abhängigkeiten des Unternehmens in Bezug auf das jeweilige Thema ergeben, erwartet werden.

Neben dem Zusammenspiel des jeweiligen Sozialstandards mit den Querschnittstandards [draft] ESRS 1 und ESRS 2 werden auch die Zusammenspiele mit anderen [Entwurf-]Standards bzw. Nachhaltigkeitsbelangen dargestellt. Bestehende Wechselwirkungen zwischen den Standards sind in der folgenden Tabelle mit einem „X" markiert.

[Draft] ESRS	[Draft] ESRS										
	1	2	E1	E2	E3	E4	E5	S1	S2	S3	S4	G1
S1	X	X	–	–	–	–	–		X	X	X	–
S2	X	X	–	–	–	–	–	X		X	X	–
S3	X	X	–	–	–	–	–	X	X		X	–
S4	X	X	–	–	–	–	–	X	X	X		X

Tab. 6.32 Zusammenspiel der [draft] ESRS S mit andern [draft] ESRS

Auffällig ist, dass die [draft] ESRS E zwar auf einzelne [draft] ESRS S verweisen (s. **Tab 6.25**), aber keine Rückverweisung erfolgt. Dieses ist schade, da so das Bild eines einheitlichen und abgestimmten Standardsatzes getrübt ist und Auslegungen zusätzlich erschweren kann.

Abweichend von den [draft] ESRS S2 bis S4 wird in [draft] ESRS S1 zu Beginn des Kapitels „Disclosure Requirements" („Offenlegungsanforderungen") des Hauptteils zunächst klargestellt, dass von Unternehmen mit 250 oder mehr Arbeitnehmern die Offenlegungsanforderungen DR S1-1 bis S1-9 unabhängig vom Ergebnis der Wesentlichkeitsbeurteilung anzuwenden sind. Weiterhin werden an dieser Stelle für diese Unternehmen in Bezug auf die DR S1-10 und S1-11 zusätzliche Anforderungen gestellt.

Offenlegungs-anforderung	Bezeichnung	Anforderung für Unternehmen mit 250 oder mehr Arbeitnehmern
DR S1-10	Angemessene Entlohnung	Sofern alle Arbeitskräfte („own workers") angemessene Löhne entsprechend anwendbaren Benchmarks erhalten und daher keine wesentlichen Auswirkungen, Risiken oder Chancen im Rahmen der Wesentlichkeitsbeurteilung festgestellt werden konnten, soll das Unternehmen berichten, dass alle Arbeitskräfte angemessene Löhne erhalten. Weitere Informationen sind nicht erforderlich. Kann diese Erklärung nicht abgegeben werden, müssen die verbleibende Datenpunkte der DR S1-10 berichtet werden.
DR S1-11	Soziale Sicherung	Sofern alle Arbeitskräfte („own workers") vor Einkommensverlusten aufgrund der in DR S1-11 genannten wichtigen Lebensereignisse geschützt sind und daher keine wesentlichen Auswirkungen, Risiken oder Chancen im Rahmen der Wesentlichkeitsbeurteilung festgestellt werden konnten, soll das Unternehmen berichten, dass alle Arbeitskräfte unter die soziale Sicherung für Einkommensverluste aufgrund von Krankheit, Arbeitslosigkeit, Arbeitsunfällen und erworbener Behinderung, Mutterschaftsurlaub und Ruhestand, fallen. Weitere Informationen sind nicht erforderlich. Kann diese Erklärung nicht abgegeben werden, müssen die verbleibende Datenpunkte der DR S1-11 berichtet werden.

Tab. 6.33 Besonderheiten für die DR S1-10 und S1-11 für Unternehmen mit 250 und mehr Arbeitnehmern

Wie in den übrigen [draft] ESRS S enthält aber auch [draft] ESRS S1 die Aussage, dass jeweils die Offenlegungsanforderungen von [draft] ESRS 2 hinsichtlich des Kapitels 3 „Strategy" („Strategie") mit zu berücksichtigen sind. Alle [draft] ESRS S fordern bezogen auf ESRS 2 DR SBM-2 „Interest and views of stakeholders" („Interessen und Ansichten der Stakeholder") eine Berichterstattung darüber, wie die Interessen, Ansichten, Rechte und Erwartungen der (tatsächlich und potenziell) wesentlich betroffenen eigenen Arbeitskräfte, der Arbeitskräfte in der Wertschöpfungskette, der betroffenen Gemeinschaften sowie der Konsumenten und Endnutzer – einschließlich der Achtung ihrer Menschenrechte (inklusive Arbeitnehmerrechte) – in Strategie und Geschäftsmodell(e) einfließen. Die eigenen Arbeitskräfte, die Arbeitskräfte in der Wertschöpfungskette, die betroffenen Gemeinschaften sowie die Konsumenten und Endnutzer können jeweils eine wichtige Gruppe der betroffenen Stakeholder darstellen.

Allen Standards gemein ist auch die Forderung nach der Beschreibung

1. des Prozesses zur Identifizierung und Bewertung der wesentlichen Auswirkungen, Risiken und Chancen,
2. der Richtlinien,
3. der Maßnahmen und Kapazitäten sowie
4. der Ziele

jeweils in Bezug auf die vier wichtigen Stakeholdergruppen.

6.6.2 Kennzahlen des [draft] ESRS S1

[Draft] ESRS S1 fordert in den DR-S1-6 bis S1-17 die Angabe von Kennzahlen. Wie im vorherigen Kapitel beschreiben, sind die DR S1-6 bis S1-9 für alle Unternehmen mit 250 oder mehr Arbeitnehmern verpflichtend anzuwenden und für die DR S1-10 und S1-11 gelten, sofern diese im Rahmen der Wesentlichkeitsbeurteilung als unwesentlich eingestuft wurden, besondere Berichtsanforderungen.

[Draft] ESRS	Offenlegungs-anforderung	Beschreibung
S1	S1-6	Characteristics of the undertaking's employees (Merkmale der Arbeitnehmer des Unternehmens)
	S1-7	Characteristics of non-employee workers in the undertaking's own workforce (Merkmale der nicht-angestellten Arbeitskräfte des Unternehmens)
	S1-8	Collective bargaining coverage and social dialogue (Tarifvertragliche Abdeckung und Sozialdialog)
	S1-9	Diversity indicators (Indikatoren für Diverstität)
	S1-10	Adequate wages (Angemessene Vergütung)
	S1-11	Social protection (Soziale Sicherung)
	S1-12	Persons with disabilities (Menschen mit Behinderungen)
	S1-13	Training and skills development indicators (Indikatoren für Ausbildung und Kompetenzentwicklung)
	S1-14	Health and safety indicators (Indikatoren für Gesundheit und Sicherheit)
	S1-15	Work-life balance indicators (Indikatoren für die Work-Life-Balance)
	S1-16	Compensation indicators (pay gap and total compensation) (Vergütungsindikatoren (Lohngefälle und Gesamtvergütung)
	S1-17	Incidents, complaints and servere cases of human rights impacts and incidents (Vorfälle, Beschwerden und schwere Fälle von Menschenrechtsverletzungen und Auswirkungen auf die Menschenrechte)

Tab. 6.34 Zu berichtende Kennzahlen gemäß [draft] ESRS S1

[Draft] ESRS DR S1-6 Characteristics of the undertaking's employees (Merkmale der Arbeitnehmer des Unternehmens)

Im Rahmen der Berichterstattung soll die Anzahl der Angestellten insgesamt sowie nach Geschlecht und Land angegeben werden, sofern das Unternehmen in dem Land 50 oder mehr Angestellte hat. Neben der Darstellung nach Anzahl der Personen soll auch eine Darstellung auf Basis von Vollzeitäquivalenten erfolgen. Letztere soll u.a. unterteilt werden in Festangestellte („permanent employees"), befristete Angestellten („temporary employees") und Aushilfen („non-guaranteed hours employees").

Zudem soll u.a. über die Mitarbeiterfluktuation sowie die angewendeten Methoden und Annahmen berichtet werden. Ebenfalls hinsichtlich der Angestelltenanzahl soll ein Verweis auf den Jahresabschluss erfolgen.

Weitergehende Erläuterungen und Mustertabellen können [draft] ESRS S1-AR 53 bis S1-AR 60 entnommen werden.

[Draft] ESRS DR S1-7 Characteristics of non-employee workers in the undertaking's own workforce (Merkmale der nicht-angestellten Arbeitskräfte des Unternehmens)

Mit dieser Angabe soll ein Einblick in die Beschäftigungspolitik einschließlich ihres Umfangs und ihrer Auswirkungen ermöglicht werden. Hierdurch soll das Verständnis anderer offengelegter Informationen, insbesondere der nach [draft] ESRS S1 offenzulegenden Kennzahlen, verbessert werden. Auch soll ein Einblick in die Abhängigkeit des Unternehmens von nicht angestellten Arbeitskräften möglich sein. Sofern das Unternehmen nur Angestellte als Arbeitskräfte hat, entfällt gemäß [draft] ESRS S1-AR 61 diese Angabe. Darauf kann das Unternehmen im Rahmen der Offenlegung nach [draft] ESRS DR S1-6 hinweisen.

Veröffentlicht werden sollen

1. die Anzahl der nicht angestellten eigenen Arbeitskräfte, einschließlich einer Beschreibung der häufigsten Kategorien, der Vertragsbeziehungen zum Unternehmen und der Art der durchzuführenden Arbeiten;
2. eine Beschreibung der Methoden und Annahmen, die verwendet wurden, um die Daten zusammenzustellen, und Aussagen dazu, ob die Daten nach der Anzahl der Personen oder nach den Vollzeitäquivalenten bzw. als Durchschnitt der Berichtsperiode oder zum Berichtsstichtag erhoben wurden, sowie
3. gegebenenfalls Kontextinformationen, die für das Verständnis der Daten erforderlich sind.

Bei der Beschreibung der häufigsten Kategorien von nicht angestellten Arbeitskräften soll auch angegeben werden, ob diese direkt oder über einen Dritten beschäftigt werden. Hierbei ist das Unternehmen nicht verpflichtet, die Kategorie, die Vertragsbeziehung und die Art der durchzuführenden Arbeiten für jede nicht angestellte Arbeitskraft aufzuführen. Beispiele für Arten von nicht angestellten Arbeitskräften können [draft] ESRS S1-AR 62 entnommen werden. An dieser Stelle sei darauf hingewiesen, dass der Standardsetzer vermutlich die Nutzung von Durchschnittszahlen bevorzugt, da laut [draft] ESRS S1-AR 64 f. diese die unterjährige Fluktuation berücksichtigen und so einen besseren Einblick ermöglichen.

Sofern keine detaillierten Daten verfügbar sind, soll eine Schätzung erfolgen. In diesem Fall ist neben dem Fakt, dass geschätzt wurde, auch die Grundlage für die Schätzung zu berichten. Weitere Hinweise enthält [draft] ESRS S1-AR 63.

[Draft] ESRS DR S1-8 Collective bargaining coverage and social dialogue (Tarifvertragliche Abdeckung und Sozialdialog)

Das Unternehmen soll gemäß [draft] ESRS S1-58 Informationen darüber offenlegen, inwieweit die Arbeits- und Beschäftigungsbedingungen der eigenen Arbeitskräfte durch Tarifverträge bestimmt oder beeinflusst werden und inwieweit seine Angestellten in den sozialen Dialog im Europäischen Wirtschaftsraum auf betrieblicher und europäischer Ebene einbezogen sind.

In Bezug auf Tarifverträge ist u.a. der Anteil der gesamten Angestellten, die tarifgebunden beschäftigt sind, anzugeben. Sofern Angestellte nicht tarifgebunden beschäftigt sind, soll dargelegt werden, ob die Arbeits- und Beschäftigungsbedingungen auf Basis von Tarifverträgen festgelegt werden, die für die eigenen tarifgebundenen Angestellten oder anderen Unternehmen gelten. Hierzu soll die Bestimmung bzw. der Einfluss von Tarifverträgen auf die Arbeits- und Beschäftigungsbedingungen von nicht-angestellten Arbeitskräften beschrieben und die Abdeckung geschätzt werden. Zusätzlich sind gemäß [draft] ESRS S1-61 weitere Angaben erforderlich.

Für den Sozialdialog soll berichtet werden über die den Gesamtanteil der Angestellten, die auf Betriebsebene von Arbeitnehmervertretern repräsentiert werden. Die Berichterstattung hat für jedes Land im Europäischen Wirtschaftsraum zu erfolgen, in dem das Unternehmen eine bedeutende Anzahl von Beschäftigten hat. Zudem soll über das Bestehen von Vereinbarungen mit den Angestellten über deren Vertretung durch einen Europäischen Betriebsrat, einen Betriebsrat in der Societas Europaea oder einen Betriebsrat in der Societas Cooperativa Europaea berichtet werden.

In [draft] ESRS S1-AR 66 bis S1-AR 70 finden sich zudem weitere Hinweise für [draft] ESRS DR S1-8.

[Draft] ESRS DR 1-9 Diversity indicators (Indikatoren für Diversität)

Ziel dieser Offenlegungsanforderung ist es, ein Verständnis für die Geschlechtervielfalt in der obersten Führungsebene und die Altersverteilung der Angestellten zu ermöglichen. Hierzu soll das Unternehmen die

1. Geschlechterverteilung im Top-Management absolut und relativ angeben sowie
2. über die Altersverteilung nach Altersgruppen

berichten. Für Letzteres soll nach den drei Altersgruppen unter 30 Jahre, 30 bis 50 Jahre und über 50 Jahre unterschieden werden. Als Top-Management werden in [draft] ESRS S1-AR 71 die ersten beiden Ebenen unter der Verwaltungs- und Aufsichtsebene verstanden, sofern das Unternehmen bisher noch keine eigene Definition anwendet. Sofern eine eigene Definition angewendet wird, ist dies (einschließlich der Definition) zu berichten

[Draft] ESRS DR 1-10 Adequate wages (Angemessene Vergütung)

Die Nutzer des Nachhaltigkeitsberichtes sollen ein Verständnis davon erlangen, ob das Unternehmen allen eigenen Arbeitskräften im Einklang mit geltenden Benchmarks angemessenen Löhne zahlt. Maßgeblich für die Betrachtung ist grundsätzlich die unterste Vergütungsgruppe je Land, in dem das Unternehmen eigene Aktivitäten entfaltet ([draft] ESRS S1-AR 72). Der Standardsetzer hat zudem eine Untergrenze für anwendbare geltende Benchmarks in [draft] ESRS S1-AR 72 definiert. Diese ist in den Ländern des Europäischen Wirtschaftsraumes der gemäß Richtlinie 2022/2014 festgelegte Mindestlohn und für die weiteren Länder jede bestehende nationale oder subnationale Regelung. Für Letztere sind in [draft] ESRS S1-AR 73 lit. b) weitere Voraussetzungen vorgesehen.

Liegen die gezahlten Löhne unter dem Angemessenheitsniveau, soll berichtet werden, in welchen Ländern dies der Fall ist. Für die besagten Länder soll dargestellt werden, ob nur Angestellte oder nur nicht angestellte Arbeitskräfte oder beide Kategorien betroffen sind. Ebenso soll Anteil der Arbeitskräfte berichtet werden, die Löhne unterhalb des Angemessenheitsniveaus erhalten. Hierbei soll zwischen Angestellten und nicht angestellten Arbeitskräften unterschieden werden.

[Draft] ESRS DR 1-11 Social protection (Soziale Sicherung)

Diese Offenlegungsanforderung soll ein Verständnis davon ermöglichen, ob die eigenen Arbeitnehmer durch eine soziale Sicherung gegen Einkommensverluste aufgrund schwerer Lebensereignisse abgesichert sind. Sollte keine Absicherung vorliegen, sollen die entsprechenden Länder und der jeweilige Anteil berichtet werden. Unter sozialer Sicherung sind gemäß [draft] ESRS S1-AR 75 alle Maßnahmen zu verstehen, die Zugang zu medizinischer Versorgung und Einkommensunterstützung bei herausfordernden Lebensereignissen wie Arbeitsplatzverlust, Krankheit, Zugang zu medizinischer Versorgung, Geburt und Kindererziehung sowie Renteneintritt ermöglichen.

Unternehmen müssen hierzu offenlegen, ob alle eigenen Arbeitskräfte durch soziale Sicherungssysteme, durch öffentliche Programme oder durch vom Unternehmen angebotene Programme geschützt sind vor Einkommensverlusten aufgrund folgender wichtiger Lebensereignisse:

1. Krankheit
2. Arbeitslosigkeit ab dem Zeitpunkt der Tätigkeit für das Unternehmen

3. Arbeitsunfälle und erworbene Invalidität
4. Mutterschutz
5. Ruhestand

Wenn dies der Fall ist, reicht die Bestätigung im Rahmen der Berichterstattung aus. Ist es nicht der Fall, müssen gemäß [draft] ESRS S1-73 die Länder berichtet werden, in denen Einkommensverluste aufgrund mindestens eines der fünf wichtigen Lebensereignisses nicht abgesichert sind. Zudem müssen für jedes dieser Länder die Kategorie (nicht geschützten Angestellten bzw. nicht angestellten Arbeitskräfte) in Bezug auf jedes anwendbare wichtige Lebensereignis berichtet werden.

Berechnungsvorgaben sind in [draft] ESRS S1-AR 76 enthalten.

[Draft] ESRS DR 1-12 Persons with disabilities (Menschen mit Behinderungen)

Die Angabe des Anteils der behinderten Angestellten soll ein Verständnis des Umfangs der Beschäftigung von behinderten Menschen ermöglichen. Da in Deutschland die Behinderteneigenschaft dem Arbeitgeber grundsätzlich bekannt sein muss, dürften zumindest bei nur in Deutschland tätigen Unternehmen die in [draft] ESRS S1-76 genannten Einschränkungen bei der Datensammlung nicht einschlägig sein.

[Draft] ESRS DR 1-13 Training and skills development indicators (Indikatoren für Ausbildung und Kompetenzentwicklung)

Ziel dieser Offenlegungspflicht ist es, ein Verständnis der den Angestellten im Rahmen der kontinuierlichen beruflichen Weiterentwicklung angebotenen Schulungs- und Fortbildungsmaßnahmen zu ermöglichen. Hierzu soll u.a. der Anteil der Angestellten, die an regulären Leistungsbeurteilungen und Entwicklungsgesprächen teilgenommen haben, und die durchschnittliche Anzahl der Weiterbildungsstunden pro Angestelltem berichtet werden. Die Angaben sollen nach Angestelltenkategorie und Geschlecht erfolgen. Detaillierte Vorgaben und Definitionen sind in [draft] ESRS S1-AR 78 bis 80 enthalten.

Zusätzlich dürfen die entsprechenden Angaben für nicht angestellte Arbeitskräfte erfolgen.

[Draft] ESRS DR 1-14 Health and safety indicators (Indikatoren für Gesundheit und Sicherheit)

Die Offenlegungsanforderung soll ein Verständnis der Abdeckung und Qualität sowie der Ergebnisse des Gesundheits- und Arbeitssicherheitsmanagementsystems ermöglichen. Die Berichterstattung hat getrennt nach Angestellten und nicht angestellten Arbeitskräften zu erfolgen. Zu berichten sind u.a. die Anzahl der Todesfälle aufgrund von Arbeitsunfällen oder Berufskrankheiten sowie die Anzahl der Ausfalltage aufgrund von Arbeitsunfällen, Todesfällen usw. Hinsichtlich der Anzahl der Todesfälle aufgrund von Arbeitsunfällen oder Berufskrankheiten sind auch die Fälle zu berichten, bei denen nicht die eigenen Arbeitskräfte betroffen sind. Berechnungsvorgaben für [draft] ESRS DR S1-14 finden sich in den zugehörigen Application Requirments.

[Draft] ESRS DR 1-15 Work-life balance indicators (Indikatoren für die Work-Life-Balance)

Ziel der Offenlegungsanforderung ist es, ein Verständnis von der Berechtigung zu und der Nutzung von Urlaub aus familiären Gründen in geschlechtergerechter Weise zu ermöglichen. Was als Urlaub aus familiären Gründen zu verstehen ist, wird in [draft] ESRS S1-AR 98 definiert. Für Deutschland dürfte u.a. der „Mutterschutz", die „Elternzeit" und die „Pflegezeit" dazugehören.

Nach [draft] ESRS DR 1-15 soll der Anteil der Angestellten, die Anspruch auf Urlaub aus familiären Gründen haben, und der Anteil der berechtigten Angestellten, die diesen Urlaub genommen haben, nach Geschlecht berichtet werden. Sofern alle Arbeitskräfte aufgrund der Sozialpolitik und/oder von Tarifverträgen Anspruch auf Urlaub aus familiären Gründen haben, genügt es jedoch, dies offenzulegen.

[Draft] ESRS DR 1-16 Compensation indicators (pay gap and total compensation) [Vergütungsindikatoren (Lohngefälle und Gesamtvergütung)]

Diese Offenlegungsanforderung verlangt die Berichterstattung des prozentualen Lohngefälles zwischen Frauen und Männern („gender pay gap") und des Verhältnisses zwischen der Vergütung der höchstbezahlten Person und dem Median des Entgeltes für ihre Angestellten. Hierdurch soll erstens ein Verständnis für das Ausmaß des Lohngefälles zwischen Frauen und Männern unter den Angestellten des Unternehmens ermöglicht werden. Zweitens soll Einblick in das Ausmaß der Entgeltungleichheit innerhalb des Unternehmens erfolgen und offengelegt werden, ob große Lohnunterschiede bestehen.

Sofern erforderlich sind hierzu alle Kontextinformationen zum Verständnis der Daten und der Art und Weise ihrer Zusammenstellung sowie sonstige Änderungen der zugrunde liegenden Daten zu berichten. Vorgaben für die Berechnung finden sich in [draft] ESRS S1-AR 100 ff.

Freiwillig dürfen auch die in [draft] ESRS S1-93 und S1-93 genannten weiteren Informationen berichtet werden.

[Draft] ESRS DR 1-17 Incidents, complaints and servere cases of human rights impacts and incidents (Zwischenfälle, Beschwerden und schwere Fälle von Menschenrechtsverletzungen und Auswirkungen auf die Menschenrechte)

Ziel der Offenlegungsanforderung ist es, ein Verständnis vom Ausmaß der arbeitsbezogenen Zwischenfälle und schweren Fälle von Menschenrechtsverletzungen und ihrer Auswirkungen auf die Menschenrechte der eigenen Arbeitskräfte zu erlangen. Hierzu soll das Unternehmen die Zahl der arbeitsbezogenen Vorfälle und/oder Beschwerden und schwerwiegende menschenrechtliche Auswirkungen und Menschrechtsverletzungen in der eigenen Belegschaft sowie alle damit verbundenen Geldbußen oder Sanktionen für den Berichtszeitraum berichten.

Im Zusammenhang mit arbeitsbezogenen Beschwerden, Vorfällen und Beanstandungen hinsichtlich sozialer und menschenrechtlicher Aspekte in Bezug auf [draft] ESRS S1-2 soll berichtet werden über

1. die Gesamtzahl der im Berichtszeitraum gemeldeten Vorfälle von Diskriminierung, einschließlich Belästigung,
2. die übrigen sozialen und menschenrechtlichen Aspekte, die Anzahl der Beschwerden, welche über die Kanäle für eigene Arbeitskräfte (einschließlich Beschwerdesysteme) und sofern anwendbar über nationale Kontaktstellen für multinationale OECD-Unternehmen eingereicht wurden;
3. den Gesamtbetrag der Geldbußen, Strafen und Schadensersatzleistungen aufgrund von Verstößen gegen soziale und menschenrechtliche Faktoren inklusive seiner Abstimmung mit den wichtigsten im Jahresabschluss ausgewiesenen Beträgen und
4. (gegebenenfalls) Kontextinformationen, die zum Verständnis der Daten erforderlich sind, sowie darüber, wie diese Daten zusammengestellt wurden.

Hinsichtlich identifizierter Fälle von schweren Verletzungen der oder Auswirkungen auf Menschenrechte wie Zwangs- oder Kinderarbeit sowie Menschenhandel soll zusätzlich berichtet werden, ob und wenn ja, wie viele dieser Fälle in Bezug auf die Arbeitskräfte des Unternehmens vorlagen und wie viele hiervon einen Verstoß gegen die UN Global Compact Principles und OECD Guidelines for Multinational Enterprises darstellen. Zudem ist der Gesamtbetrag der Geldbußen, Sanktionen und Schadensersatzleistungen für diese Vorfälle zu berichten. Zudem ist in diesem Zusammenhang eine Überleitung zu den relevantesten Beträgen im Jahresabschluss notwendig.

Darüber hinaus kann das Unternehmen die Zahl der schwerwiegenden Menschenrechtsfälle angeben, bei denen es während des Berichtszeitraums dazu beigetragen hat, dass den Betroffenen geholfen wurde.

Freiwillig dürfen gemäß [draft] ESRS S1-100 Unternehmen auch über den Status der Zwischenfälle und/oder Beschwerden und die ergriffenen Maßnahmen berichten.

6.7 Unternehmensführungsbezogene Standards

Die [draft] ESRS enthalten mit [draft] ESRS G1 Business conduct („Geschäftsgebaren“) nur einen themenbezogenen branchenunabhängigen Standardentwurf für Governance. Die sechs Offenlegungsanforderungen unterteilen sich in drei Anforderungen für das Auswirkungs-, Risiken- und Chancenmanagement („impact, risk and opportunity management“) sowie in drei Anforderungen für die Kennzahlen und Ziele („metrics and targets“).

[Draft] ESRS	Anzahl Disclosure Requirements	Anzahl Application Requirements	Seitenumfang
G1 – Business conduct	6	16	13
Gesamt	**6**	**16**	**13**

Tab. 6.35 Übersicht [draft] ESRS für den Bereich Governance

Ziel des [draft] ESRS G1 ist es, den Nutzern der Nachhaltigkeitsberichte ein Verständnis der Strategie, Konzepte und Prozesse und der Leistung in Bezug auf das Geschäftsgebaren des berichtspflichtigen Unternehmens zu ermöglichen {[draft] ESRS G1-1}. Hierzu konzentriert sich der Standard auf

1. die Unternehmenskultur,
2. das Management der Lieferantenbeziehungen,
3. die Vermeidung von Korruption und Bestechung,
4. das Engagement des Unternehmens bei der Ausübung seines politischen Einflusses, einschließlich Lobbyarbeit,
5. den Schutz von Hinweisgebern,
6. den Tierschutz und
7. die Zahlungspraktiken, insbesondere in Bezug auf späte Zahlungen an kleine und mittlere Unternehmen.

Der Standard ist dabei ähnlich den übrigen themenbezogenen Standards aufgebaut.

Kapital	Unterkapitel	Verweis auf ESRS 2	Erläuterung
Objective			
Interactions with other ESRS			
Disclosure Requirements	General Disclosures	Kapitel 2 bis 4	
	Governance	GOV-1	Rolle der Verwaltungs-, Aufsichts- und Leitungsorgane
	IRO Management	IRO-1	Beschreibung des Prozesses zur Identifizierung und Bewertung wesentlicher themenbezogener Auswirkungen, Risiken and Chancen
			Themenbezogene Richtlinien
			Themenbezogene Maßnahmen und Ressourcen
	Metrics and Targets		Ziele für das Thema
			Individuelle themenbezogene Kennzahlen
			Potenzielle finanzielle Effekte aus wesentlichen themenbezogenen Auswirkungen, Risiken und Chancen
Appendix A.	Defined terms		
Appendix B.	Application Requirements		

Tab. 6.36 Grundstruktur des unternehmensführungsbezogenen [draft] ESRS G1

Bei der Anwendung von [draft] ESRS G1 als themenbezogener Standard sind die Querschnittstandards [draft] ESRS 1 General Principles und [draft] ESRS 1 General Disclousures zu beachten. Hierzu gehören insbesondere die Kapitel 2 Governance, 3 Strategy und 4 Metrics and targets von [draft] ESRS 2. Bestehende Wechselwirkungen zwischen den Standards sind in der folgenden Tabelle mit einem „X" markiert.

[Draft] ESRS	[Draft] ESRS											
	1	2	E1	E2	E3	E4	E5	S1	S2	S3	S4	G1
G1	X	X	–	–	–	–	–	–	–	–	–	–

Tab. 6.37 Zusammenspiel der [draft] ESRS G1 mit anderen [draft] ESRS

So fordert [draft] ESRS G1 gemäß [draft] ESRS 2 GOV-1 die Angabe der Rollen und der Expertise der Verwaltungs-, Leistungs- und Aufsichtsorange in Bezug auf das Geschäftsgebaren. Für die Beschreibung des Prozesses zur Identifizierung und Bewertung der wesentlichen Auswirkungen, Risiken und Chancen soll das Unternehmen alle genutzten und relevanten Bewertungskriterien darstellen. Hierzu gehören auch die Standorte, Aktivitäten, Branchen und Geschäfte.

Für den Berichtsabschnitt „Impact, risik and opportunity management" („Auswirkungs-, Risiko- und Chancenmanagement") enthält [draft] ESRS G1 drei zusätzliche Offenlegungsanforderungen. So sollen gemäß [draft] ESRS G1-1 „Corporate culture and business conduct policies" („Unternehmenskultur und Verhaltenskodizes") die Initiativen zur Einführung, Entwicklung und Förderung einer Unternehmenskultur sowie der Verhaltenskodizes dargestellt werden. Hierzu gehört u.a. eine Beschreibung der Verfahren zur Identifizierung, Meldung und Untersuchung von möglichem rechtswidrigem Verhalten bzw. von Verhalten entgegen dem Verhaltenskodex sowie die Beschreibung von Schutzmaßnahmen in Bezug auf Whistleblower (Hinweisgeber). Sofern keine Antikorruptions- oder Antibetrugsrichtlinien in Übereinstimmung mit der Antikorruptionskonvention der Vereinten Nationen und keine Richtlinien zum Schutz von Hinweisgebern vorhanden sind, soll dies angegeben und zugleich berichtet werden, ob und wenn ja, wann die Einführung geplant ist.

Weiterhin sollen gemäß [draft] ESRS G1-2 „Management of relationships with suppliers" Informationen über die Steuerung der Lieferantenbeziehungen und ihre Auswirkungen auf die Lieferkette offengelegt werden. Im Rahmen dieser Offenlegungsanforderung soll eine Beschreibung der Richtlinien bzw. Verfahren zur Vermeidung von späten Zahlungen in Bezug auf kleine und mittlere Unternehmen erfolgen. Ebenso soll berichtet werden

1. über die Strategie im Hinblick auf Nachhaltigkeitsrisiken und insbesondere Lieferkettenrisiken,
2. darüber, ob und wie soziale und ökologische Kriterien bei der Lieferantenauswahl eine Rolle spielen, und
3. über die eingeführten Verfahren zur Unterstützung gefährdeter Lieferanten und zur Verbesserung ihrer sozialen und umweltbezogenen Leistung.

Hinweis:
Gefährdete Lieferanten sind gemäß [draft] ESRS G1-AR 3 Lieferanten, die signifikanten ökonomischen, ökologischen und/oder sozialen Risiken ausgesetzt sind.

Der Schutz vor und die Entdeckung von Korruption oder Bestechung ist Gegenstand von Offenlegungsanforderung [draft] ESRS G1-3. Unternehmen sollen diesbezüglich über ihr System zur Verhinderung, Entdeckung und Untersuchung von bzw. Reaktion auf Anschuldigungen bzw. Zwischenfällen sowie über entsprechende Schulungen berichten. Hierzu gehört u.a. die Angabe

1. einer Übersicht über die implementierten Prozesse zur Verhinderung, Entdeckung und Behandlung von Anschuldigungen oder Vorfällen,
2. dazu, ob die Ermittler oder der Untersuchungsausschuss von der betroffenen Managementkette separiert ist, und
3. des Verfahrens zur Berichterstattung der Ergebnisse an die Verwaltungs-, Management- und Aufsichtsorgane.

Sofern ein solches Verfahren (noch) nicht installiert ist, muss das Unternehmen dies und falls vorgesehen seine Pläne zu dessen Einführung darlegen ([draft] ESRS G1-18). Zur Darstellung der Schulungsmaßnahmen enthält [draft] ESRS G1-AR 8 eine Mustertabelle, die genutzt werden kann.

	At-risk functions	Managers	AMSB[69]	Other own workers
Folgende Trainings hat das Unternehmen xy während des Geschäftsjahrs 20xy seinen Mitarbeitenden – abhängig von ihrer jeweiligen Funktion im Unternehmen auf freiwilliger oder verpflichtender Basis – angeboten.				
Anzahl der Mitarbeitenden bezogen auf die Trainingsangebote				
Gesamt				
Gesamtzahl Schulungsteilnehmer				
Unterrichtsmethode und Dauer in Stunden				
Präsenzveranstaltung				
Computerbasiertes Training				
Freiwilliges computerbasiertes Training				
Turnus (jährlich, alle zwei Jahre etc.)				
Wie oft ist das Training erforderlich				
Behandelte Themen				
Definition des Begriffs Korruption				
Unternehmensrichtlinien				
Maßgaben zu Verdachtsfällen/ Ermittlungen				
Etc.				

Tab. 6.38 Optionale Tabelle über die durchgeführten Schulungsmaßnahmen, angelehnt an [draft] ESRS G1-AR 8

69 AMSB steht für „administrative, management and supervisory bodies“

Im Berichtsteil „Metrics and targets“ („Kennzahlen und Ziele“) fordert [draft] ESRS G1 Angaben

1. über bestätigte Korruptions- oder Bestechungsfälle (G1-4),
2. über politische Einflussnahmen und Lobbying (G1-5),
3. über Zahlungspraktiken (G1-6).

Bestätigte Korruptions- und Bestechungsfälle sind in [draft] ESRS G1 Appendix A definiert als Zwischenfälle, die als nachgewiesen angesehen werden. Hierzu gehören nicht Korruptionsfälle, deren Untersuchung am Ende des Berichtsjahres noch nicht abgeschlossen ist. Die Feststellung von potenziellen Verstößen als bestätigte Verstöße kann durch den Compliance-Beauftragten oder einen Mitarbeiter in ähnlicher Funktion sowie durch eine Behörde erfolgen. Die Feststellung durch ein Gericht ist nicht erforderlich.

Ziel von [draft] ESRS G1-5 „Politische Einflussnahme und Lobbying“ ist die Herstellung von Transparenz über die diesbezüglichen Aktivitäten und Verpflichtungen. Hierzu gehört auch die Darstellung ihrer Art, ihres Zwecks und der mit ihnen verbundenen Kosten. Unter Lobbying sind gemäß [draft] ESRS G1 Appendix A Aktivitäten mit Ziel der Einflussnahme auf die Formulierung oder Einführung von Vorschriften bzw. Gesetzen oder auf den Entscheidungsprozess von Regierungen, Regierungsinstitutionen, Regulatoren oder Einrichtungen der Europäischen Union zu verstehen. Hierzu können u.a. die Teilnahme an oder die Organisation von Veranstaltungen, öffentlichen Konsultationen Graswurzelbewegungen gehören.

Gemäß [draft] ESRS G1-6 sollen Einblicke in das vereinbarte und tatsächliche Zahlungsverhalten gegeben und zu diesem Zweck neben dem Vergleich der durchschnittlichen Soll- und Ist-Zahlungsziele in Tagen u.a. die Anzahl der Rechtsstreitigkeiten in Bezug auf verspätete Zahlungen im Berichtsjahr zu berichtet werden.

Beispiel für die Angabe der Zahlungsziele in [draft] ESRS G1-AR 16

Die standardmäßigen vertraglichen Zahlungsbedingungen des Unternehmens xy sind Zahlungen auf Rechnung für Großhändler. Das sind ca. 80 % der jährlichen Rechnungen. Das Unternehmen xy zahlt für erhaltene Dienstleistungen innerhalb von 30 Tagen nach Erhalt der Rechnung. Das sind ca. 5 % der jährlichen Rechnungen. Die restlichen Rechnungen werden innerhalb von 60 Tagen nach Erhalt der Rechnung bezahlt, außer jene in Land xy. In diesem Land wird gemäß den dortigen Marktstandards innerhalb von 90 Tagen nach Erhalt der Rechnung bezahlt.

6.8 Aktueller Stand der branchenbezogenen Standards

Bereits bei der EFRAG in Entwicklung befindlich sind die branchenbezogenen Standards. Am 24.05.2022 schrieb die EFRAG hierzu das Angebot zur Teilnahme an Workshops im Zeitraum von Juni bis Juli 2022 aus.[70] Am 22.07.2022 empfahl die Technical Expert Group die Entwicklung von Standards für 41 Branchen in drei aufeinanderfolgenden Jahren.[71] Die Annahme durch die EU-Kommission soll jeweils im Juni 2024, Juni 2025 und Juni 2026 erfolgen. Die ersten Standards sollen in der Periode 2022/2023 entwickelt werden und sich auf zehn der 41 Branchen beziehen.

						Environment					Social				
		Sector	CSRD Priority Sector	CSDDD Priority Sector	GRI Sectoral Standard	GHG	Water /marine	Circular economy	Pollution	Biodiversity	Consumer	Value Chain H. Rights	Working Time	Training / Skills	Physical Risks
2022 /2023	1	Agriculture and Farming	x	x	x	x	x		x	x		x	x	x	x
	2	Coal mining	x	x	x					x		x			x
	3	Mining	x	x	x					x		x			x
	4	Oil and Gas – mid to downstream	x	x	x	x				x		x			
	5	Oil and Gas – upstream	x	x	x	x				x		x			
	6	Food and beverages	x	x							x	x			
	7	Textiles, Accessories, Footwear and Jewelleries	x	x				x			x	x		x	
	8	Transport (road)	x			x			x		x		x		
	9	Motor vehicles	x			x			x		x				
	10	Energy production and utilities	x			x					x				

Abb. 6.1 Geplantes Set 2 – Erster Satz der Branchenstandards laut EFRAG SR TEG

Am 23.09.2022 erfolgte hierzu eine erneute Ausschreibung für folgende „Community Sector Groups":[72]

- Agriculture, Farming and Fishing („Landwirtschaft und Fischerei")
- Coal Mining & Mining („Kohlebergbau und Bergbau")
- Energy and Utilities („Energie und Versorgungsunternehmen")
- Food and Beverages („Lebensmittel und Getränke")
- Motor Vehicles („Kraftfahrzeuge")
- Oil and Gas Mid- to Downstream & Oil and Gas Upstream („Öl und Gas, Midstream und Downstream & Öl und Gas, Upstream")
- Road Transport („Straßentransport")
- Textiles, Accessories, Jewelry and Footwear („Textilien, Accessoires, Schmuck und Schuhe")

[70] Der „Call for experts" ist abrufbar unter www.efrag.org.
[71] Vgl. „Update on Set 2 content and planning of sector standards" ,Tz. 6 und 12, abrufbar unter www.efrag.org.
[72] Vgl. den entsprechenden Aufruf unter www.efrag.org.

Diese „Communities“ sollten die Entwicklung von branchenbezogenen Standards unterstützen. Erste Arbeitsstände für „Coal Mining & Mining“ sowie „Agriculture, Farming and Fishing“ sind mittlerweile auf der Seite der EFRAG abrufbar. Zudem schlug die EFRAG SR TEG die Standardentwicklung für folgende Branchen bzw. Perioden vor:

						Environment					Social				
		Sector	CSRD Priority Sector	CSDDD Priority Sector	GRI Sectoral Standard	GHG	Water /marine	Circular economy	Pollution	Biodiversity	Consumer	Value Chain H. Rights	Working Time	Training / Skills	Physical Risks
2023/ 2024	11	Forestry	x	x						x					
	12	Chemical products	x	x			x		x						
	13	Metal processing	x	x			x								x
	14	Building materials	x	x											
	15	Construction and engineering	x					x							x
	16	Construction and Furnishing	x												x
	17	Defence	x												
	18	Electronics	x					x	x			x			
	19	Information Technology	x					x				x			
	20	Machinery and Equipment	x						x						
	21	Medical instruments	x												
	22	Paper and Wood products	x												
	23	Pharma and Biotechnology	x												
	24	Real estate	x												
	25	Sales and Trade	x										x	x	
	26	Sporting equipment and Toys	x												
	27	Tobacco	x												
	28	Transportation (all other)	x				x						x		
	29	Water and Waste services	x												
2024/ 2025	30	Accommodations											x	x	
	31	Capital Markets													
	32	Credit institutions													
	33	Education													
	34	Food and Beverage services											x	x	
	35	Gaming													
	36	Health care and services											x		x
	37	Insurance													
	38	Marketing													
	39	Media and Communication													
	40	Professional services													
	41	Recreation and Leisure								x			x	x	

Abb.6.2 Geplante Branchenstandards für die Perioden 2023/2024 und 2024/2025

Für die Branchenzuordnung existiert inzwischen auch ein „Exposure Draft ESRS SEC 1“ genannter Arbeitstand.[73] Die Klassifizierung soll demnach grundsätzlich auf Basis des NACE-Codes[74] und gemäß TaxonomieVO erfolgen.

Am 21.03.2023 hat die zuständige EU-Kommissarin Mairead McGuinness die EFRAG aufgefordert, sich zunächst auf die Fertigstellung der branchenunabhängigen Standards von Set 1 zu konzentrieren.[75] Wie der weitere Zeitplan für die Entwicklung der branchenspezifischen Standards aussehen soll, steht zum Redaktionsschluss dieses Buches leider noch nicht fest.

6.9 Aktueller Stand des Standards für börsennotierte kleine und mittlere Unternehmen [LSME]

Für die gemäß Artikel 29c Abs. 1 BilanzRL-CSRD bis zum 30.06.2024 zu erlassenden Nachhaltigkeitsberichtsstandards für kleine und mittlere Unternehmen erfolgte am 12.12.2022 die Ausschreibung für eine „Community“, die die Entwicklung des sogenannten LSME-Standards neben der bisher bestehenden Expertenarbeitsgruppe begleiten soll.[76]

In den Sitzungsunterlagen des Sustainability Reporting Standards Board für die Sitzung am 22.03.2023 findet sich der zum Zeitpunkt des Redaktionsschlusses bekannte Arbeitsstand.[77] Dieser besteht aus den fünf Abschnitten

1. General Requirements („Allgemeine Anforderungen“),
2. General Disclosures („Allgemeine Offenlegungen“),
3. Environmental Disclosures („Umweltbezogene Offenlegungen“),
4. Social Disclosures („Offenlegungen soziale Verantwortung“) und
5. Business Conduct („Unternehmensführung“).

Laut Daten der EFRAG sollen 235 kleine und 856 mittlere kapitalmarktnotierte Unternehmen („LSME“), 2.361 kleine und wenig komplexe Institute („SNCI“) sowie ca. 300 „Captive Insurances and Reinsurances“ für die Anwendung des LSME-Standards in Betracht kommen.[78] Insofern ist fraglich, warum der Standard als LSME-Standard bezeichnet wird. Insbesondere ist bei der Entwicklung zu beachten, dass SNCI wie Volksbanken und Sparkassen in der Regel nicht kapitalmarktorientiert sind und

[73] Abrufbar auf der EFRAG-Website unter www.efrag.org.
[74] Regulation (EC) No 1893/2006 of the European Parliament and of the Council of 20 December 2006 establishing the statistical classification of economic activities NACE Revision 2 and amending Council Regulation (EEC) No 3037/90 as well as certain EC Regulations on specific statistical domains.
[75] Die Rede („Opening address by Commissioner McGuinness at the launch of 2023 PwC CEO Report – Europe“) ist abrufbar unter https://ec.europa.eu.
[76] Vgl. den entsprechenden Aufruf unter www.efrag.org.
[77] Sitzungsunterlagen sind abrufbar auf der EFRAG-Website unter www.efrag.org.
[78] Vgl. „Input Paper SRB drafting session LSME ESRS“, Tz. 3 bis 7, abrufbar unter www.efrag.org.

daher Adressaten andere Anforderungen an den Bericht stellen können als Kapitalmarktteilnehmer.

Die Aufforderung von EU-Kommissarin Mairead McGuinness, sich zunächst auf die Fertigstellung der branchenunabhängigen Standards des Set 1 zu konzentrieren, betrifft auch den LSME-Standard, sodass auch hier der weitere Zeitplan für die Entwicklung des Standards zum Redaktionsschluss unbekannt ist.

6.10 Aktueller Stand des Standards zur freiwilligen Berichterstattung durch nicht börsennotierte kleine und mittlere Unternehmen [VSME]

Gemäß Erwägungsgrund 21 Abs. 2 sollen kleine und mittlere Unternehmen, die nach der CSRD nicht zur Nachhaltigkeitsberichterstattung verpflichtet sind, ebenfalls die Möglichkeit haben, die Nachhaltigkeitsberichtsstandards für kleine und mittlere Unternehmen anzuwenden. Die EFRAG hat sich dazu entschieden, hierfür einen eigenen freiwilligen Berichtsstandard zu entwickeln, den „Voluntary Sustainability Reporting Standard for non-listed SMEs" (VSME-Standard). Hierfür erfolgte am 12.12.2022 die Ausschreibung für eine „Community", die die Entwicklung des sogenannten VSME-Standards neben der bisher bestehenden Expertenarbeitsgruppe begleiten soll.[79] In der Sitzung der EFRAG SR TEG war der Vorschlag des EFRAG PTF Cluster 8 für einen VSME-Standard auf der Tagesordnung.[80]

Die Aufforderung von EU-Kommissarin Mairead McGuinness, sich zunächst auf die Fertigstellung der branchenunabhängigen Standards des Set 1 zu konzentrieren, betrifft auch den VSME-Standard, sodass auch hier der weitere Zeitplan für die Entwicklung des Standards zum Redaktionsschluss unbekannt ist.

79 Vgl. den entsprechenden Aufruf unter www.efrag.org.
80 Sitzungsunterlagen sind abrufbar auf der EFRAG-Website unter www.efrag.org.

7 Fazit: Wird das Ziel der nachhaltigen Transformation der Wirtschaft erreicht und welche Aufgabe kommt der Wirtschaftsprüfung zu?

Die vorangegangenen Kapitel zeigen: Nachhaltigkeit ist Gegenstand einer Vielzahl von Initiativen und Gesetzgebungen bzw. Gesetzgebungsinitiativen. Alle Prozesse eines Unternehmens werden von den bestehenden neuen Anforderungen vor mehr oder weniger tiefgreifende Herausforderungen gestellt. Die gewohnten Muster, diese Prozesse zu verstehen, zu analysieren und auf Wirksamkeit hin zu prüfen sind damit auch zu hinterfragen. Neue Fachkompetenzen aufseiten der Unternehmen kommen hinzu, und damit werden auch die Kompetenzen in der Wirtschaftsprüfung neu justiert werden müssen.

Deutlich wird dies am Kernstück der europäischen Nachhaltigkeitsagenda. Die TaxonomieVO wirkt sich in ganz unterschiedlichen, zuvor unter Umständen nur wenig vernetzten Bereichen aus. Sie bringt über ihre Entscheidungskriterien ökologische, soziale und die Unternehmensführung betreffende Aspekte zusammen und wirkt wie ein Brennglas für dysfunktionale Prozesse und Annahmen in Wirtschaft und Politik.

Die TaxonomieVO bringt nicht nur die abstrakten politischen Ziele in Richtung Umwelt auf eine operative Ebene für die jeweiligen Sektoren und wirtschaftlichen Aktivitäten, sondern sie vernetzt auch auf horizontaler Ebene unterschiedliche regulative Neuerungen, wie sie etwa die dargestellten Lieferkettengesetzgebungen oder die weiteren Anforderungen der Berichterstattung betreffen. Sie bietet den zentralen Instrumentenkoffer, um in jedem betroffenen Bereich hinterfragen zu können, ob dort, wo Nachhaltigkeit draufsteht, zumindest gemessen an den definierten Kriterien, auch Nachhaltigkeit drinsteckt.

Die Klassifizierung von Wirtschaftsaktivitäten stellt eine große gesetzgeberische Herausforderung dar. Wie die Ausführungen hierzu zeigen, muss jede Branche darauf achten, korrekt in den delegierten Rechtsakten mit den jeweils richtigen technischen Bewertungskriterien berücksichtigt zu werden. Ansonsten können Benachteiligungen drohen bzw. wesentliche Beiträge zu den Umweltzielen nicht ausgewiesen werden.

Insbesondere die Interessensvertreter mittelständischer Unternehmen werden sich im Gesetzgebungsverfahren fragen müssen, ob und wie sie eine Nachhaltigkeitsberichtspflicht befürworten wollen oder nicht. Kommt diese nicht, können „grüne Kredite“ an nichtberichtspflichtige Unternehmen im Rahmen der Pflichtinformationen nicht durch die finanzierenden nachhaltigkeitsberichtspflichtigen Kreditinstitute ausgewiesen werden.

Die engen Einführungsfristen der EU-Kommission für die CSRD stellen gerade mittelständische Unternehmen vor erhebliche Herausforderungen. Sie können sich derzeit nur „auf Verdacht“ vorbereiten. Vorbereitung bedeutet dabei die Auseinandersetzung nicht nur mit den Anforderungen der CSRD, sondern auch mit den Entwürfen der EFRAG zu Nachhaltigkeitsberichtsstandards.

Ebenso kommt als „Anhängsel“ die Berichtspflicht nach Artikel 8 TaxonomieVO hinzu. Unabhängig davon, ob die CSRD dabei für am bzw. nach dem 01.01.2024 beginnende Geschäftsjahre oder später eingeführt wird, wäre in jedem Fall sofort die Berichterstattung nach Artikel 8 TaxonomieVO in Gänze anzuwenden. Das bedeutet, dass die Wirtschafstätigkeiten in Bezug auf alle sechs Umweltziele beurteilt werden müssen und sämtliche Berichtsanforderungen zu beachten sind.

Gerade im Hinblick auf die Personalkapazitäten mittelständischer Unternehmen ist dies eine große Herausforderung und bedarf nicht nur des personellen, sondern auch des finanziellen Einsatzes. Letzteres vor allem, um externe Unterstützungsleistungen hinzukaufen zu können.

Mittelständische Unternehmen und ihre Begleiter sind daher gut beraten, das weitere Gesetzgebungsverfahren und die Nachhaltigkeitsberichtsstandardentwicklung zu beobachten und frühzeitig die Strukturen und Kapazitäten für die Umsetzung aufzubauen.

Auch wenn die Sicherheit aus einem durchaus volatilen Gesetzgebungsverfahren – so die Erkenntnis aus den vergangenen Initiativen – nicht abgeleitet werden kann, gibt es doch Handlungsfelder, mit denen sich gerade mittelständisch geprägte Unternehmen beschäftigen können:

- Erstens können im Rahmen eines „self-assessments“ oder einer Zertifizierung Schwach- und Fehlstellen im Nachhaltigkeitsmanagement identifiziert werden.
- Zweitens kann anhand der Ist-Positionierung und in Anbetracht der eigenen Ambition sowie der erwarteten Anforderungen, bezogen auf das spezifische Geschäftsfeld, eine Soll-Positionierung bestimmt werden.
- Drittens kann aus der Differenz von Ist- und Soll-Positionierung ein Umsetzungsprojekt mit konkreten Maßnahmen, Verantwortlichkeiten und Zeitschienen aufgesetzt werden.
- Viertens kann vor dem Hintergrund der Projektstruktur sukzessive eine geeignete Linienorganisation für das Thema innerhalb des Unternehmens aufgebaut und mit den möglichen und nötigen Ressourcen ausgestattet werden.
- Fünftens (und auf der Basis dieser Grundstruktur haben es gerade mittelständische Unternehmen leichter) sind die oft unstrukturierten zeitlich nachfolgenden Informationen bzw. endgültigen Gesetze aufzunehmen und in eine koordinierte Umsetzung zu überführen.

- Sechstens sollten dieser Prozess und die daraus resultierenden Ergebnisse unabhängig von einer Pflicht zur Berichterstattung dokumentiert und nachgehalten werden. Das ist dann auch eine gute Grundalge, um das Unternehmen generell und im Speziellen mit Blick auf die Herausforderungen in puncto Nachhaltigkeit zukunftsfähig auszurichten.

Mit einem entsprechenden Regelprozess kann dann auch die Zukunftsfähigkeit des Geschäftsmodells mit Blick auf Nachhaltigkeitsfragen und die Transformationserfordernisse beurteilt werden. Neue Anforderungen lassen sich zielgerichtet überführen und Überraschungen aus den europäischen Gesetzgebungsverfahren, die mitunter schneller als gedacht auf den operativen Geschäftsbetrieb einwirken, lassen sich so vermeiden.

Nachhaltigkeitsberichterstattung im Mittelstand kann dann erfolgreich sein, wenn sie positiv auf die unternehmerische Zukunftsperspektive wirkt, effizient umgesetzt wird und Fortschritte tatsächlich transparent darstellt. Dann kann auch diese Berichterstattung zu einem geeigneten Steuerungsinstrument für den Mittelstand werden, um sich im Rahmen der voranschreitenden Transformation gewinnbringend zu positionieren.

Abkürzungen

Abs.	Absatz
AG	Aktiengesellschaft
AR	Anwendungsanforderungen
BaFin	Bundesanstalt für Finanzdienstleistungsaufsicht
BilanzRL	Bilanzrichtlinie – Richtlinie 2013/34/EU des Europäischen Parlaments und des Rates vom 26. Juni 2013
BilanzRL-CSRD	Bilanzrichtlinie in der Fassung des CSRD
BilanzRL-E	Bilanzrichtlinie in der Fassung des CSRD-E
BMZ	Richtlinie 2014/95/EU
bzw.	beziehungsweise
CapEx	Investitionen
CO_2	Kohlenstoffdioxid
COP	Conference of the Parties
CSRD	Richtlinie (EU) 2022/2464 des Europäischen Parlaments und des Rates vom 14.12.2022 zur Änderung der Verordnung (EU) Nr. 537/2014 und der Richtlinien 2004/109/EG und 2013/34/EU hinsichtlich der Nachhaltigkeitsberichterstattung von Unternehmen (Corporate Sustainability Reporting Directive)
CSRD-E	Vorschlag der EU-Kommission für eine Richtlinie des Europäischen Parlaments und des Rates zur Änderung der Richtlinien 2013/34/EU („Bilanzrichtlinie"), 2004/109/EG („Transparenzrichtlinie) und 2006/43/EG („Abschlussprüfungsrichtlinie") und der Verordnung (EU) Nr. 537/2014 („Abschlussprüferverordnung") hinsichtlich der Nachhaltigkeitsberichterstattung von Unternehmen
DC-A	Disclosure content on actions
DC-M	Disclosure content on metrics
DC-P	Disclosure content on policies
DC-T	Disclosure content on targets
delVO-Art.-8	Delegierte Verordnung (EU) 2021/2178 der Kommission vom 04.06.2021, zuletzt geändert durch die delegierte Verordnung (EU) 2022/1214 vom 09.03.2022

delVO-Atom-&-Gas	Delegierte Verordnung (EU) 2022/1214 zur Änderung der delVO-Ziel e in Bezug auf Wirtschaftstätigkeiten in bestimmten Energiesektoren und der delVO-Art.-8 in Bezug auf besondere Offenlegungspflichten für diese Wirtschaftstätigkeiten
delVO-Ziele	Delegierte Verordnung (EU) 2021/2139 der Kommission vom 06.07.2021, zuletzt geändert durch die delegierte Verordnung (EU) 2022/1214 vom 09.03.2022
[draft] ESRS	Finale Entwürfe der European Sustainability Reporting Standards der EFRAG
[draft] EU-FAQ-Art.-8	Entwurf der unverbindlichen FAQ der EU-Kommisison zur Berichterstattung nach Artikel 8 TaxonomieVO vom 19.12.2022
DR	Offenlegungsanforderung
DRSC	Deutsches Rechnungslegungs Standards Committee e.V.
EFRAG	European Financial Reporting Advisory Group
EFRAG SRB	EFRAG Sustainability Reporting Board
EFRAG SR TEG	EFRAG Sustainability Reporting Technical Expert Group
EIB	Europäische Investitionsbank
ESEF VO	Delegierte Verordnung (EU) 2018/815 der Kommission vom 17. Dezember 2018
ESG	Environment, Social, Governance
ESRS	European Sustainability Reporting Standards
EU	Europäische Union
EU-KOM-FAQ 2022	Unverbindlichen FAQ der EU-Kommission vom 06.10.2022
EUR	Euro
FAQ	Frequently Asked Questions
GmbH	Gesellschaft mit beschränkter Haftung
GOV	Governance
HGB	Handelsgesetzbuch
IAS	International Accounting Standards
IDW	Institut der Wirtschaftsprüfer in Deutschland e.V.
IDW FAQ 1	IDW, Anwendung der von Art. 8 der Taxonomie-Verordnung, Fragen und Antworten (Teil 1) (Stand: 28.10.2021)

IDW FAQ 2	IDW, Besonderheiten bei der Berichterstattung nach Art. 8 der Taxonomie-Verordnung, Fragen und Antworten (Teil 2) (Stand: 07.02.2023)
IFRS	International Financial Reporting Standards
IRA	Inflation Reduction Act
IRO	Impact, Risk and Opportunity
KG	Kommanditgesellschaft
KGaA	Kommanditgesellschaft auf Aktien
KPI	Key-Performance-Indicator
lit.	littera
LKSG	Gesetz über die unternehmerischen Sorgfaltspflichten zur Vermeidung von Menschenrechtsverletzungen in Lieferketten (Lieferkettensorgfaltspflichtengesetz) vom 16.07.2021)
LSME	Kleine und mittlere kapitalmarktnotierte Unternehmen
MT	Metrics and targets
NACE-Code	Wirtschaftszweigschlüssel
N-Prüfungsstandards	Nachhaltigkeitsberichtsprüfungsstandards
NFRD	Richtlinie 2014/95/EU des Europäischen Parlaments und des Rates vom 22.10.2014 zur Änderung der Richtlinie 2013/34/EU im Hinblick auf die Angabe nichtfinanzieller und die Diversität betreffender Informationen durch bestimmte große Unternehmen und Gruppen (Non-Financial-Reporting-Directive)
Nr.	Nummer(n)
OECD	Organisation für wirtschaftliche Zusammenarbeit und Entwicklung
OffenlegungsVO	Verordnung (EU) 2019/2088 des Europäischen Parlaments und des Rates vom 27.11.2019 über nachhaltigkeitsbezogene Offenlegungspflichten im Finanzdienstleistungssektor
OHG	Offene Handelsgesellschaft
OpEX	Betriebsausgaben
PCF	Product Carbon Footprint
RED II	Richtlinie (EU) 2018/2001 des Europäischen Parlaments und des Rates vom 11. Dezember 2018 zur Förderung der Nutzung von Energie aus erneuerbaren Quellen vom 11.12.2018

SBM	Strategy (and business model)
SDGs	Sustainable Development Goals der Vereinten Nationen
SNCI	Kleine und wenig komplexe Institute
TaxonomieVO	Verordnung (EU) 2020/852 des Europäischen Parlamentes und des Rates vom 18.07.2020
TCFD	Task Force on Climate-Related Financial Disclosures
THG	Treibhausgas(e)
UAbs.	Unterabsatz
VSME-Standard	Voluntary Sustainability Reporting Standard for non-listed SMEs
XHTML	Extensible Hypertext Markup Language
z.B.	zum Beispiel

Stichwortverzeichnis